木と動物の森づくり

――樹木の種子散布作戦

木と動物の森づくり

樹木の種子散布作戦

斎藤新一郎著

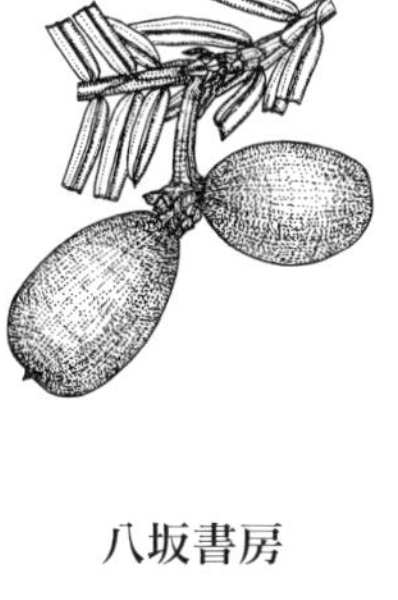

八坂書房

木と動物の森づくり　目次

2章　種子散布の意義と方法…………53

まえがき

わが家の南側には、切り土法面《のりめん》があって、ニセアカシアが半野生の状態で生育し、小樹林をつくっています。小さな、十数本の樹木群でも、虫を食べに小鳥たちが飛んできて、バードテーブルなしでも、結構なバードウォッチングができます。そして、十余年も経て、この樹林の下には、ハリギリ、ミズキ、エゾヤマザクラ、ナナカマド、イチイ、クリ、ミズナラ、シラカンバ、エゾノバッコヤナギ、イタヤカエデ、ヤチダモなどなど、いろいろな樹種の実生《みしょう》や稚苗が、そして、幼木がみられるようになってきました。

そのうちに、ニセアカシアが大きくなりすぎて、樹冠《じゅかん》が屋根にかぶさり、日陰が強くなって、部屋が暗くなり、蒲団干し・洗濯物干しにも支障が出てきたので、妻に催促されて、私はそれらの幹を、なるべく高い位置で伐りました。伐られた小丸太は、ときどき、日曜炭焼き師を楽しませています。そうしたら、林床《りんしょう》に光が届いて、これらの稚苗や幼木がいっせいに、旺盛に伸び出してきました。伐り株から萌芽《ほうが》回復してきたニセアカシアとともに、これらの樹種は、これから、数十年にわたり、きびしい生存競争を繰り広げ、競争に勝ち抜かなければならないことになりました。

ところで、これらの林床樹種は、どのように種子が散布されてきたのでしょうか？　これらの母樹《ぼじゅ》がみられるものも、みられないものもあります。

種子の形態から推測すれば、はじめの五種は、多肉果《たにくか》をつけますから、小鳥によるウンチ型散布でありましょう。また、次の二種は、大型のナッツですから、カケスによる食べ忘れ型の散布でありましょう。そして、終わりの四種は、有翼《ゆうよく》ですから、風散布型であるにちがいないでしょう。

昔、私が育った神奈川県伊勢原市の生家には、屋敷林があり、ケヤキ、エノキ、イヌマキ、サンゴジュ、モチノキ、シュロ、カキ（甘柿、渋柿）、ザクロ、イチジク、マダケ、シノダケ、ホテイチクなどが植えられ、あるいは野良《のら》生えしていました。隣家と屋敷林がつながっていましたので、川沿いの竹藪（水害防備林）も加わり、集落全体が樹林でつながって、いろいろな小鳥類が、小形の猛禽《もうきん》類も、地面を歩く鳥類も、小哺乳類も、こうした屋敷林複合体を棲み家とし、通路としていました。こうした動物たちが、今にして思えば、いろいろな樹種の種子を散布して、小樹林をより豊かな生態系にしていたのでした。こうして、かれらの子孫が、先祖が種子を散布してつくりあげた、これらの樹林に生息していたのでした。

子供のころから『シートン動物記』や『ファーブル昆虫記』に親しんでいましたので、私は、山野の自然には関心がありました。高校生時代には、農林土木科の生徒でしたが、丹沢山塊を走り回りました。大学に入って、林学・砂防の学生になってからは、ご縁があって、植物生態を学ぶ機会も与えられました。その後、私は、北海道立林業試験場に勤めて、防災林造成技術を研究し、その一部の苗木づくりを通して、種子がもつ性質に興味を覚え、硬実性《こうじつせい》と被食型《ひしょく》散布、地下子葉性《ちかしようせい》と貯食《ちょしょく》型散布を知りました。そして、樹木サイドからみた、動物による種子散布に関心を高めてきたのです。

動物学者からみると、長い地史を通して、動物たちが好んで食べることで、樹木のフルーツおよびナッツを選抜育種してきたことになります。私は、逆に、樹木たちが、動物の好みを利用し、動物の数のコントロールさえしてきた、とみなしています。この本を読んでくださるみなさんは、どちらのサイドに立って、種子散布を考えられるのでしょうか？

1章　樹木の果実と種子のつくり

1 「木の実」の誕生

「木の実」は、私たちはふつう「キノミ」と読んでいますが、「コノミ」とも読みます。これは、一般的に、樹木の果実および種子をいいます。今様にいえば、おおよそ、フルーツおよびナッツということになります。

木の実は、樹木が子孫を残すための、それも、親木から遠く離れた場所に子孫を成長させるための、たいへん重要な手段です。そして、動物にとっては、この栄養のある木の実は、重要な餌（食糧）なのです。

ところで、木の実は、単なる餌なのでしょうか？　それとも、樹木と木の実食い動物とのあいだには、よい関係（相互依存、相互扶助、あるいは相互進化）があるのでしょうか？　それが、自然界の興味深いしくみです。

わが国の縄文時代と弥生時代を比較すれば明らかなように、農耕文明が発達する以前には、人類にとっても、山野の木の実であるドングリ（コナラ類）、クリ、シイノミ、クルミ（オニグルミ）、トチノミ、ハシバミ、などのナッツ類が、生で食べられるものと、灰汁（アク）抜きが必要なものとがありますが、きわめて重要な食糧でした。クリ、シイ類、ハシバミなどの堅果《けんか》やオニグルミの殻果《かくか》は、多肉質な子葉《しよう》を生食もできます。他方、コナラ類の堅果（ドングリ）やトチノキの種子などはアク抜きしなければ、多肉質の子葉を食べることはできません（図1）。今日でも、縄文時代の名残として、あるいは江戸時代までの救荒《きゅうこう》植物、つまり、凶作・飢饉《ききん》の際に利用した野生の食用植物の名残として、栃餅《とちもち》、胡桃餅《くるみもち》、

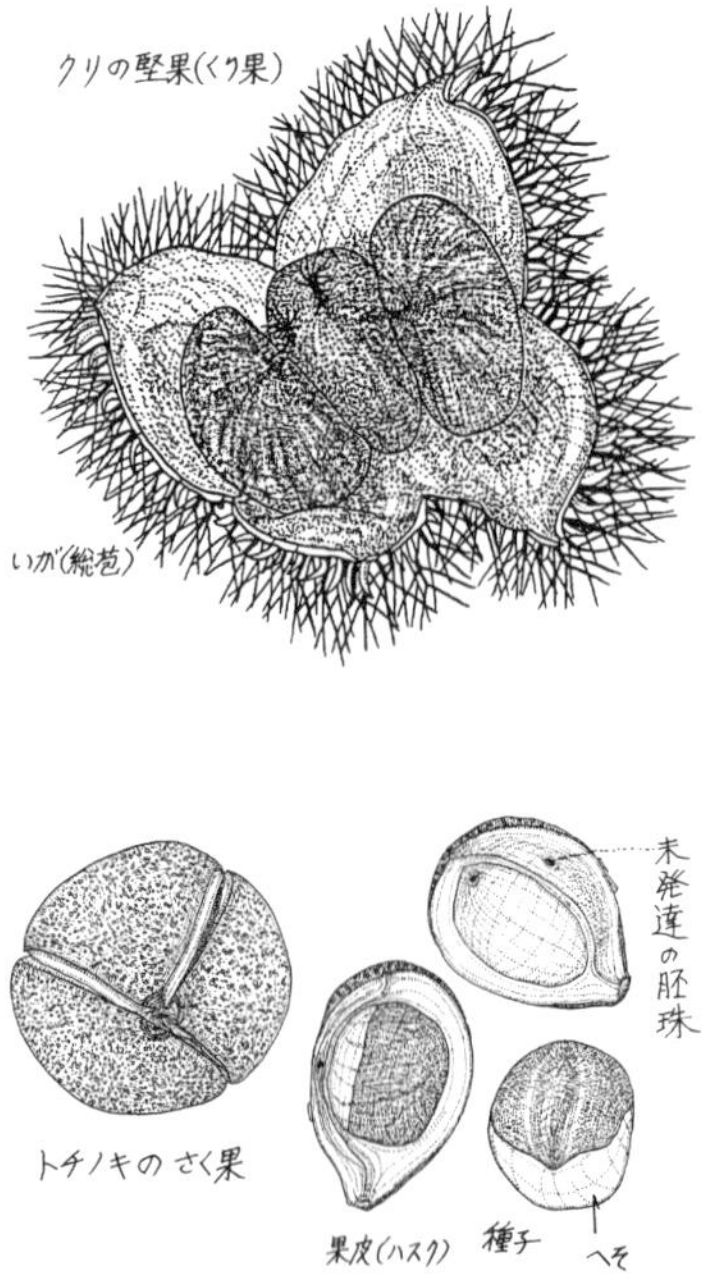

図1　クリとトチノキの果実と種子
縄文時代には、木の実、特にナッツ類が、貴重な食糧であった。クリの実（堅果）は、鬼皮（果皮）と渋皮（種皮）を除けば、生食もできる。トチノキの実（種子）は、子葉を粉にひいて、水にさらしてアク抜きしなければ、食べられない。

団栗《どんぐり》団子《だんご》などがつくられ、観光土産にもなっています。

また、ナッツ類は、缶にも詰められています。草本類の種子も含めて、世界のナッツ類が、缶に詰められ売られています（図2）。けれども、こうしたナッツ缶では、ラベルの絵や写真に示された、すべての種類のナッツが入っていないことがままあります。つまり「羊頭狗肉《ようとうくにく》」ないし「看板《かんばん》に偽りあり」であって、高価なブラジルナッツも含めて、ピスタシオ、ウォールナッツまでもが、しばしば絵・写真だけなのです。

ところで、種子植物のうち木本類の果実（広い意味でのフルーツ）が、木の実です。

地史的に、最初の陸上植物は、海中の植物と同様に、胞子《ほうし》植物でした。胞子で繁殖する陸上植物には、今でも、コケ類、シダ類などがあります。胞子植物は、造胞体《ぞうほうたい》と配偶体《はいぐうたい》の世代交代《せだいこうたい》をし、精子《せいし》が泳いで

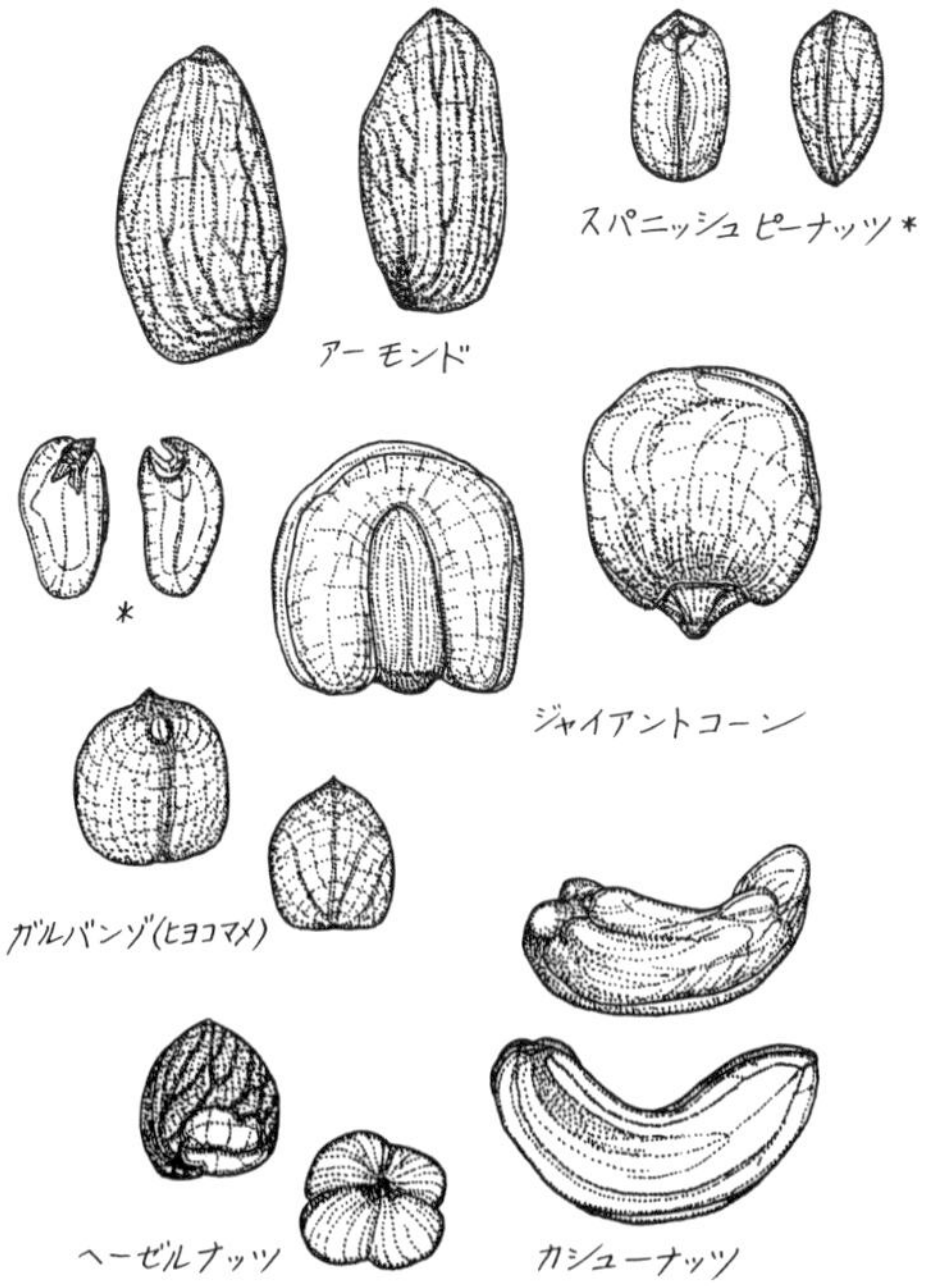

図2　ナッツ缶詰の内容物
アーモンド、ヘーゼルナッツ、カシューナッツの３つが木本の種子である。

卵子に到達するので、配偶子の受精に水を必要とし、例外がありますが、ふつうは乾燥気候が苦手です。

地史上には、表1に示したように、いく度かの造山運動と関連した大乾燥気候の期間がありました。そして、この大乾燥気候を克服するために、種子《しゅし》植物が登場しました。種子植物では、配偶体（花粉・胚嚢《はいのう》の有性世代）が極端に退化してしまい、世代交代がない、ともみられています。

最初の種子植物は、シダ類の一部（種子シダ類）から進化した、と考えられている裸子《らし》植物でした。「裸子」というのは、胚珠《はいしゅ》や種子が「裸出している」という意味です。胚珠に花粉が直接に到達して、受粉・受精します。種子もむき出しになっています。それゆえ、基本的には、やはり、大乾燥気候には耐えにくい、と考えられています。

けれども、今日では、生き残ってきた裸子植物の大部分は、「裸子」とはいえども、球果《きゅうか》、仮種皮《かしゅひ》、

表1　地史上における造山運動、乾燥気候および時代区分
（『地学事典』1970、ほかより作成）

地史			造山運動	海	大気候	植物
新生代	第四紀	沖積世			温暖化	草本の時代
			火山活動		大氷河	
		洪積世	地殻変動			広葉樹の時代
	新第三紀	鮮新世	ヒ	海退	冷涼化	
					乾燥	
		中新世	マ	海進		周北極植物群
					温暖湿潤	
	古第三紀	漸新世	ア　ラ			
					温暖(広い熱帯)	
		始新世	ル　ヤ			
		暁新世	プ　火山活動		寒冷	
				海退	乾燥	
中生代	白亜紀	後期	ス	海進	温暖	被子植物の発展
		前期		小海退		
	ジュラ紀			海進	温暖	被子植物の出現 裸子植物の発展
					寒冷	
	トリアス紀(三畳紀)			海進	温暖	
			アパラチア		乾燥	
古生代	ペルム紀(二畳紀)					
				海退	寒冷	裸子植物の出現
	石炭紀		バリスカン	海進	温暖	シダ類・トクサ類の発展
				海退		
	デボン紀					
			カレドニア			

あるいは厚い外種皮によって、乾燥から保護されています（後述の図24－29を参照）。古いタイプの裸子植物は、地史において、衰退してきたのでしょう。しかし、比較的に新しいタイプの裸子植物は被子《ひし》植物に準ずる、種子の保護器官をもっています。それゆえに、これらの多くは、新しく出現した、進化した被子植物と伍して生き残ることができた、ともいえましょう。

繰り返された大乾燥気候に適応して、つぎに登場したグループが、被子植物で

す。「被子」というのは、種子が果皮に「被覆されている」という意味です。

雌しべの柱頭《ちゅうとう》に花粉が到達・受粉すると、花柱を通って花粉管が伸び、子房《しぼう》の中の胚珠にいたって受精します。花の段階では、胚珠が子房壁の中に、果実の段階では、種子（胚珠の発達したもの）が果皮（子房壁の発達したもの）の中に、それぞれ保護されていて、乾燥に耐えやすい、と考えられています。

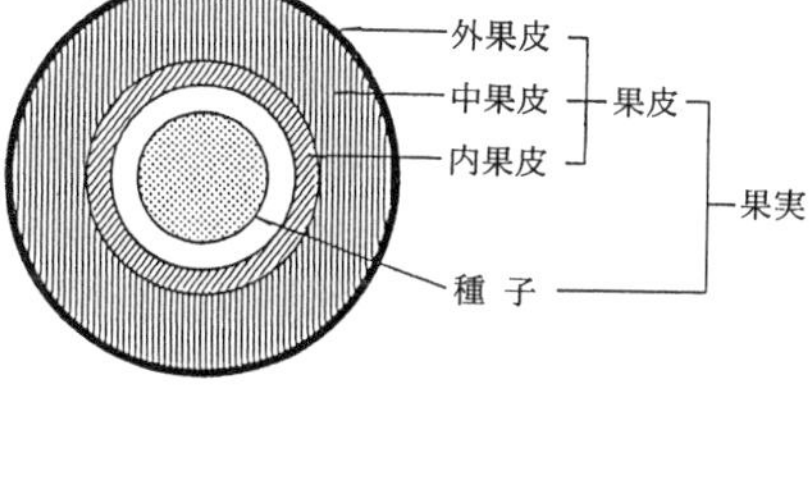

図3　広葉樹（双子葉植物・木本）の果実の模式断面図
（種子が１個の場合）

それでは、広葉樹類と呼ばれる、被子植物の中でも双子葉類の木本類の果実について、どんなつくりになっているのか、いくつかをみてみましょう。

2　被子植物の果実のつくり

図3に、広葉樹（被子植物）の果実の、模式的な断面を示しました。一般的に、種子は多数が含まれているのですが、この図では単純化して、一個としてあります。

果皮は、子房壁の発達したものであり、三枚から構成されています。外側から、外果皮《がいかひ》、中果皮《ちゅうかひ》、内《ない》果皮《かひ》の順です。これらの果皮が、さまざまに変態することによって、いろいろな形態をとる木の実が出

- 単果
  - 乾　果
    - 裂　果
      - 豆果*　イヌエンジュ，ニセアカシア
      - さく果**　ハシドイ，オノエヤナギ
      - 袋果　カツラ
    - 不裂果
      - 翼果　ハルニレ，ヤチダモ
      - 分離翼果　ヤマモミジ，イタヤカエデ
      - そう果　プラタナス
      - えい果　クマイザサ
      - 堅果　ミズナラ，ハシバミ
  - 多肉果
    - 核果　エゾヤマザクラ
    - 液果　オオバスノキ，エゾニワトコ
    - みかん果　ミカン，キハダ
    - なし果　ナナカマド，ズミ
    - くるみ果　オニグルミ
- 複果
  - 集合果
    - 多肉果
      - ばら果　ハマナス，オオタカネイバラ
      - きいちご果　ナワシロイチゴ
    - 乾　果
      - 袋果**　ホオノキ，キタコブシ
  - 多花果
    - 多肉果
      - いちじく果　イチジク，イヌビワ
      - くわ果　ヤマグワ
    - 乾　果
      - 果穂　ハンノキ，シラカンバ

図4　広葉樹類の果実の分類
*多肉果の場合もある（例：エンジュ）
**多肉質の仮種皮の場合もある（例：ツリバナ、ホオノキ）

現してきたのです。

果皮と種子だけから構成された果実は、真果《しんか》と呼ばれます。そして、これらのほかに、花托《かたく》、萼《がく》（萼《がく》筒《とう》）、あるいは花序軸《かじょじく》が加わって、構造がより複雑になった果実が偽果《ぎか》と呼ばれます。

木の実（果実）には、広葉樹類にかぎると、図4のような種類があります。

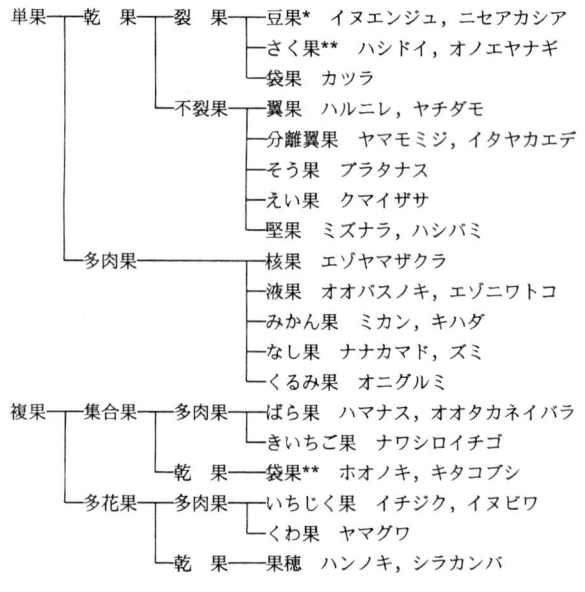

単果《たんか》というのは、一つの花が一つの子房から成り立ち、一つの果実に稔るものです。これらの大部分は真果ですが、自然界のことですから、例外もあり、なし果《か》などがその例外にあたります。

単果に対して、複果《ふくか》というのは、多数の小さい果実がかたまってつくものです。これらには、一つの花に多数の雌しべがあり、多数の果実がかたまってつくものと、多数の花がかたまって密な花序につき、それらがかたまって果実となるもの、との二種類があります。前者の、一つの花からなる複果の例は、ばら果・きいちご果、ほかがあり、これを集合果《しゅうごうか》といいます。後者の多数の花からなる複果の例は、いちじく果やくわ果ほかがあり、これを多花果《たかか》といいます。それゆえ、全体としては集合果ないし多花果であっても、後述するように、一つ一つの果実は、さまざまな形態をしています。

つぎに、乾果《かんか》と多肉果《たにくか》をみてみましょう。

まず、乾果というのは、果実が成熟しても、美味しい果肉が発達しないものであり、裂開《れっかい》して種子をこぼすものと裂開しないものとに分けられます。裂開するものは、裂果《れっか》・開果《かいか》といい、裂開しないものは不裂果《ふれっか》・閉果《へいか》と呼ばれます。

一方、多肉果とは、果実が成熟すると、美味しい果肉に包まれるもので、狭義のフルーツ、つまり、くだものです。これには、中果皮が多肉になる場合が多いのですが、仮種皮《かしゅひ》が多肉になる場合もあります。

それでは、果実のおもな種類について、簡単に紹介しておきましょう。

乾果類

まず、乾果のグループです。このグループでは、果皮が多肉化しないで、硬く乾いています。このグループには、つぎのような種類があります。

豆果《とうか》は、マメ科の果実であり、イヌエンジュ、ネムノキ、サイカチ、ニセアカシア、エゾヤマハギなど、いずれも豆莢《まめざや》（果皮）がなり、その中に種子が一列に並んで入っています。この莢は、袋果《たいか》と異なり、縫合線《ほうごうせん》が両側にあって、両側から裂開します。成熟すると、多くの種では縫合線から裂けて、種子をこぼします。しかし、自然界には例外もあって、多肉果タイプのエンジュのように、また、付着果《ふちゃくか》タイプのエゾヤマハギのように、莢が裂けないものもあります（図31参照）。ダイズは一年草なのですが、豆果を代表するものとして、ダイズの果実を図5に示しました。

さく果（蒴果）は、成熟すると裂けて種子をこぼすものであり、オノエヤナギ（ナガバヤナギ）、ハクサンシャクナゲ（図6）、ハシドイなど、いろいろなタイプがあります。ただし、ニシキギ科のマユミ、ツリバナ、ツルウメモドキなどは、形態的に、さく果のグループではありますが、種子が仮種皮をもっていて、後に述べるように、むしろ、生態的には、多肉果タイプの果実です（図32参照）。

袋果《たいか》は、一枚の果皮が二つ折りで袋状になり、カツラのように、縫合線が片側にだけあります。ただし、モクレン属のホオノキ、コブシ、モクレン（シモクレン）、ハクモクレンほかは、袋果のグループですが、種子が仮種皮をもっていて、むしろ、多肉果タイプです（図20、37参照）。これについては、後で詳しく述べることにしましょう。

長角果《ちょうかくか》は、豆果、さく果とよく似ていますが、莢《さや》の中に仕切り壁があります。キササゲのように、多数の種子が二室に分かれて入っています。

翼果《よくか》は、翅果《しか》ともいい、果実に翼が発達したもので、この翼は果皮の一部が変態したものです。翼が片側にだけあるもの（例ヤチダモ、図47参照）、全周囲にあるもの（例ハルニレ、図33参照）、両側にあるもの（例シラカンバ、図38参照）などがあります。この翼は、もちろん、風を受けるための、受風《じゅふう》装置です。

分離翼果《ぶんりよくか》は、カエデ属の種にみられる、二つずついた果実です（図7）。一見すると、プロペラのように回転して、風に飛ばされそうですが、このままでは落下してしまいます。このタイプの翼果は、一つ一つに分離してはじめて、針葉樹のマツ属の樹種の有翼《ゆうよく》種子と同じように、プロペラ状に回転して、風によって遠くまで飛ばされます。

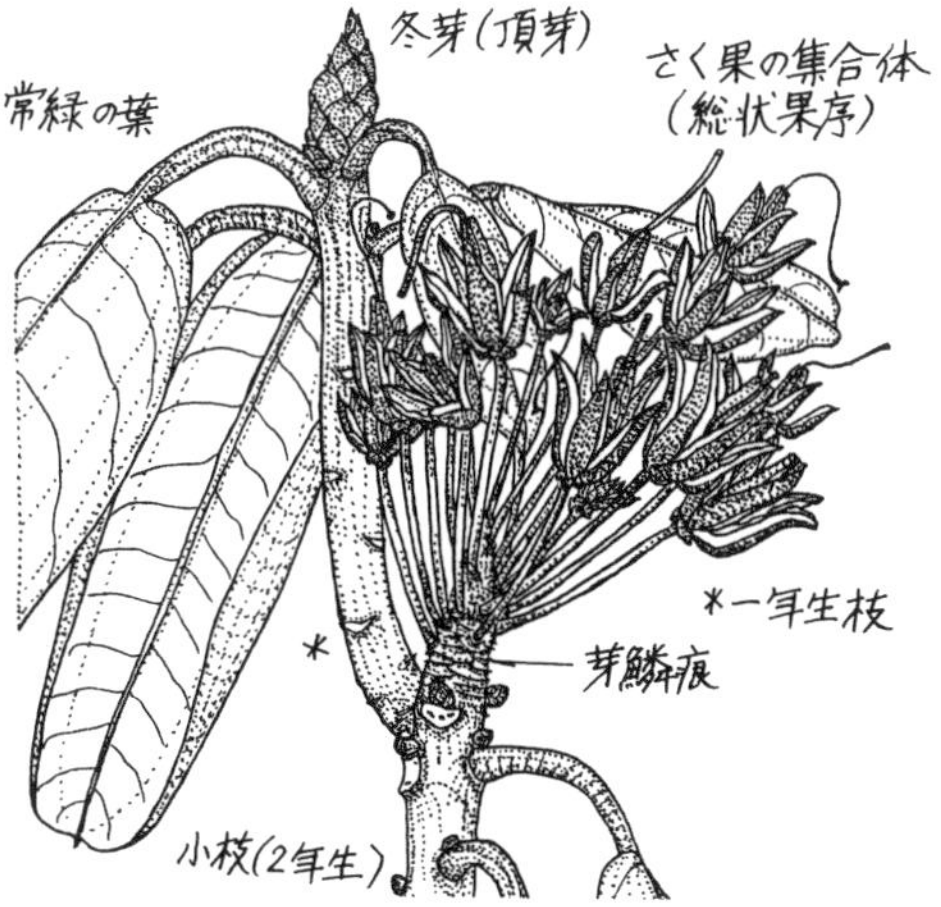

図6　ハクサンシャクナゲの果実（さく果）
成熟すると、裂開して、細かい有翼の種子を風散布する。

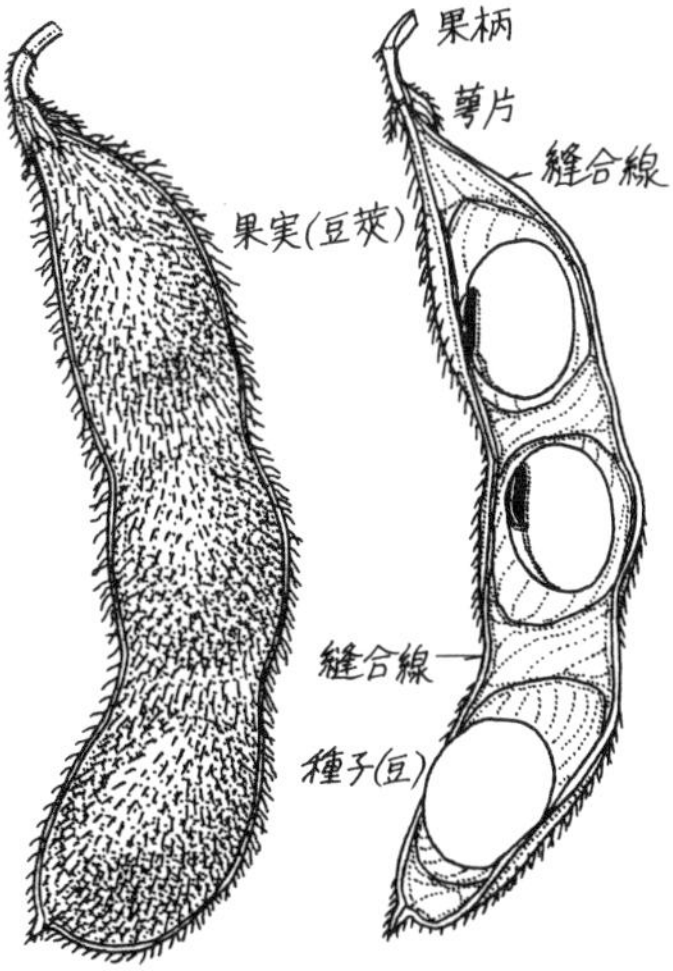

図5　豆果を代表するダイズの果実の形態

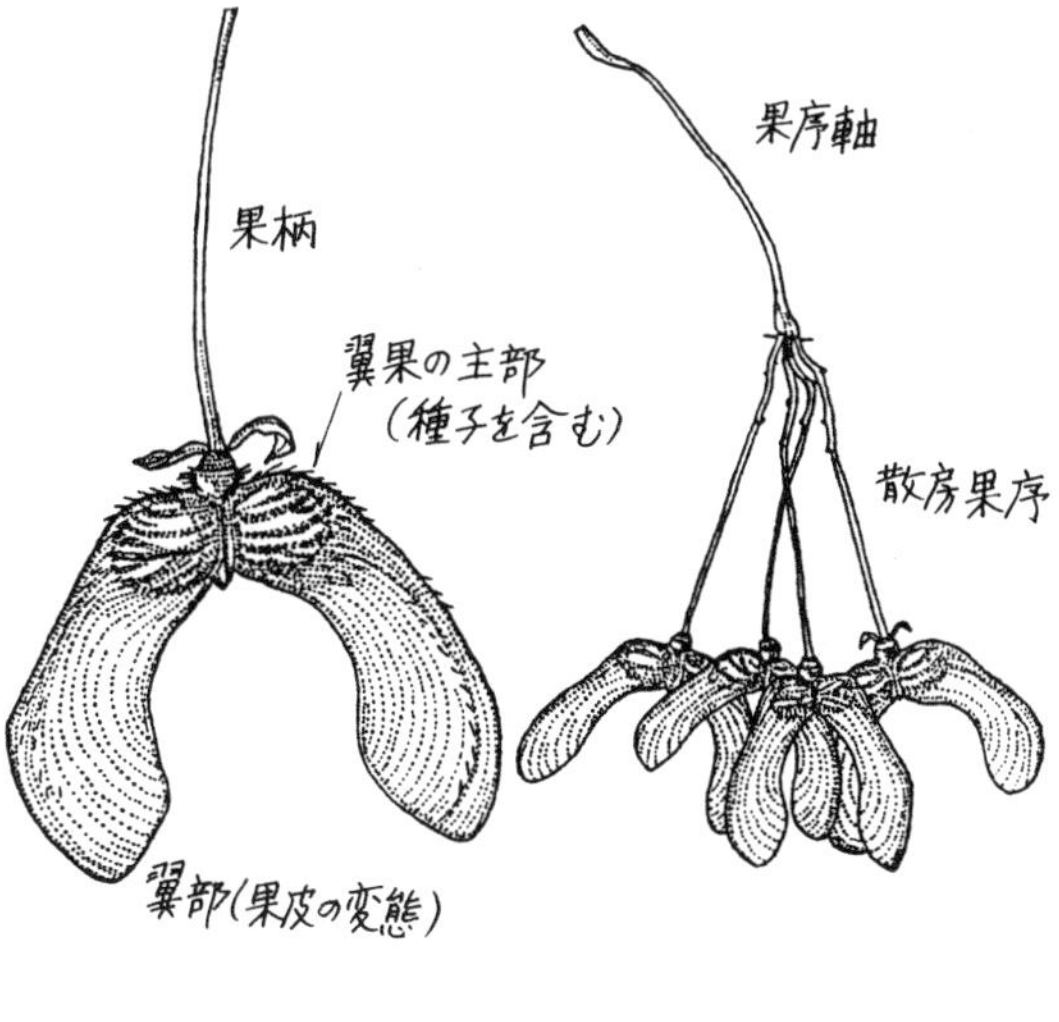

図7　ハウチワカエデの分離翼果
1つずつに分離してはじめて、回転しやすくなり、風散布に適する。

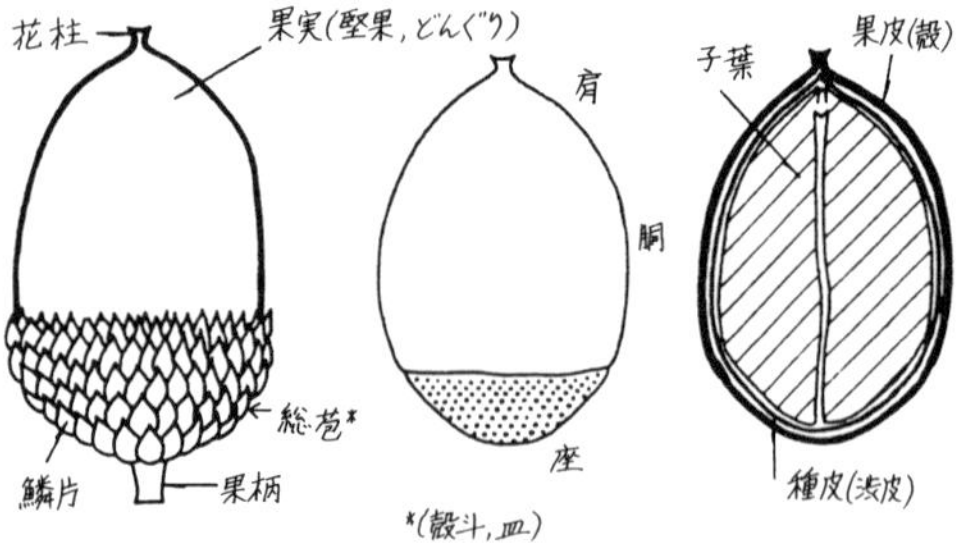

図8　ミズナラの堅果の外観と縦断面の各部分の用語

そう果（痩果）は、草本のキク科のセイヨウタンポポやヒマワリほかの例で、よく知られていますが、樹木にはあまり見出されません。街路樹にみられるプラタナスが、この形態を示します。

えい果（穎果）は、イネ科に知られ、種子のようにみえますが、果実です。木本では、タケ・ササ類の果実がこれです。

堅果《けんか》は、狭義のナッツといえます。クリやドングリの類が堅果であって、クリ（英語ではチェスナッツ、図1参照）、ミズナラ（エイコーン）、ブナ（ビーチナッツ、ビーチマスト）、ハシバミ（ヘーゼルナッツ）などがよく知られています。

図8に、ミズナラの堅果（ドングリ）を示しました。

多肉果類

次に、多肉果のグループです。こちらのグループでは、ふつう、中果皮が厚く発達して、多肉質の果肉になっています。しかも、外果皮が美しい色をつけ、種子散布者の食欲を誘います。図9は、その模式図です。

核果《かくか》は、石果《せきか》ともいい、内果皮が硬くなり、核となったものです。サクラ属のモモ、ウメ、サクラン

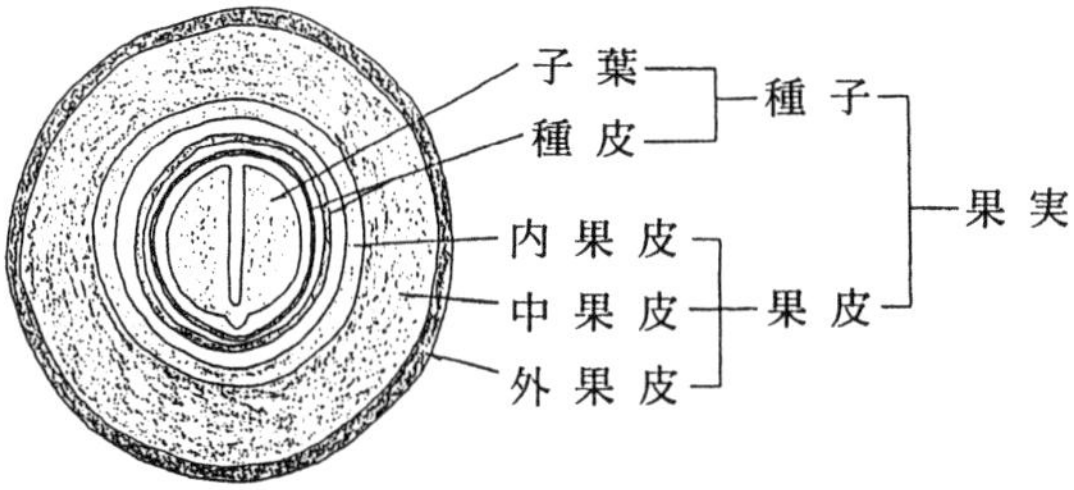

図9　多肉果（狭義のフルーツ）の模式断面図
中果皮が肥大して、美味しい果肉となる。
外果皮が、美しく色づいて、種子散布者を魅了する。

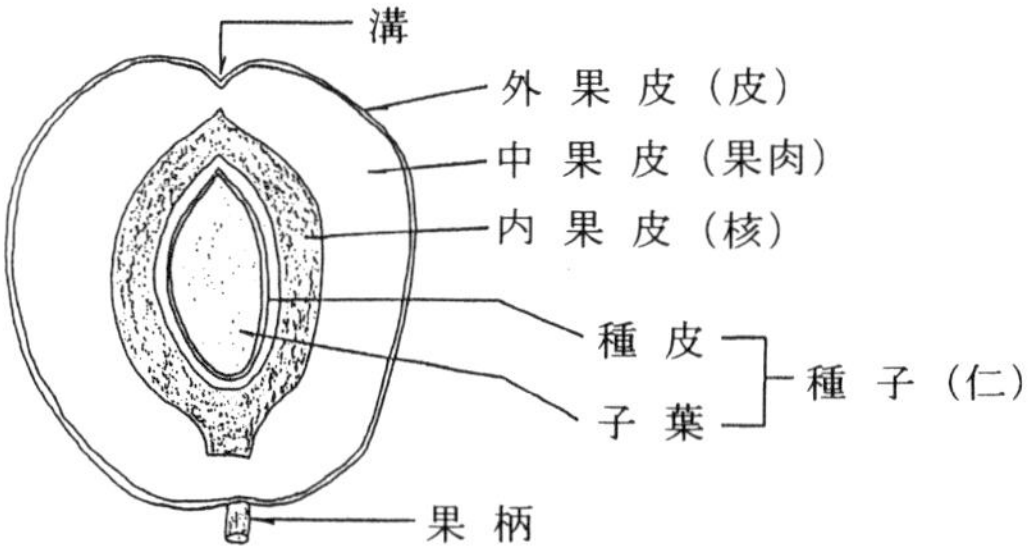

図10　核果（モモ）の模式縦断面図
内果皮が硬い核となり、動物の胃の中で消化（液）に耐える。

ボ（セイヨウミザクラ）など、果樹として栽培されるものが数多くあります。これらの核果では、図10のように、種子が一個です。核果は、バラ科のサクラ属の種に代表されます（図34参照）。そのほかにナツメ（クロウメモドキ科）の果実も、核果のグループです（図11）。

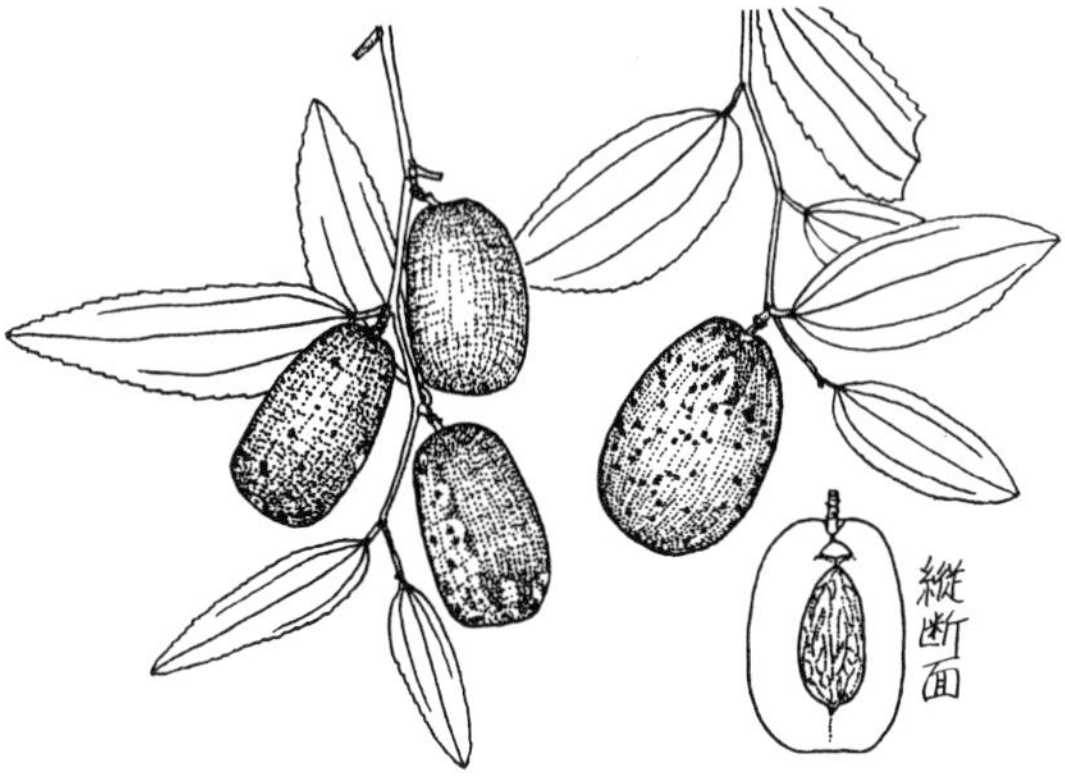

図11　ナツメの果実（核果）
内果皮が核になり、消化に耐えるようになって、種子本体が親木から離れた場所へ、無事に散布される。

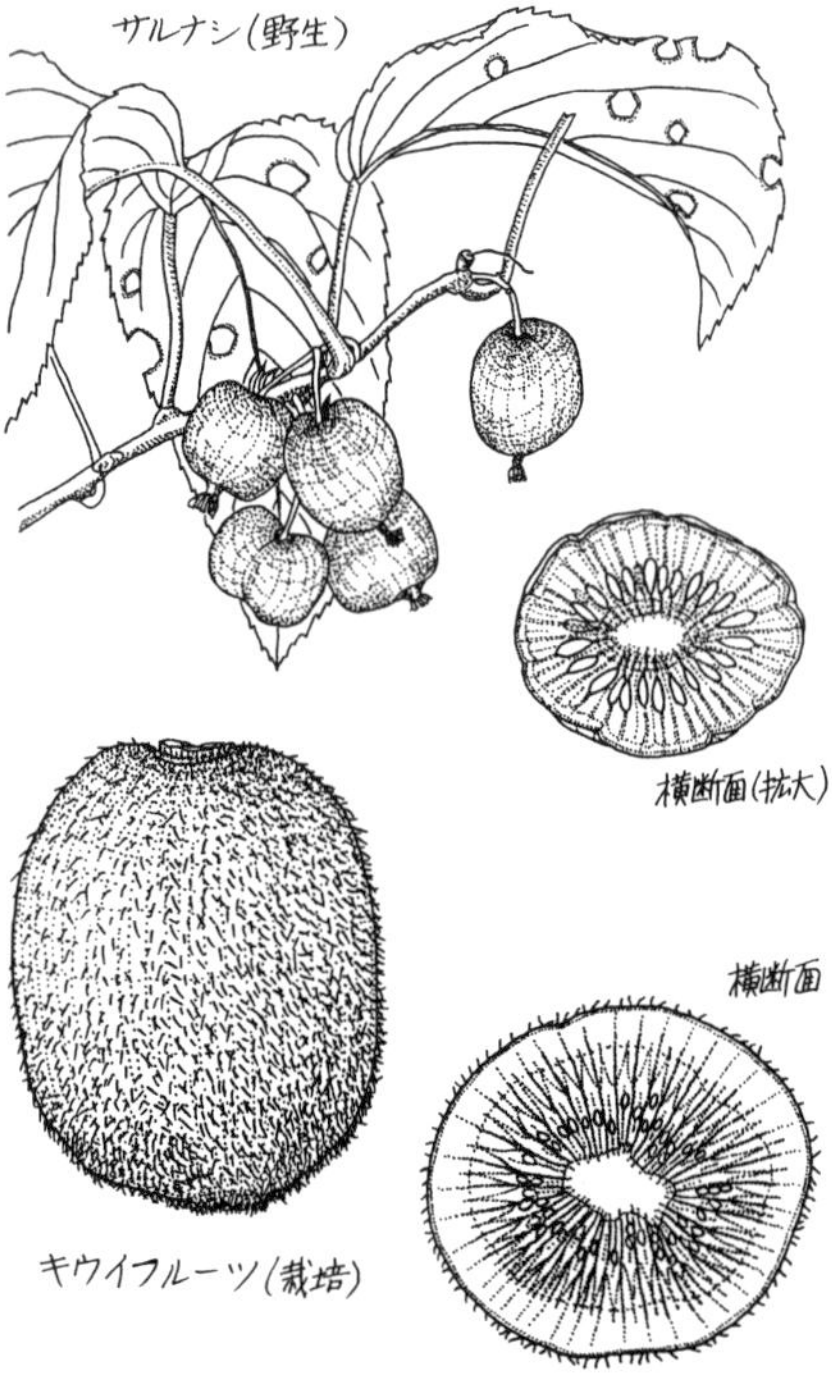

図12　野生のサルナシと栽培されるキウイフルーツ
（縮尺は同じ）

液果《えきか》は、漿果《しょうか》ともいい、中果皮に水分や糖分が、液体から半固体状にたまったものであり、ヤマブドウ、サルナシ、クロウスゴ、エゾニワトコなど、多くの野生種に知られています。そして、それらの類縁種の多くが、栽培され、品種改良されて、ブドウ、キウイフルーツ、ブルーベリーなどの果樹として、世界各地で栽培されています（図12および図35参照）。

みかん果（蜜柑果）は、ミカン科ミカン属の種によく知られていて、図13のように、中果皮が果肉化しないで、白いパルプになり、内果皮が袋になって、砂《さ》じょう（袋の中の粒々、子房内の毛が変態したもの）に糖質の液汁がたまっています。それで、袋ごと食べる人と、袋の中身だけ食べる人がいますが、ミカン類では、正確には、果肉を食べるのでなく、毛をしゃぶることになります。ただし、キンカンのように果実ごと食べたり、砂糖漬けにして、果皮も食べる品種もあります。そして、みかん果には、ウンシュウミカン、レモン、ナツミカン、オレンジほかの、数多くの栽培品種がありますが、ブンタン（ボンタン）が最大級の果実となります（図14）。

なし果（梨果）は、バラ科のナシ属、リンゴ属、ナナカマド属、サンザシ属などのグループです。美味しい果肉の部分は、中果皮の発達ではなくて、花を支えていた花托《かたく》（果托《かたく》）が、大きく変態、肥厚したものです。これに対して、本来の果実は真果《しんか》であり、あまり発達しないで、いわゆる「芯」の部分です。それで、これらは「偽果《ぎか》」と呼ばれます。偽果とはひどい用語ですが、偽果であっても、図15をみればわかるように、その中に真果を含んでいます。リンゴ属の野生種には、小さい果実をつけるエゾノ

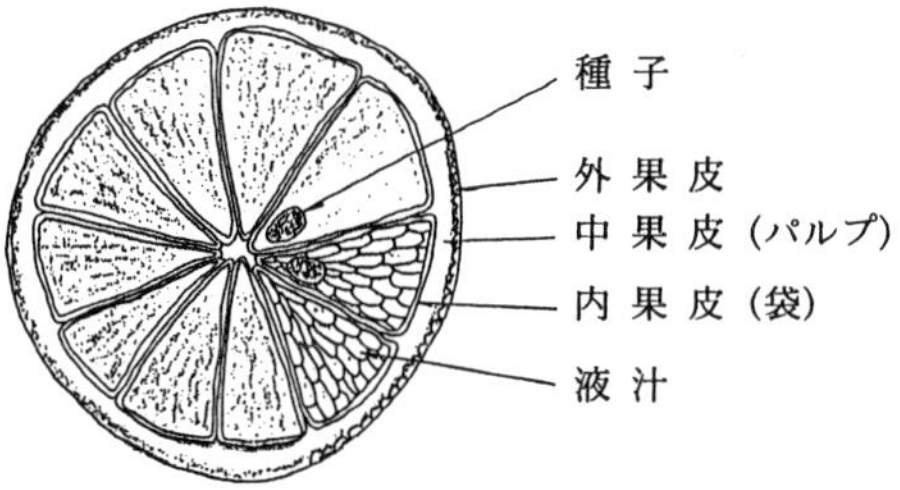

図13　みかん果（ウンシュウミカン）の模式横断面図

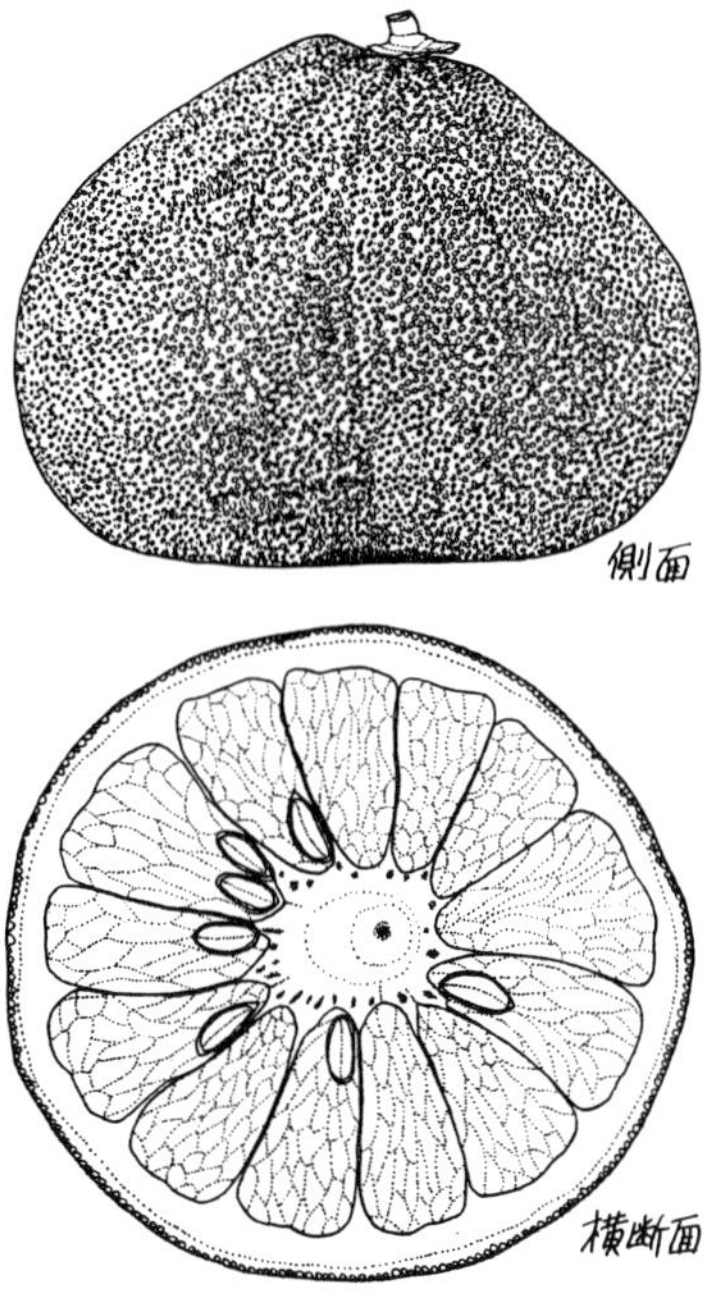

図14　ブンタン（栽培）
みかん果は、内果皮（袋）の内部の粒々（砂じょう）の液汁が食べられる。果実ごと、あるいは、袋ごと食べられて、内部の種子が散布される。

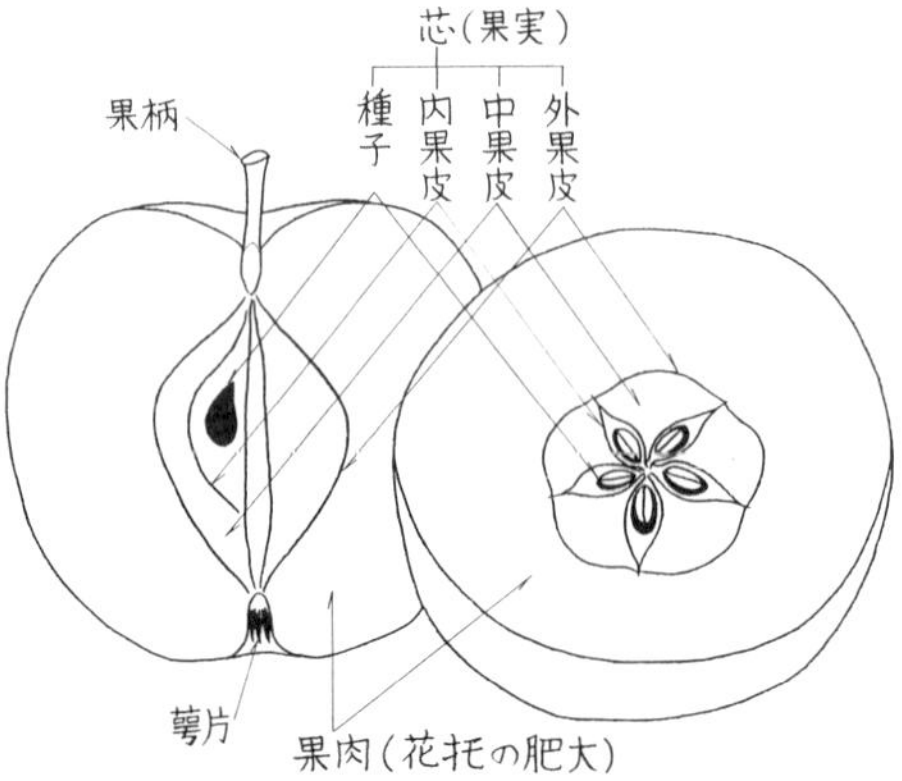

図15　なし果（リンゴ）の模式断面図

コリンゴ、ズミなどがあります。そして、栽培品種では、美味しくて大きなリンゴが育成されてきました（図16）。

くるみ果（胡桃果）は、殻果であり、クルミ科クルミ属に知られる大粒のナッツです。正確には、これも偽果の一つです。外側の多肉質の部分（いわゆる果皮、ハスク）は、起源的に苞《ほう》と外果皮が合わさったものであり、苞を含むので、偽果となります。そして、内側の殻《から》は、中果皮と内果皮が合わさったもののようです。食用の部分は、もちろん、殻の内側の種子です。この種子は無胚乳《むはいにゅう》であって、種皮《しゅひ》（渋皮《しぶかわ》）と胚《はい》（大部分が子葉）からなっています。栽培品種のテウチグルミは、野生のオニグルミとちがって、果皮が自然に剥がれます（図17）。

複果の多肉果類

さらに、複果の多肉果類があります。

ばら果（薔薇果）は、バラ科バラ属の果実であり、やはり、偽果です。つまり、一つの花に多数の雌しべがあり、果実は種子にみえるもの（核果状《かくかじょう》）です。そして、果肉の部分は、萼筒《がくとう》が、小さい多数の果実を包んで、多肉化したものです。

きいちご果（木苺果）は、バラ科キイチゴ属の果

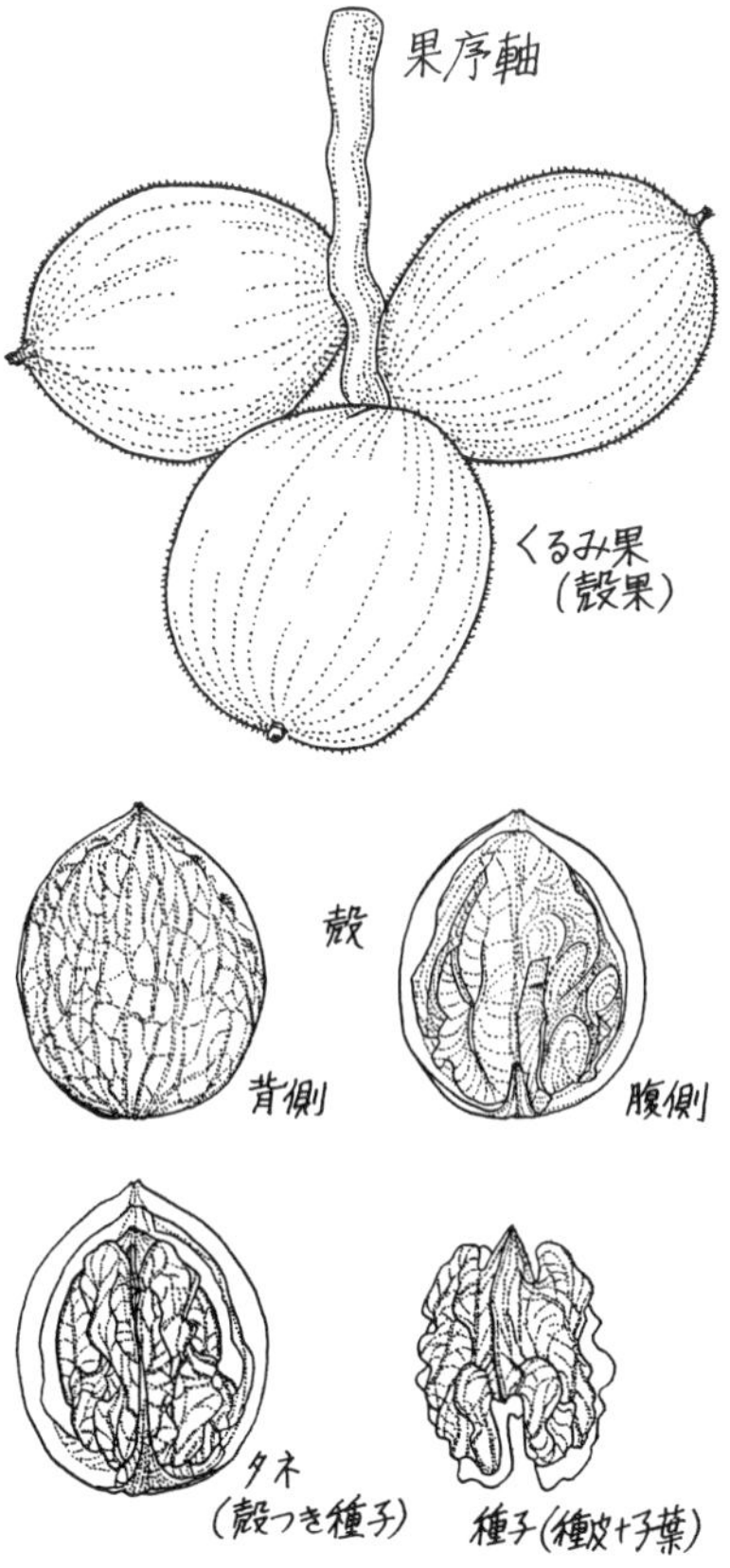

図17　テウチグルミ（手打ち胡桃、ペルシアグルミの栽培品種）の果実および殻の内部

果実（偽果）は、落下すると、果皮（ハスク）が自然に開いて、殻果を出す。くるみ果の種子は、無胚乳（大部分が子葉）である。

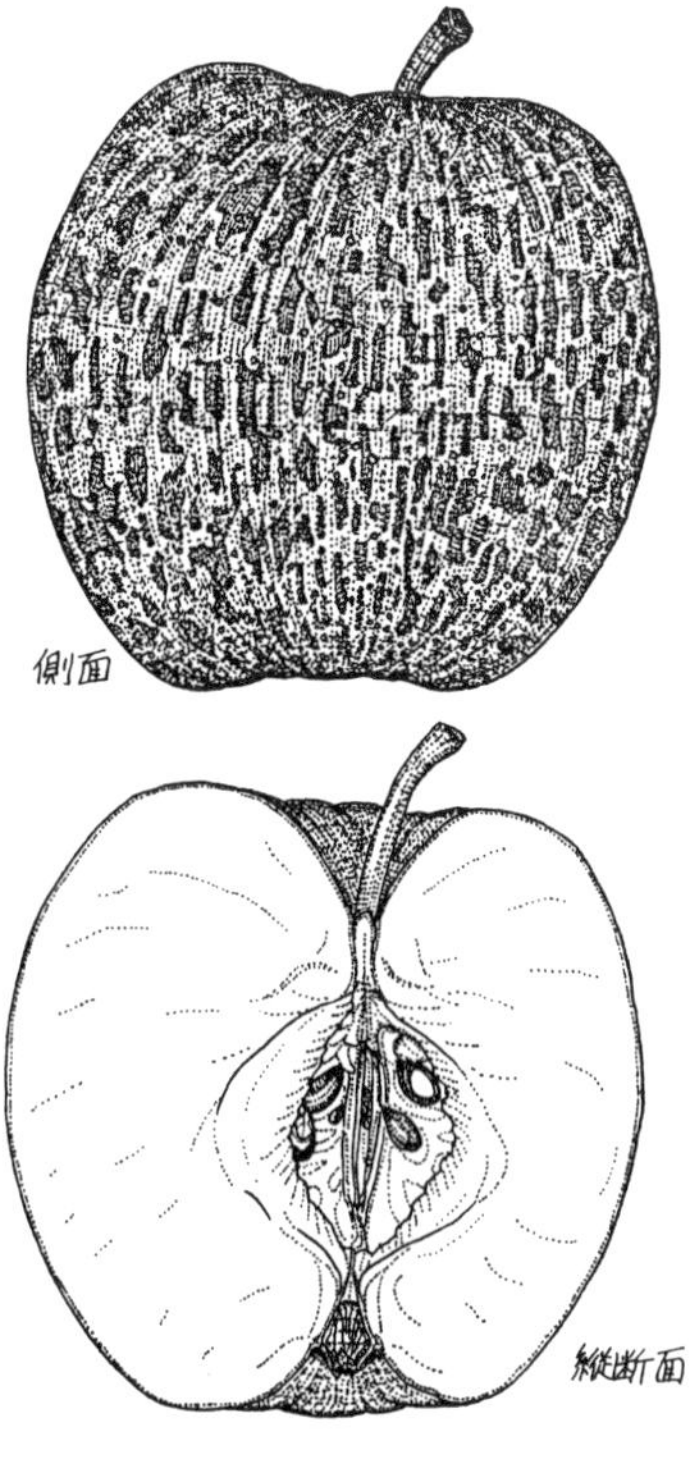

図16　リンゴの果実（偽果、栽培品種‘ふじ’）

いわゆる「芯」の部分が真果であり、食用の部分（果肉）は花托の変態したものである。

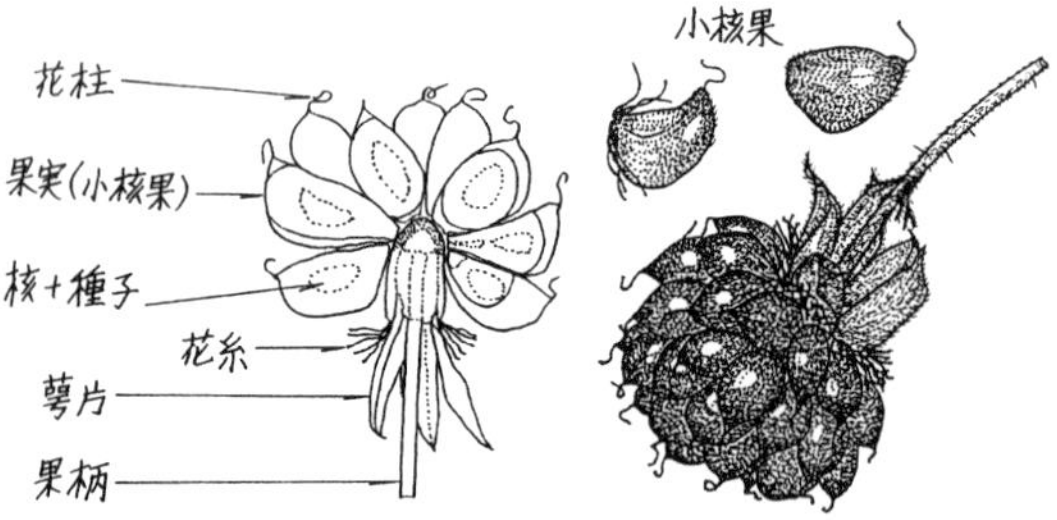

図18　ナワシロイチゴの果実（複果の多肉果類）
１つの花に多数の雌しべ（子房）があり、それぞれが果実（小核果）になって、集合果を構成している。

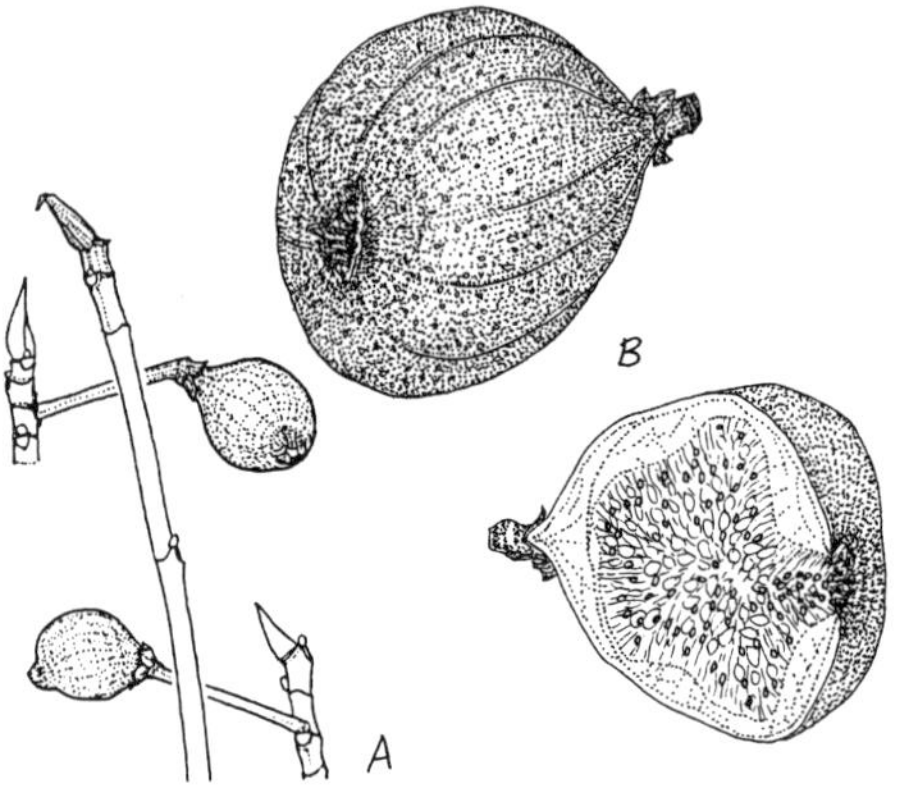

図19　イヌビワ（A；野生）およびイチジク（B；栽培品、縮尺は不同）
イチジクの縦断面にみられる粒々が、果実（そう果）である。食用の果肉は、果序軸が花序を包みこんで肥厚したものである。

実であり、多数の雌しべ（子房）が多数の果実になり、萼に包まれず、粒々状にくっついたものです。図18のナワシロイチゴのように、これら一つ一つの粒が果実です。そして、それぞれの中に核があるので、小核果《しょうかくか》とも呼ばれます。

いちじく果（無花果果）は、クワ科イチジク属の果実であり、花序軸《かじょじく》が、イチゴの場合とは逆向きに多肉化し、多数の果実を包みこんだものであって、偽果の一つです。野生のイヌビワと栽培のイチジクを、図19に示しました。そして、いちじく果では、真の果実は内部の小さい粒々で、これはそう果です。

くわ果（桑果）は、クワ科クワ属の果実であり、雌花序《しかじょ》の花々が果実になったとき、かたまったものです。果序《かじょ》が多肉化していませんから、偽果ではありません。そして、小さい一粒一粒が、果実であり、これは液果《えきか》です。

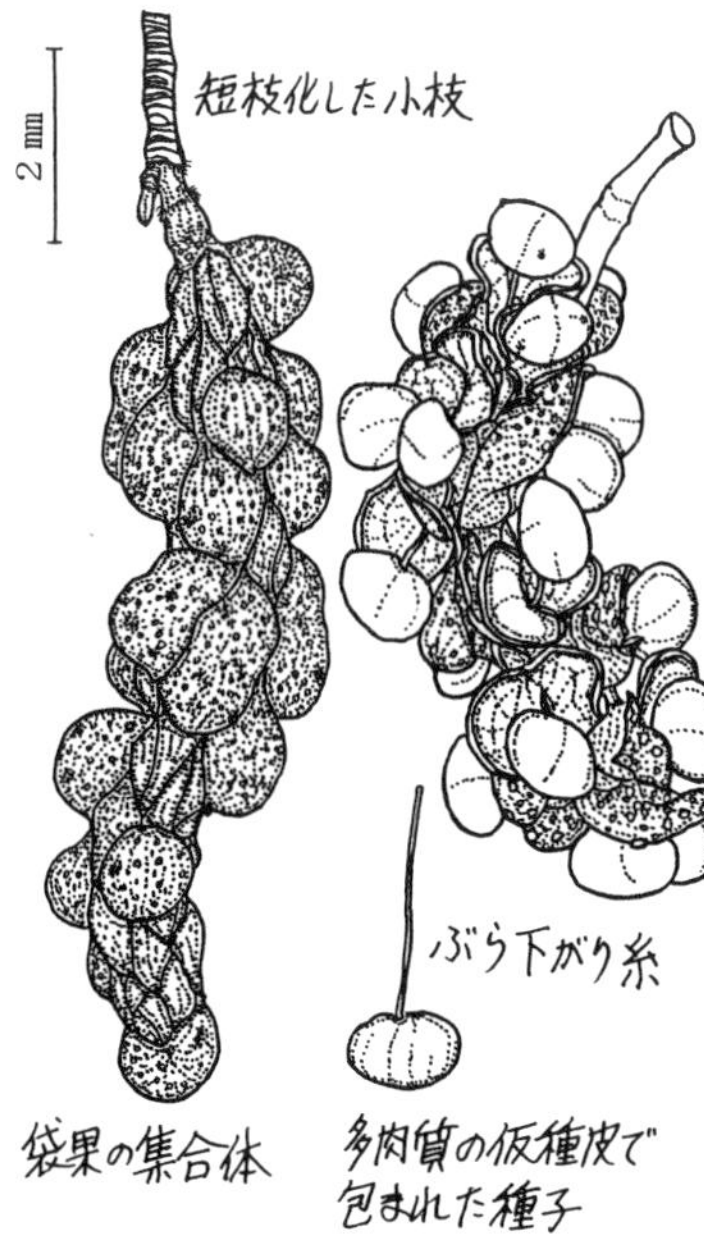

図20　多肉質の仮種皮をともなうモクレン（シモクレン）の果実（袋果）
袋果が裂開して、多肉質の仮種皮をもつ種子が、細い糸で吊り下がり、果実食の鳥類をまつ。

複果の乾果類

それから、複果にも、乾果《かんか》類があります。複合袋果《ふくごうたいか》として、針葉樹の球果《きゅうか》に似ている、モクレン属のホオノキ、コブシ、モクレン（シモクレン）などが知られています。豆果では両側に縫合線があるのですが、それとちがって、袋果は片側にしか縫合線がありません。そのため、これらの袋果が裂開すると、多肉質の仮種皮をつけた種子が、糸でぶら下がります（図20および図37参照）。

果穂《かすい》は、もう一つの複合乾果です。カバノキ科のハンノキ属、カバノキ属などの果穂は、総苞《そうほう》と果実の集合体であって果序と呼ばれます。そして、この総苞が開いて出てくるものは、種子ではなく果実です。これらは、小さいけれども、両側に翼のある翼果であり、小堅果《しょうけんか》とも呼ばれます（図38参照）。また、これらの果穂は、針葉樹の球果によく似ていて、しばしば「球果」と誤記されます。しかし、球果の種鱗《しゅりん》が開いたとき中から出てくるものは、クロマツにしてもスギにしても、種子そのものです（図28および図30参照）。

3　被子植物の種子の構造

種子は、構造的には、一枚の種皮《しゅひ》、胚乳《はいにゅう》、胚《はい》の三つの部分からできています（図21）。

胚乳は、胚が発芽・成長するための栄養（分）です。これは、働きとしては、孵化《ふか》したばかりの稚魚《ちぎょ》の腹についている「卵《らん》のう」に相当します。

しかし、無胚乳《むはいにゅう》種子といって、胚乳のない種子もあります。マメ科、ブナ科、クルミ科、トチノキ科などの種子、これは広い意味でのナッツ類といえますが、これらには胚乳がありません。それで、発芽のための栄養分は、胚乳のかわりに子葉《しよう》に集まっています。

胚は、発芽して成長してゆく器官であって、種子の中心です。これは、子葉、幼芽《ようが》、胚軸《はいじく》、および幼《よう》根《こん》の各部分からできています。

子葉は、被子《ひし》植物では二枚あり、いわゆる「双葉」です。これらは、ふつう、発芽してから地上に出て、最初の光合成《こうごうせい》をします。そして、本葉《ほんば》（普通葉《ふつうよう》、尋《じん》

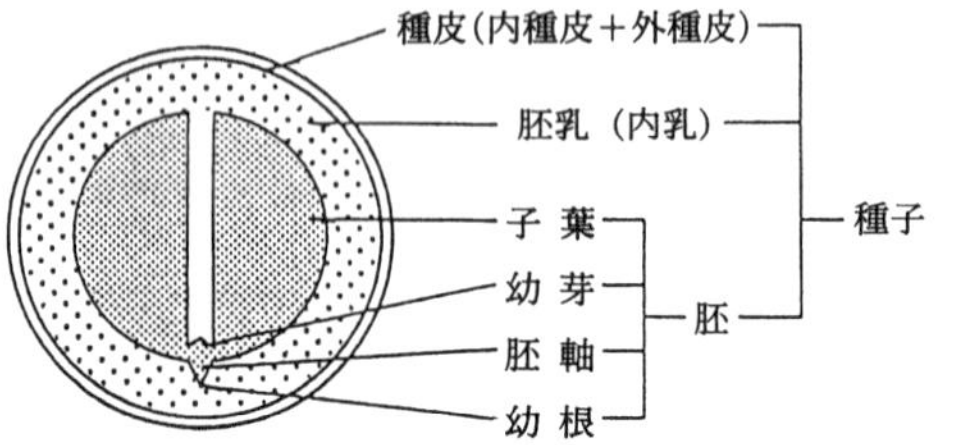

図21　広葉樹の種子の模式断面図

常葉《じょうよう》）は、子葉の後から開いてきます。

幼芽は、子葉から上に位置していて、成長していく部分です。茎（幹）と本葉が含まれています。発芽して伸び出したときには、茎と葉を含めて、この部分は上胚軸《じょうはいじく》とも呼ばれます。

胚軸は、根と子葉のあいだの部分です。これは、

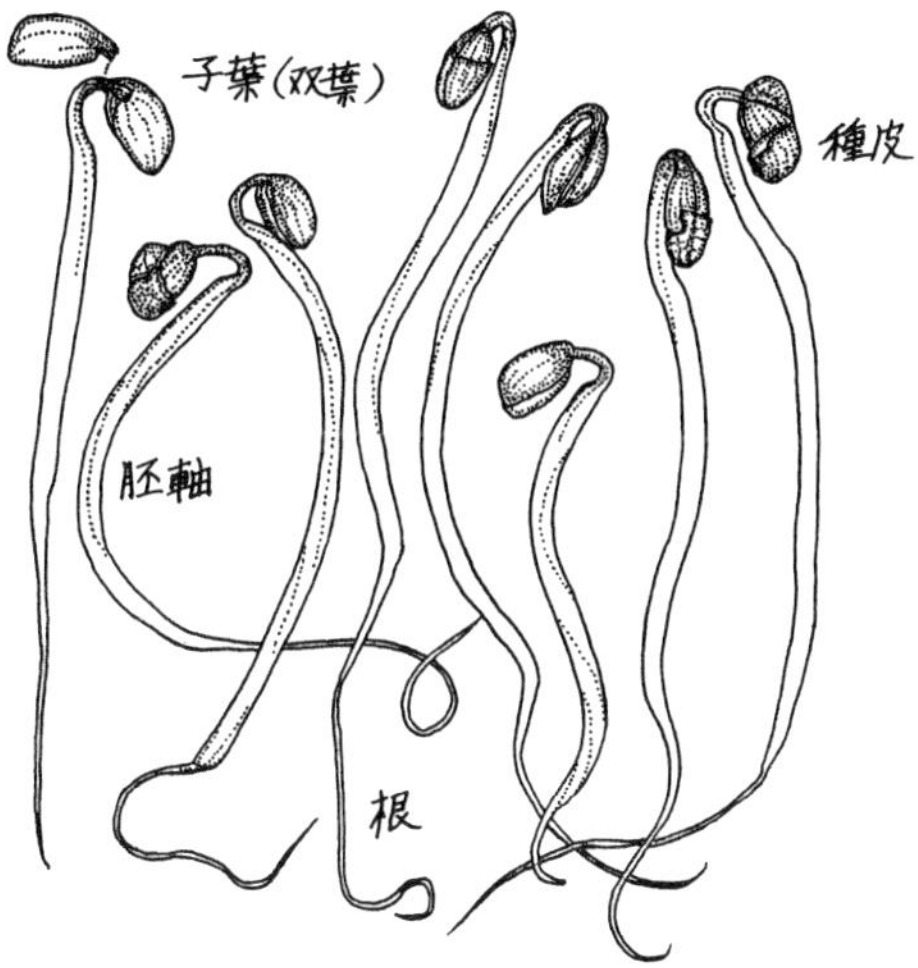

図22　豆もやし（ダイズ）
ダイズの発芽における、双葉を地上にもち上げるための、胚軸の伸び上がり。胚軸は、細胞分裂による成長をしないで、各細胞が縦長に伸びるだけである。

あまり目立たない器官ですが、じつは、地下で発芽した後に、子葉を地上にもち上げるという、たいへん重要な働きをします。そして、胚軸による子葉のもち上げ運動は、細胞が縦に長く伸びることによって起こるのであり、本来の成長ではありません。つまり、成長点が細胞分裂《さいぼうぶんれつ》して伸びてゆくのではないのです。胚軸は、身近に、もやし（豆もやし）としてみられます。もやしの白く長い部分は、根ではなくて、胚軸であり、双葉が地上に出て光合成をできるようにするためにもち上げているのです（図22）。それゆえ、胚軸は、発芽だけのために用意された特殊な器官です。また、ラッカセイのように、発芽時に、胚軸が太くなり、自らの殻（果皮《かひ》、莢《さや》）を割るケースもあります（図23）。そして、胚軸の下部に、幼根が続いています。

幼根は、すでに述べたように、胚軸の下に続いていて、被子植物のうち、双子葉植物では直根《ちょっこん》（主根）

になり、直根から側根《そっこん》が分かれてきます。単子葉植物では、直根はすぐに退化して、多数のヒゲ根が伸び出します。

4　裸子植物の球果と種子のつくり

裸子《らし》植物の種子は、今日まで生き残ったグループでは、上述しましたように、まったくの「裸子」状態ではなく、なんらかの保護器官によって、「被子《ひし》の状態」に近づいています。たとえば、イチョウは、多肉の外種皮《がいしゅひ》つき種子をつけます。イチイ、カヤなどの種子には仮種皮《かしゅひ》がついています。

マツ類、ヒノキ類などは、球果《きゅうか》をつけて、その中に種子を成熟させます。球果をつける樹木が「球果植物」であり、英語のコニファーズです。しかし、イチイ類は、球果をつけないので、非球果植物であり、英語ではタクサッズです。球果植物類とイチイ類とをあわせて「針葉樹」といいます。それゆえ、コニファーズの訳語は、針葉樹ではなく、正確には球果植物でなければなりません。

それでは、裸子植物の球果と種子を概観しておきましょう。

図24は、イチョウの種子です。あの臭い部分は外種皮の外層なのですが、その部分があることで、内部のギンナン（銀杏）を乾燥から保護しているのです。ところで、ギンナンには、外種皮の内層と薄い内種皮《ないしゅひ》、胚乳《はいにゅう》、胚《はい》があります。

ちなみに、現在の地球上では、植栽木のみで、イチョウの野生木がありません。その理由の一つに、現在における種子散布者の不在が考えられます。あの外種皮の臭さは、哺乳類や鳥類には嫌われるのですが、イチョウの繁栄した時代には、恐竜類を含む、

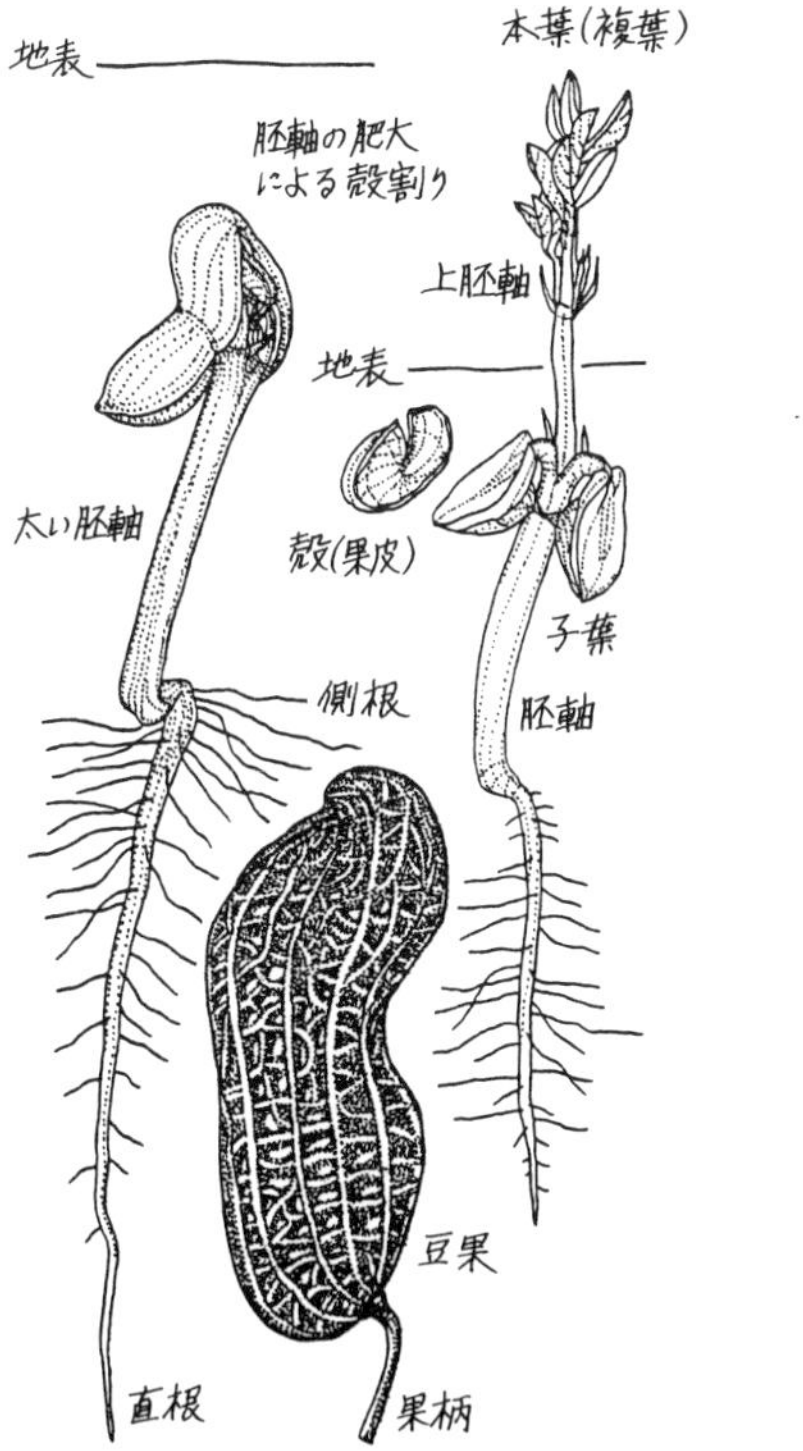

図23　ラッカセイの地下における発芽
ラッカセイは、地下に果実を成熟させる。地下子葉性の発芽なのに、胚軸が長く伸び、たいへん太くなる理由は、自ら殻（莢、果皮）を割る必要があるからであろう。

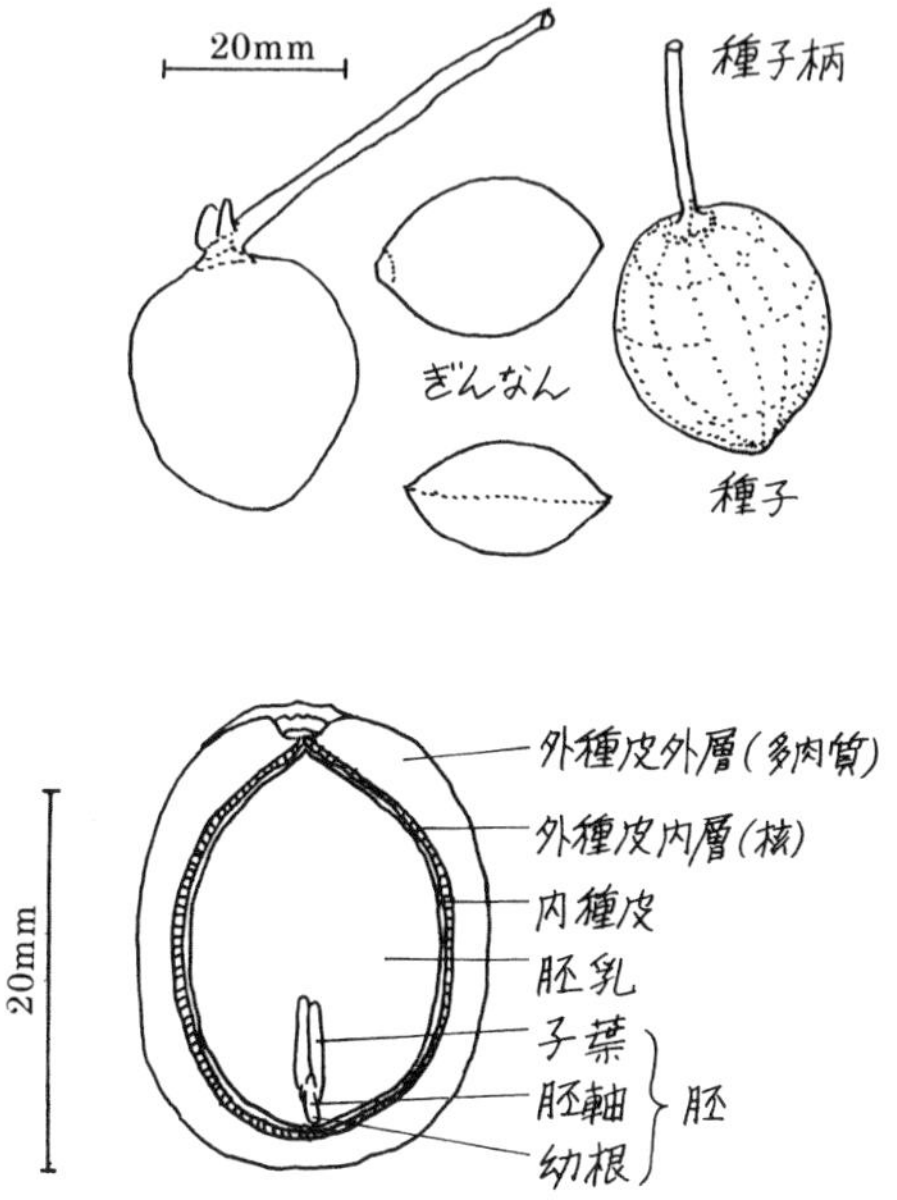

図24　イチョウの種子（『Seeds of woody plants in the United State』より作成）
多肉質の部分は、外種皮の外層であり、核が外種皮の内層である。食用の部分は、胚乳（および胚）である。
註）広葉樹の核果では、核は内果皮である（図10、34ほか参照）。

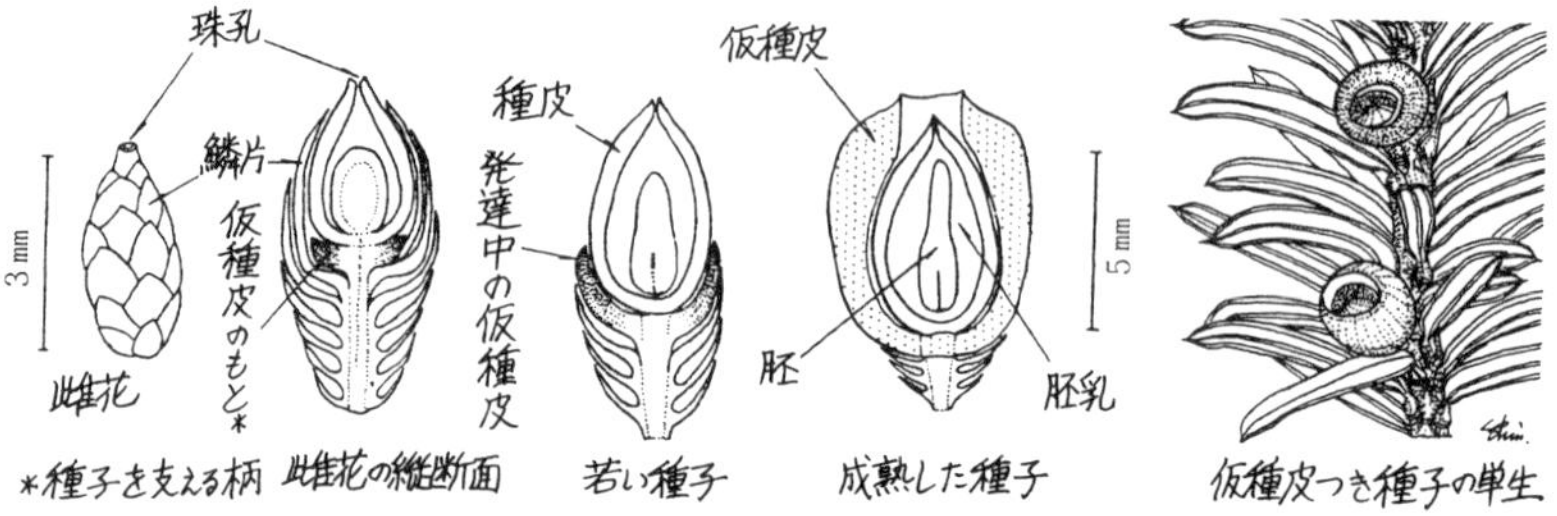

図25　イチイの仮種皮つき種子
イチイは、種子が1個ずつついて、球果を形成しないから、球果植物（コニファー）ではない。英語では、タクサッズ（イチイ類）と呼ばれる。

爬虫類（特に、鳥タイプの爬虫類）による被食《ひしょく》型散布がおこなわれていたのではないでしょうか？　ギンナンの硬さは、胃の内部で消化されにくい、胃石《いせき》にすりつぶされにくい（？）ためであった、と推測されます。また、葉が広い形をしていますが、イチョウはもちろん、広葉樹ではなくて、裸子植物のうち、針葉樹にも属さない、ソテツに近いグループです。

つぎに、図25は、イチイの種子です。イチイは、コニファーではないので、球果をつけません。枝に一粒ずつついて、しかも、まるで、広葉樹の多肉果《たにくか》のような、ヒトが食べられる赤い実をつけます。この赤い果肉のような部分は、種子を包んだ仮種皮であり、花時には、雌花《めばな》を支えていた珠柄《しゅへい》です。この珠柄は、被子植物の、たとえば、なし果でいう花托《かたく》にほぼ相当する器官です。

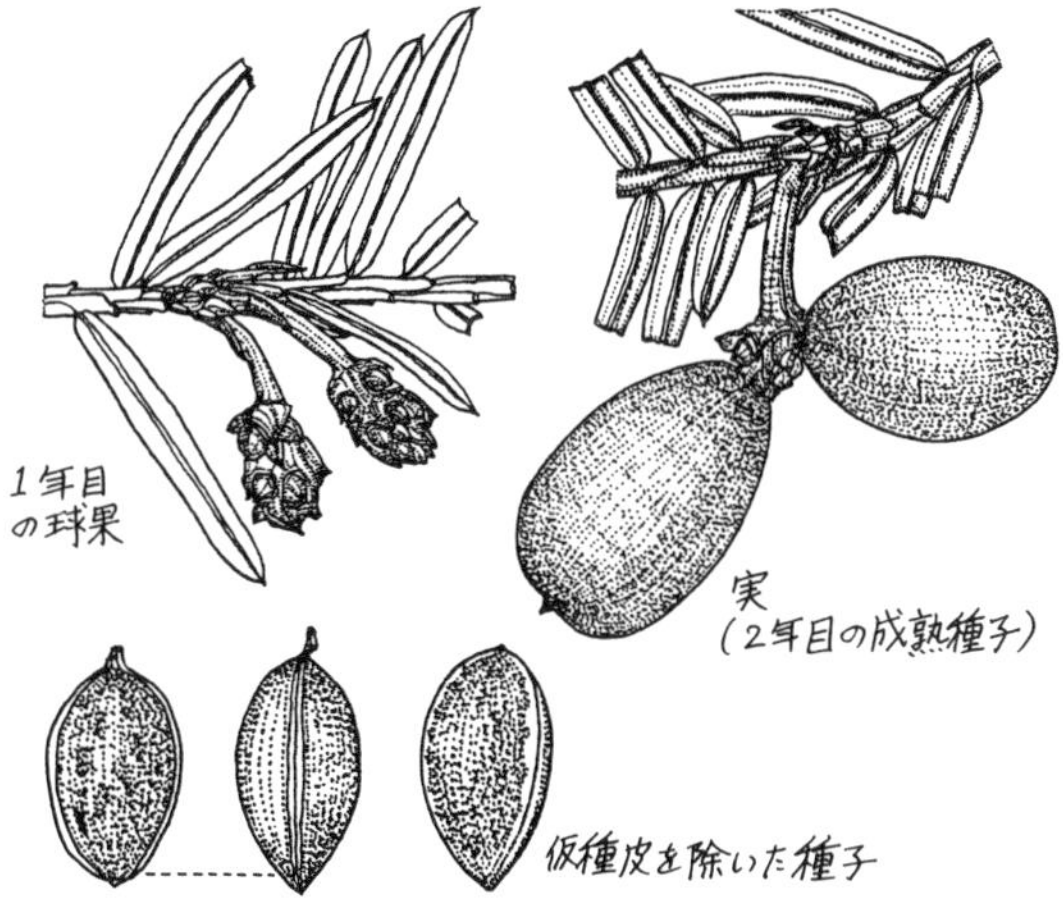

図26　ハイイヌガヤの球果および種子
これは、針葉樹類であり、１年目には確かに球果らしいが、２年目には球果らしさはなくなる。雌雄異株である。

イチイの仮種皮は、種子を杯状に包んでいて、種子が顔をのぞかせています。しかし、同じイチイ科でも、カヤ属のカヤの種子は、イチイ属とはちがい、全体が仮種皮で包まれています。しかも、ヒトが食べられる部分は、イチイ属の場合は仮種皮であったのですが、カヤ属では種皮（核《かく》）の内部の胚乳と胚があわさった部分です。

そして、図26は、ハイイヌガヤの種子です。カヤの種子に似ていますが、ハイイヌガヤは、イヌガヤ科に属し、球果植物であり、多肉果状の種子については、球果タイプがいちじるしく変態したもの、と考えられています。これは、林床《りんしょう》に生える低木ですから、風による散布がほとんど有効ではありません。それで、種子は甘い外種皮（多肉果状）と内種皮（種殻《しゅかく》ないし核）に包まれていて、動物による散布に期待します。これは、外見的には、種子が、葉もカヤに似ていますが、構造的にはイチョウと似てい

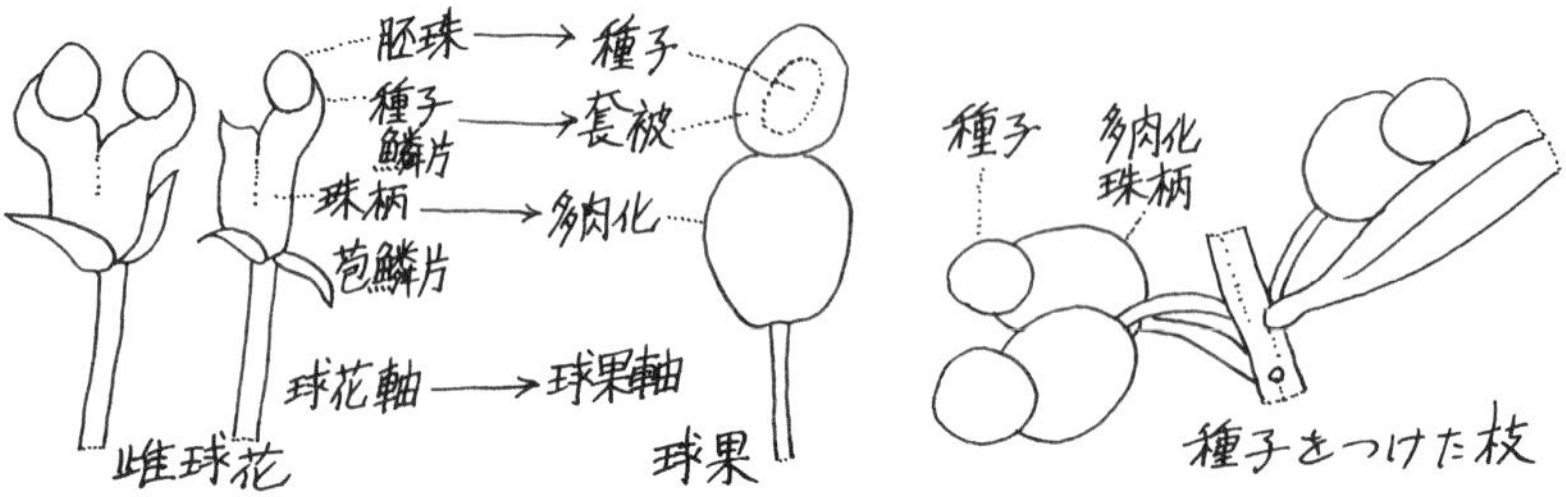

図27　多肉型種子をつけるイヌマキ
裸子植物でありながら、動物の被食型タネ散布に適応している。

ます。

また、図27は、イヌマキの種子です。二個一組の「実」のうち、先端の方が本当の種子です。他方、基部の方は珠柄が肥大・多肉化したもので、したがって、これはいわゆる偽果《ぎか》です。イヌマキは、基部の美味しい実（偽果）で、フルーツ食の動物を誘い、その際に、種子もいっしょに食べてもらい、種子だけを遠方へ散布してもらうのです。

図28は、クロマツの球果と種子です。これは、典型的な球果植物です。そして、種鱗《しゅりん》が螺旋状に集合してできている球果の中に、有翼の種子が、一種鱗につき二個ずつ入っています。マツ属の種は乾燥気候に耐えるためか、開花・胚珠《はいしゅ》の受精から種子の成熟まで二成長期を必要とし、一年目の球果（小球果）から二年目の球果（成熟球果）まで、種子は種鱗および苞鱗《ほうりん》によって保護されています。

また、図29に、ハイマツの種子の縦断面を示しま

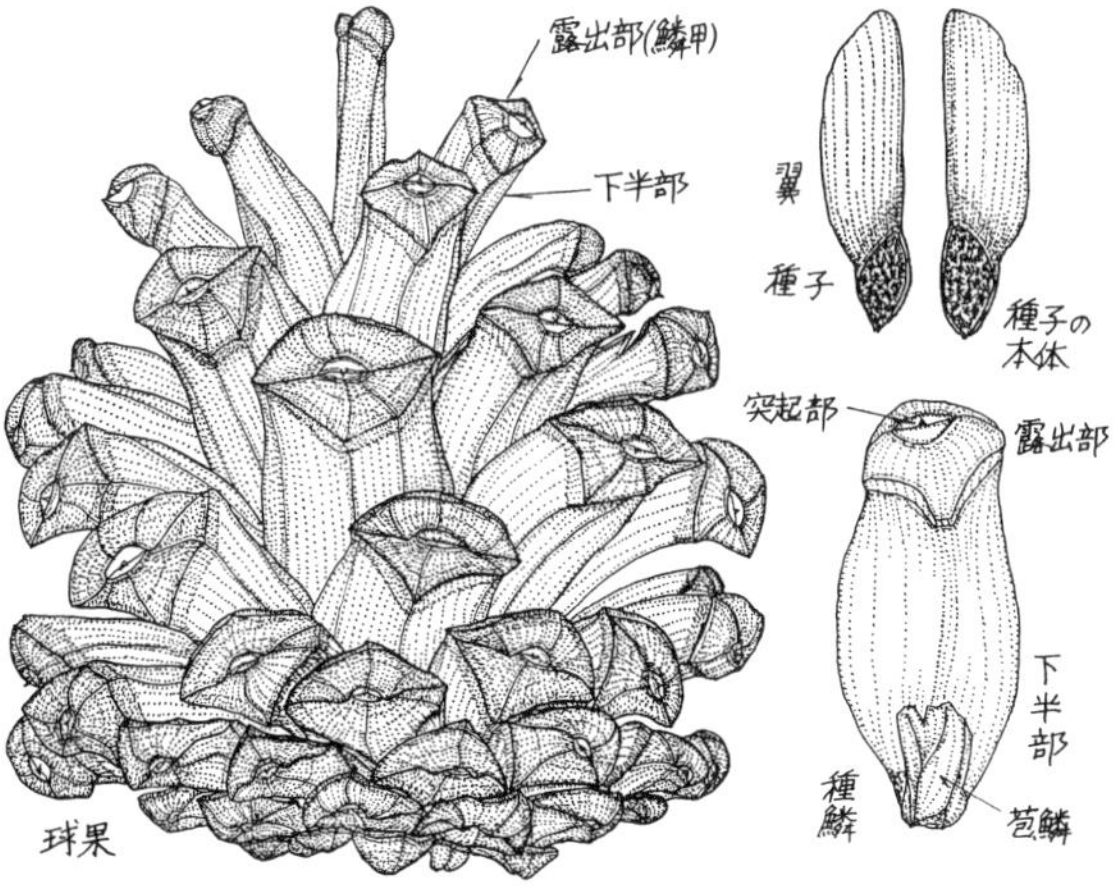

図28　クロマツの球果と種子
マツ科の球果は、種鱗が螺旋状に配列している。各種鱗に2個ずつの種子が生じる。種子は、大きな翼をもち、風に乗って遠方へ散布される。

した。二枚の種皮（外種皮が厚い殻、内種皮が薄皮）、胚乳、胚（子葉、幼芽、胚軸、幼根）という構造は、被子植物の種子とほとんど変わりがありません（図21参照）。

ただし、針葉樹類では、子葉は二枚とはかぎらず、二枚から数枚あります。また、被子植物には、有胚《ゆうはい》乳《にゅう》種子と無胚乳種子とがありますが、針葉樹では、

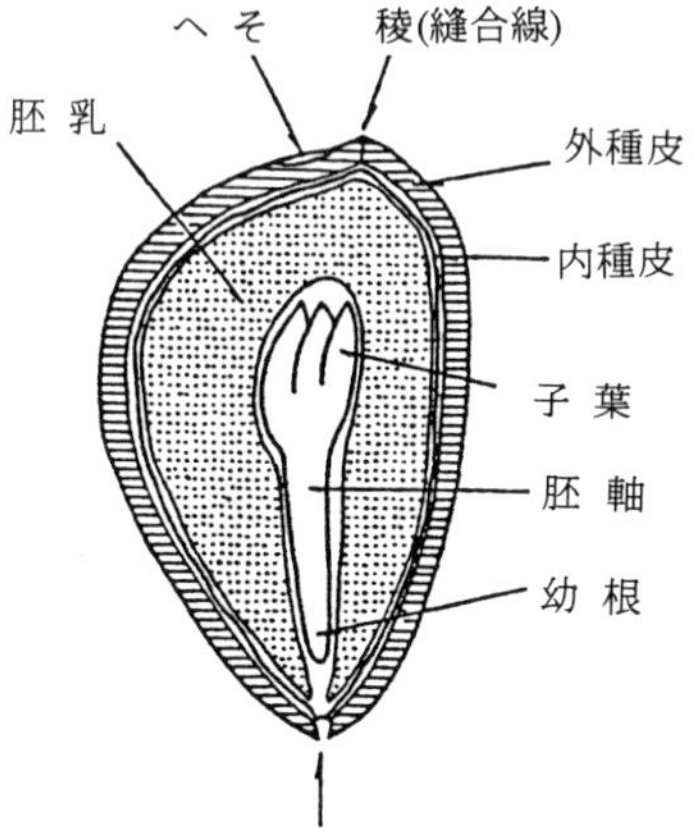

図29　ハイマツの種子の縦断

すべての種が有胚乳種子を生産します。このことは、古いタイプの針葉樹では、特殊化が進みすぎて、無胚乳種子への適応進化の余地がなくなった、ということを暗示します。

ちなみに、マツ科では、マツ属のほか、モミ属、トウヒ属、カラマツ属など、すべての属で、球果の種鱗が、螺旋状についています（図28および63、107ほかを参照）。

ところが、スギ科、ヒノキ科などでは、球果の種鱗が螺旋生ではなく、対生《たいせい》しています（図30）。

なお、球果は、一般的に、乾燥すると種鱗が開き、中の種子を風散布させ、あるいは動物散布に依存します。ところが、ヒノキ科の一部、具体的にはビャクシン属、ネズミサシ属ほかでは、球果全体が多肉化し、多肉球果の形態になって、球果ごと動物によって散布されます（図103参照）。

いずれにしても、「裸子」とはいえ、これらの種子は胚珠の受精から種子が成熟するまでのあいだは、種鱗と苞鱗に保護されているのです。

裸子植物の球果と種子の特徴を要約すると、表2のようになるでしょう。

5　タネ

種子は、散布され、発芽・成長し、定着して、つぎの世代となります。

しかし、散布されるものは、種子だけとはかぎりません。果実そのものの場合もあり、果皮《かひ》の一部がついた種子の場合もあります。

散布されるもの

果実の種類と散布されるものとの関係は、つぎの

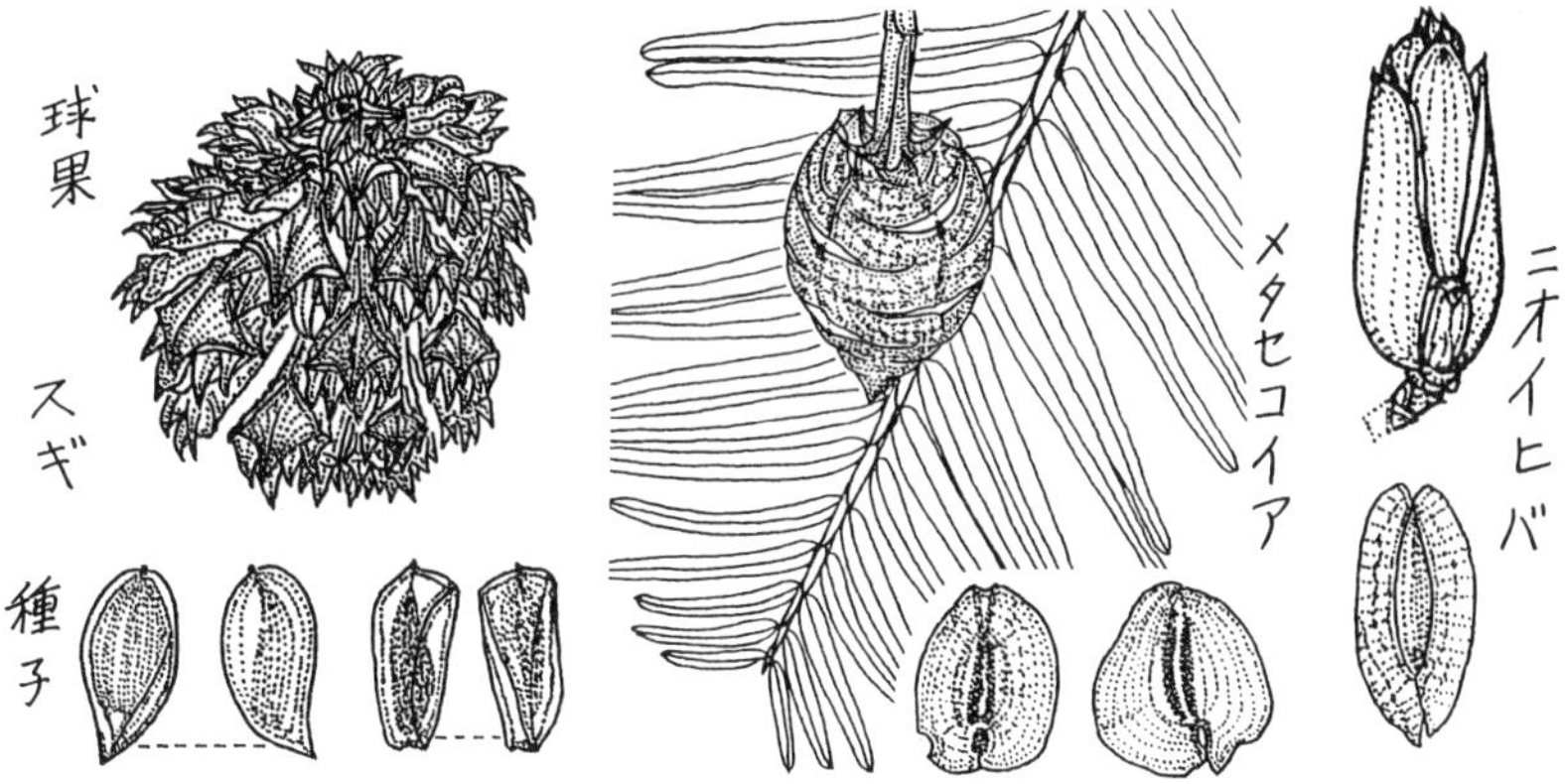

図30　スギ科およびヒノキ科の球果と種子（縮尺は不同）
スギ科、ヒノキ科の球果では、種鱗が対生する。種子は小さく、有翼である。

表2　裸子植物の球果と種子

グループ	球果	種鱗	種皮の構造
イチョウ	非球果	——	多肉果型 （外種皮外層＊＋外種皮内層＊＊＋内種皮）
イチイ	非球果	——	多肉果型 （仮種皮＊＋外種皮＊＊＋内種皮）
ハイイヌガヤ	（球果起源）	——	多肉果型 （外種皮＊＋内種皮＊＊）
イヌマキ	（球果起源）	——	多肉果型 （種子＊＊＋多肉珠柄＊）
マツ	球果	螺旋生	乾燥型 （外種皮＊＊）
ヒノキ	乾球果	対生	乾燥型 （外種皮＊＊）
ヒノキ	多肉球果	対生	多肉果型 （種鱗＊＋種皮＊＊）

＊＝多肉果状
＊＊＝消化されないための核（ウォール）

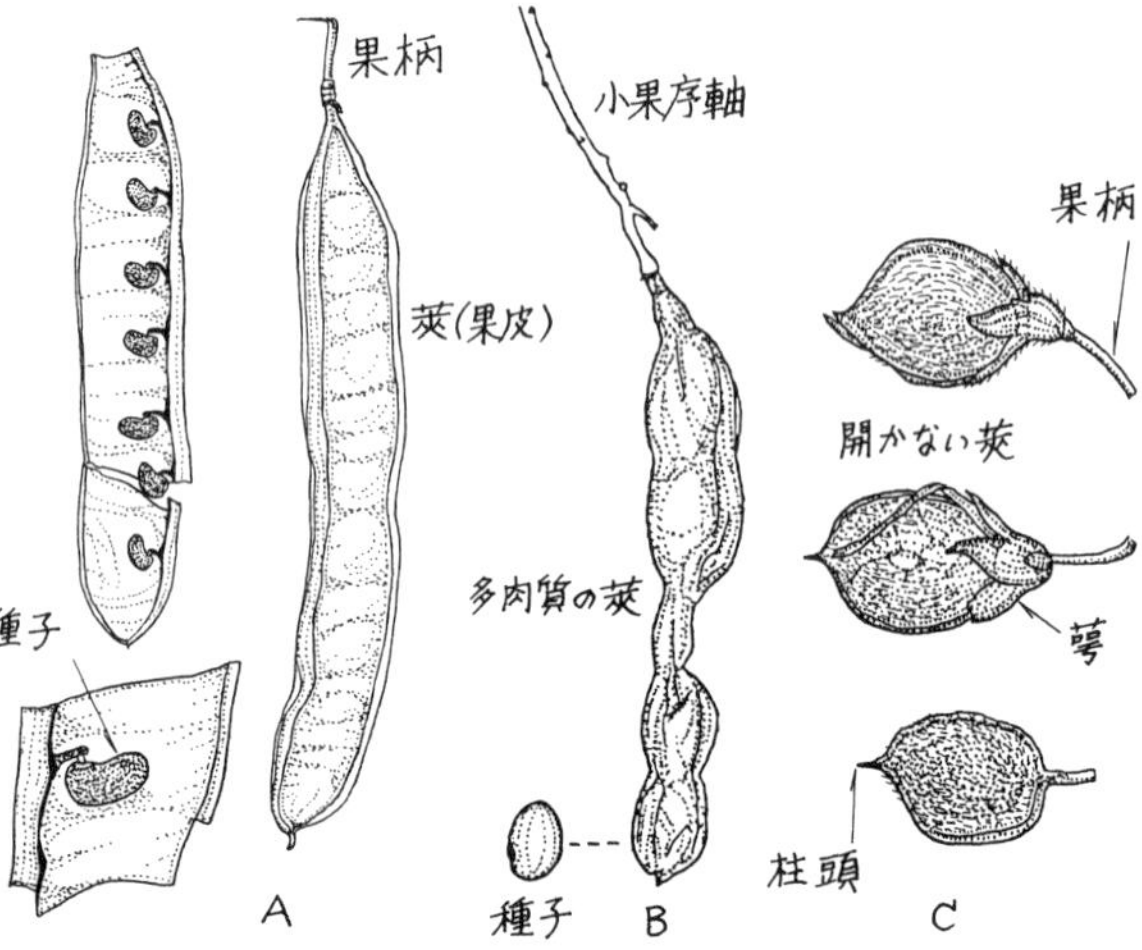

図31　豆果のいろいろ
A：ニセアカシア（風散布）、B：エンジュ（被食型動物散布）、
C：エゾヤマハギ（付着型動物散布）

ようになります（図3参照）。

豆果《とうか》…種子　一般的に莢《さや》が開いて、種子だけが、重力や風や動物などの力によって散布されます（図5参照）。しかし、例外として、ニセアカシアは莢のまま強風に飛ばされ、莢が翼の役割をして、種子が散布されます。また、エンジュは、多肉質の莢ごと食べられ、糞として種子が散布されます。そして、エゾヤマハギは、動物に付着して、莢つきのまま種子が散布されます（図31）。

さく果…種子　一般に、果実が裂開して、種子だけがさまざまな力によって散布されます（図6参照）。しかし、ニシキギ科では、さく果が開いた後に、仮種皮《かしゅひ》つき種子が食べられます（図32）。また、ヤナギ科では、長毛つき種子が風に飛ばされます（図48参照）。

袋果《たいか》…種子　カツラでは、袋果が裂開して、有翼《ゆうよく》種子が風によって散布されます。

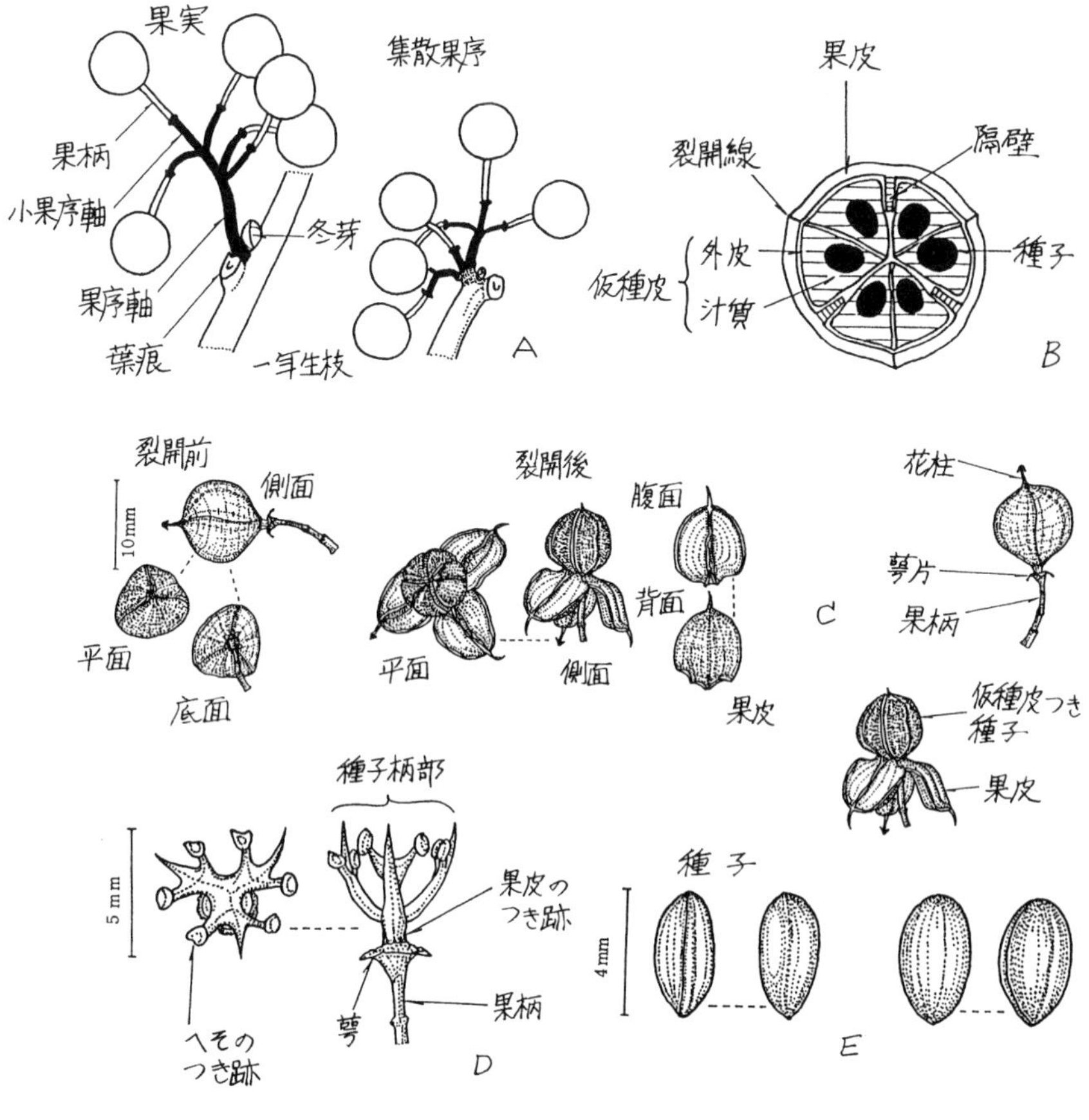

図32　ツルウメモドキの果序、果実、種子柄部および種子

A：集散果序　B：果実の横断面（拡大）　C：果実（さく果）　D：種子柄部　E：種子

長角果《ちょうかくか》…種子　キササゲでは、細長い果実が開いて、中に隔壁《かくへき》を有して、それぞれの室から有翼種子が風によって散布されます（図46参照）。

翼果《よくか》…果実そのもの　シラカンバ、ケヤマハンノキ、ハルニレ（図33）、ヤチダモなどの果実は、有翼であり、翼の形がさまざまですが、いずれも果実そのものが風散布されます。

ただし、針葉樹では、散布されるものは有翼種子です。

分離翼果《ぶんりよくか》…果実そのもの　カエデ類では、果実そのものが風によって散布されます。ただし、一つずつに分離しないと、風に飛びません（図7および49参照）。

えい果…果実そのもの　タケ・ササ類では、果実そのもの、厳密にいうと、種子と果皮と苞穎《ほうえい》があわさったものが、動物散布ないし風散布されます。

堅果《けんか》…果実そのもの　一般的に、大きくて、硬く、果実そのものが動物散布されます（図1および8、41参照）。

核果《かくか》…核つき種子　果肉を動物に食べられて、内果皮（核）つき種子が散布されます（図10、11参照）。

果樹として栽培されるセイヨウミザクラ（サクランボ）の果実も、核果です（図34）。サクランボのタネ飛ばし競争は、まさにタネ（核果つき種子）を飛ばしているのです。

液果《えきか》…種子　果肉・果汁を動物に食べられて、種子だけが散布されます（図12参照）。「北の紫の宝石」という愛称をもち、栽培もされているクロミノウグイスカグラ（ハスカップ）は、液果であって、種子が細かいので、そのままジャムなどに加工されます。ただし、この果実は、二つの花が一個の果実になるため、厳密には偽果《ぎか》です（図35）。

みかん果…種子　果実ごと、あるいは果汁ごと

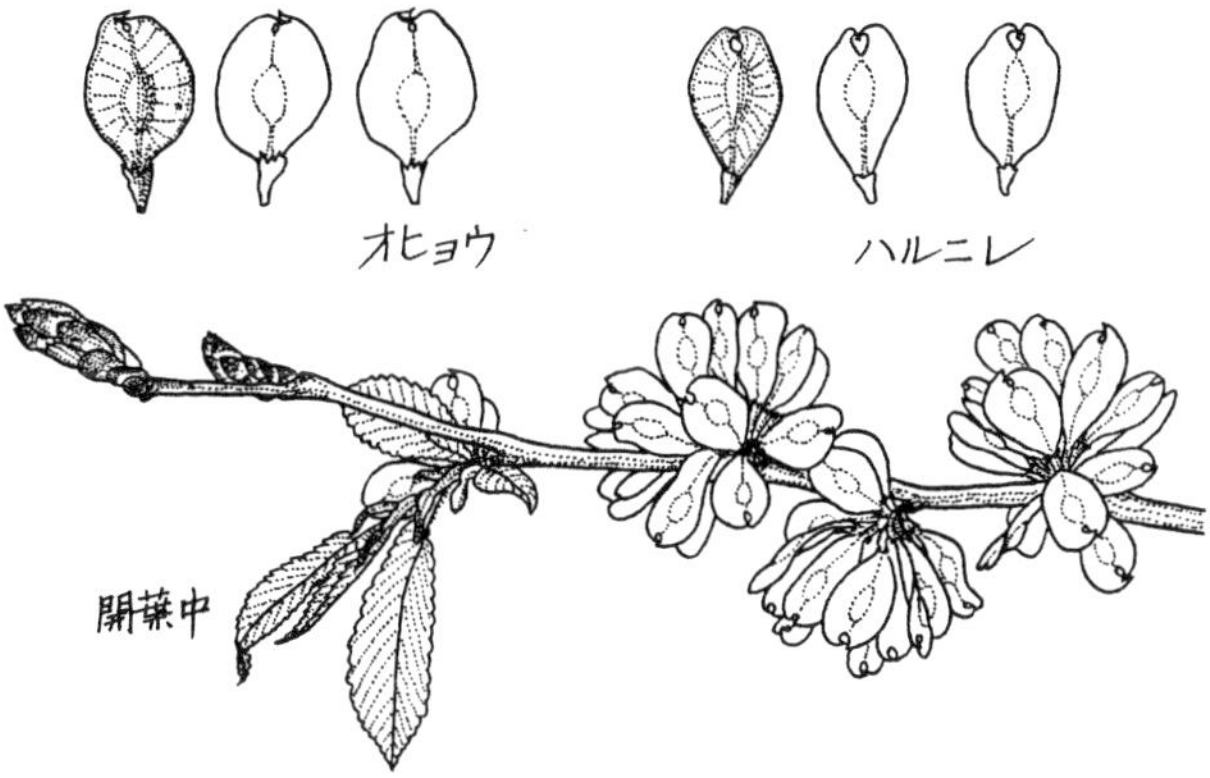

図33　ハルニレの果実
風散布に適した翼果で、葉が開く前に開花し、開葉・展葉中にタネ散布される。その形から、青銭（緑色の硬貨）にみえる。

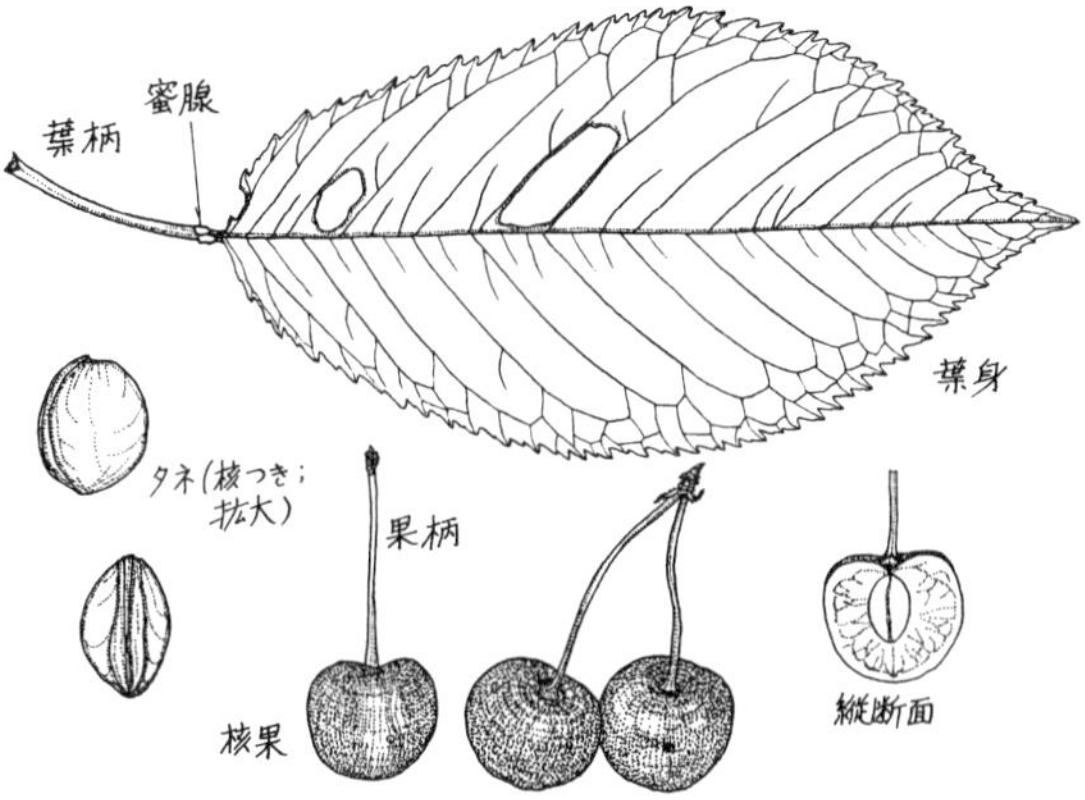

図34　セイヨウミザクラ（サクランボ）の果実とタネ

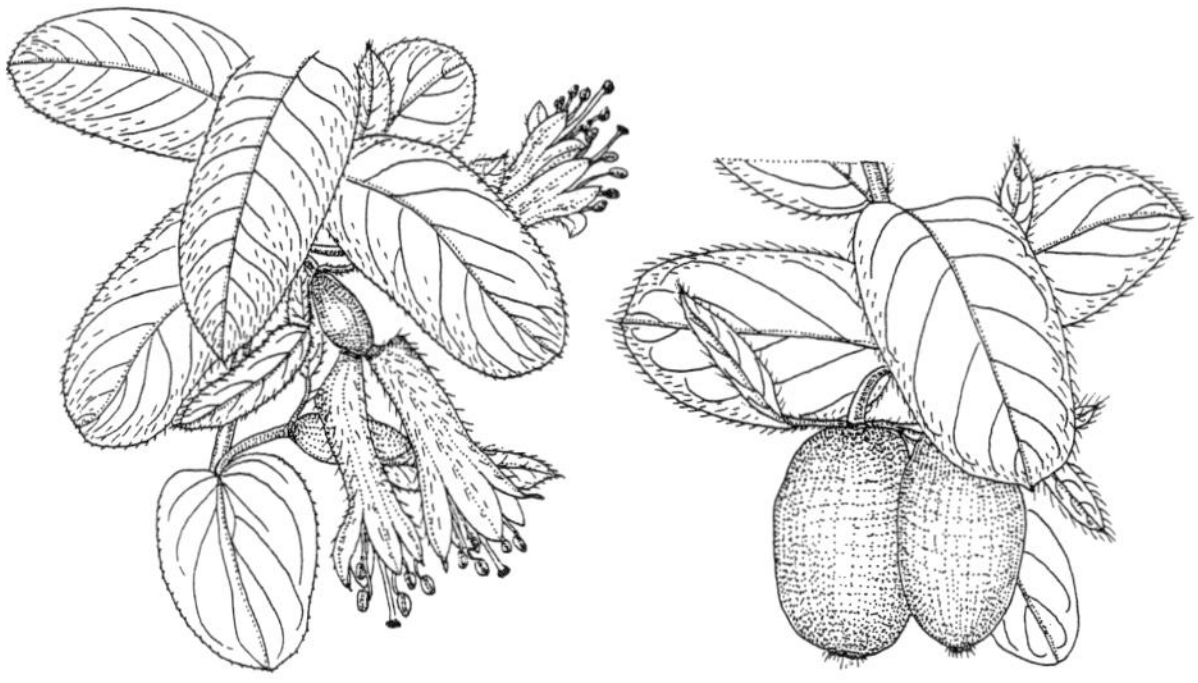

図35　ハスカップ（クロミノウグイスカグラ）の花（左）と果実（右）
花は、肉質の花序軸に２個ずつ咲く。果実は、２花の子房が、肥厚した花序軸に包まれて、１個になる。果実は偽果である。

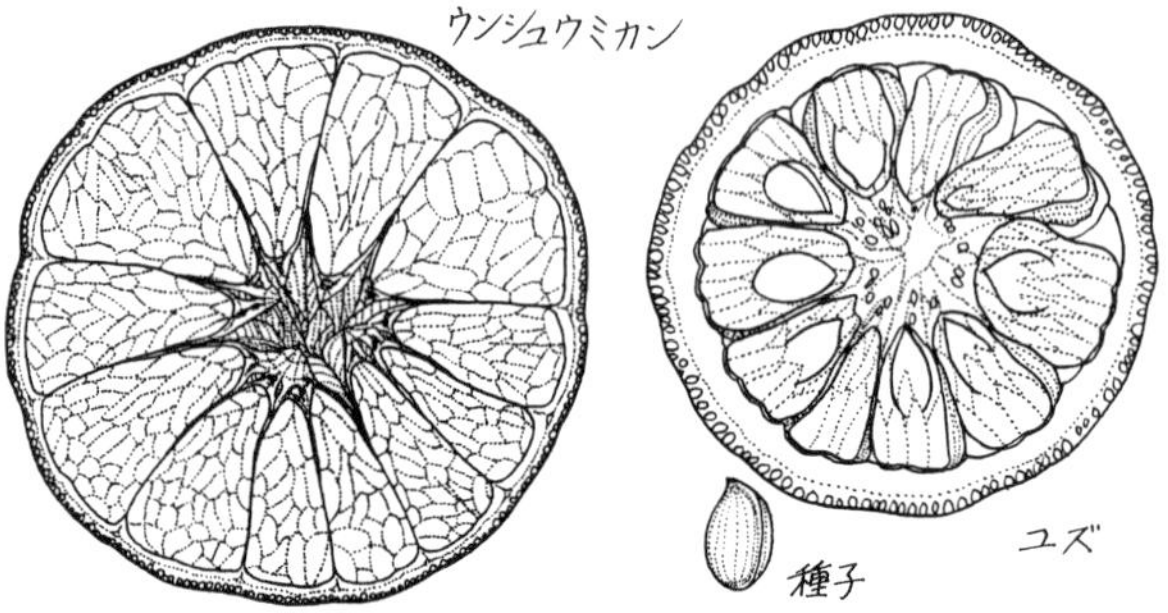

図36　ウンシュウミカンおよびユズの果実（みかん果）の横断面
ユズはたくさんの大粒の種子を有するが、ウンシュウミカンは種子が乏しく小さい（タネなし化）。

動物に食べられて、種子だけが散布されます（図13、14参照）。ただし、栽培植物では、ウンシュウミカンのように、接ぎ木（クローン）で増殖されるので、種子なしになったものもあります。他方、野生に近いのか、種子で増殖されるからか、ユズは多数の種子をもっています（図36）。

なし果（偽果）…種子　花托《かたく》起源の果肉を動物に食べられて、種子だけが散布されます（図15、16参照）。栽培されるリンゴおよびナシ、セイヨウナシでは、接ぎ木増殖のためか、種子なし、あるいは不稔《ふねん》種子（しいな、小粒、微小粒）になってきています。

ばら果（偽果）…果実そのもの　萼筒《がくとう》起源の偽果の果肉を動物に食べられて、果実そのものが散布されます。

きいちご果（小核果）…核つき種子　果肉・果汁を動物に食べられて、内果皮（核）つき種子が

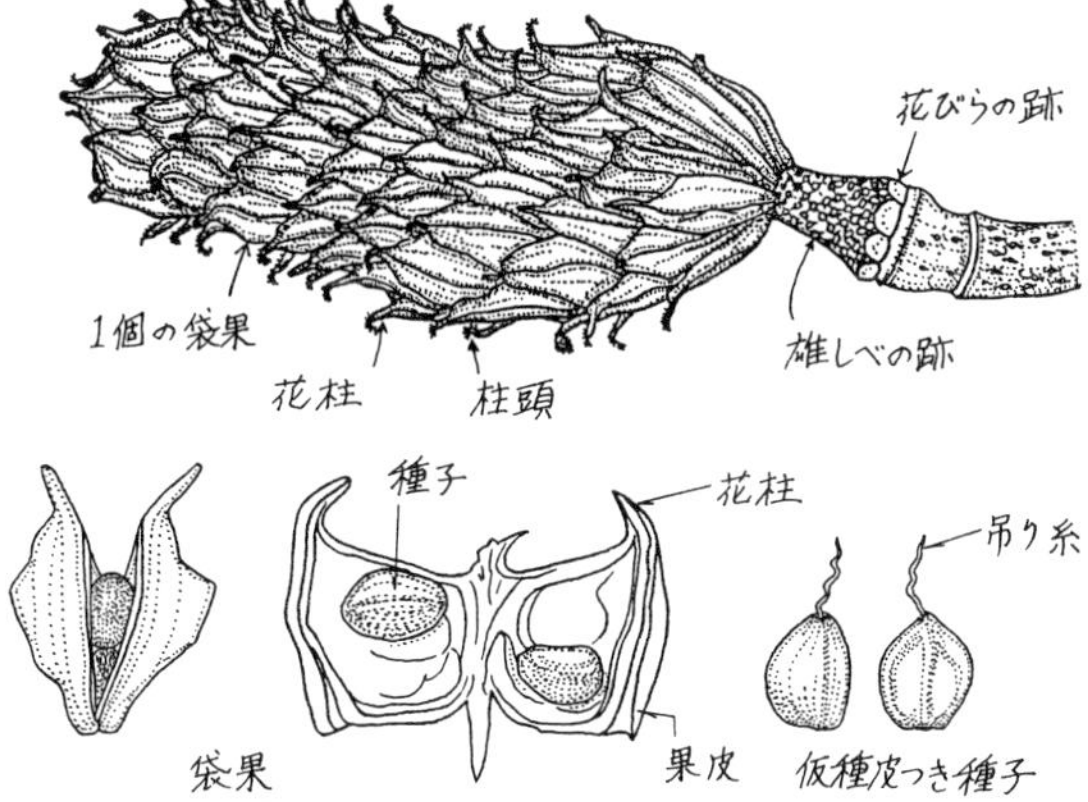

図37　ホオノキの集合果（袋果）および種子
１つの花の多数雌しべから袋果の集合体が形成される。

散布されます（図18参照）。

複合袋果《ふくごうたいか》…種子　ホオノキおよびモクレン類では、集合した袋果が開いて、糸でぶら下がった、仮種皮つき種子が動物に食べられて、種子だけが散布されます（図37および20参照）。

いちじく果（偽果）…果実そのもの　果実（偽果）全体が食べられて、内部の微小な果実（そう果）が散布されます（図19参照）。

くわ果…種子　集合した、肉穂《にくすい》状の果肉が動物に食べられて、種子だけが散布されます。

果穂《かすい》…果実そのもの　球果状の果穂から、果鱗《かりん》が開いて、あるいは果鱗がバラバラに崩壊して、果実そのもの（ハンノキ属、カバノキ属などの翼果）が散布されます。しかし、シデ属およびアサダ属では、総苞《そうほう》つき小堅果が、風散布あるいは動物散布されます（図38）。

ここまでに述べたのは、被子植物の場合です。

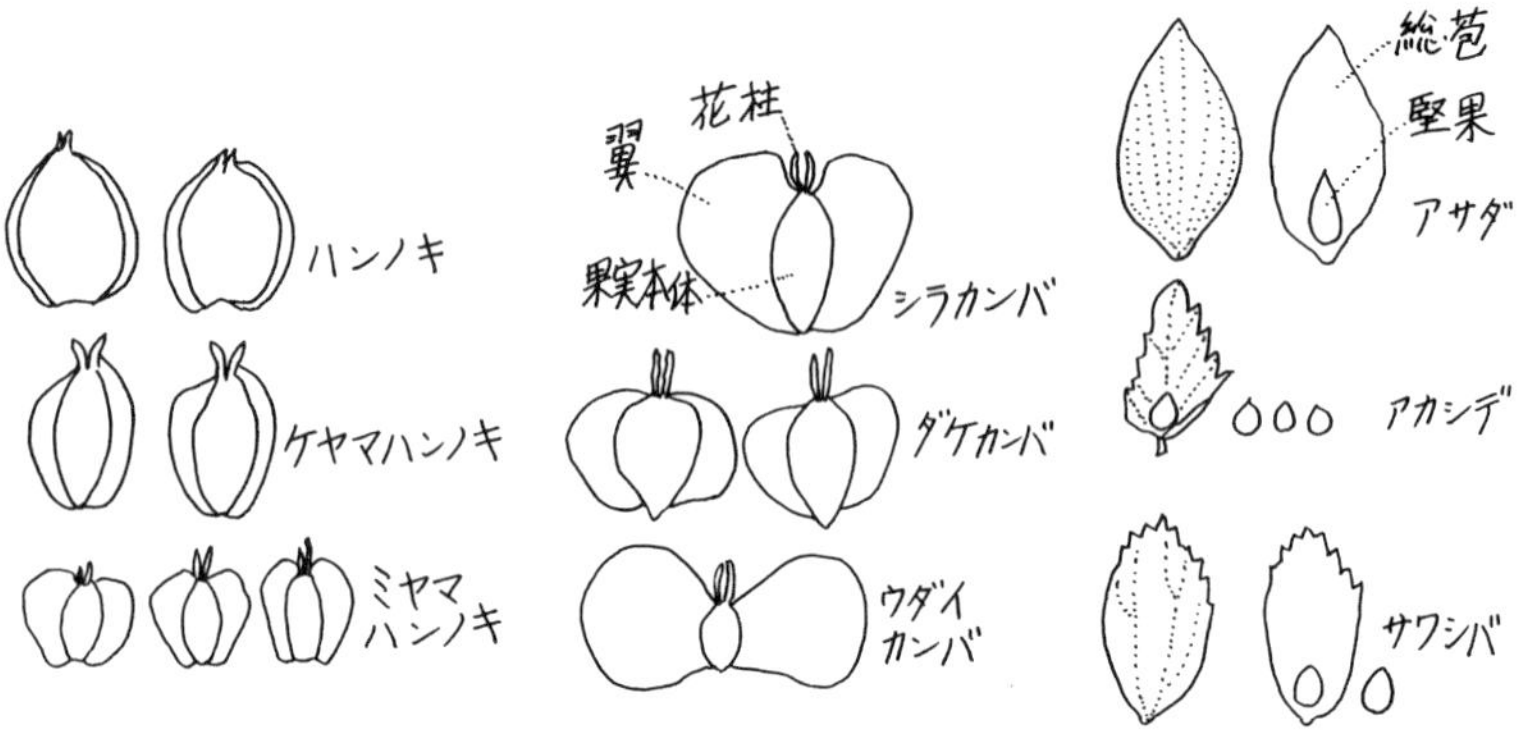

図38　カバノキ科の４属の総苞と果実
ハンノキ属、カンバ属では、翼果が風に散布される。アサダ属、シデ属では、小堅果が総苞ごと風によって散布される。ときには小堅果が動物に散布される。

他方、裸子植物の場合には、散布されるものの大部分は、種子です。それでも、自然界には例外もあって、多肉球果のように（図103参照）、多肉質の種鱗《しゅりん》の一部がついたままの種子が、動物によって散布される場合もあります。

タネとは、なんだろうか？

ここまでにお話ししたように、散布体《さんぷたい》は、種子だけでなく、果実そのものの場合もありますし、果実の一部がついた場合もあるのです。ただし、これらは、すべてが種子を含んでいますから、広い意味では、種子散布である、といえます。

そして、散布されるもの（散布体）は、種子というより、むしろ、タネに該当します。

日本語（大和言葉）のタネとは、「生命の元になるもの」であり、種子そのものとはかぎりません。

タネは、実生《みしょう》繁殖（有性生殖）だけに限定されない

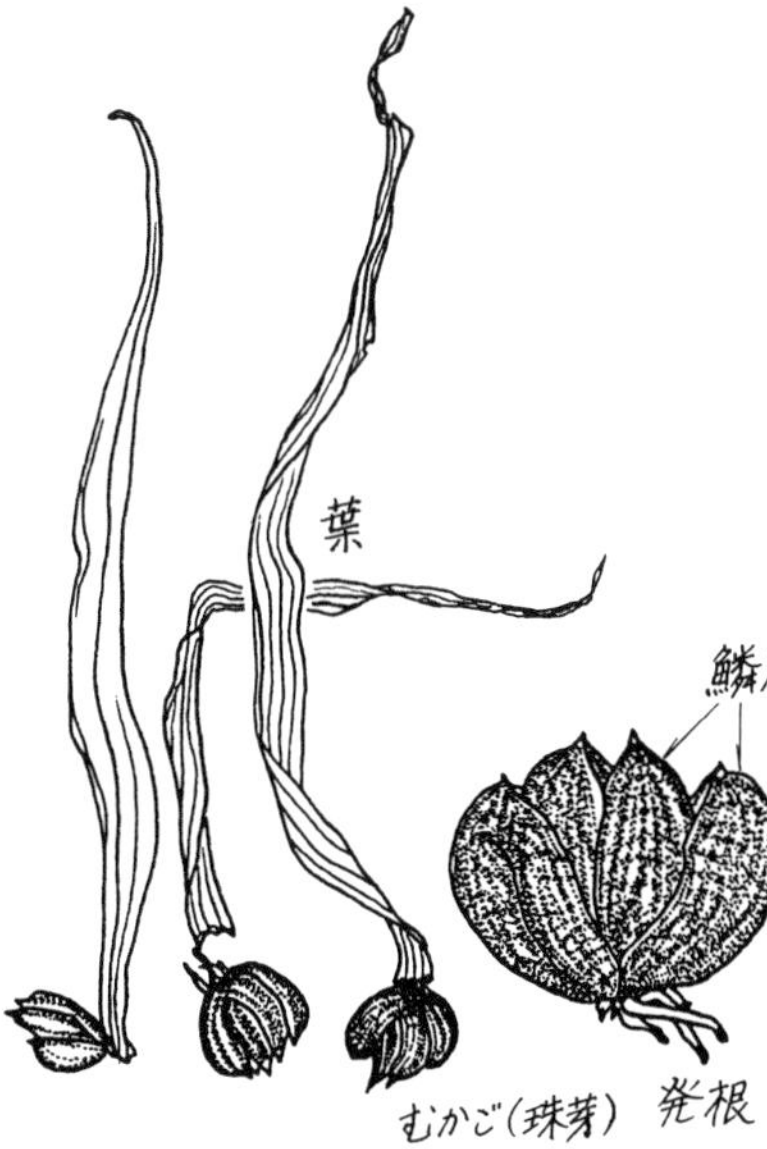

図39　オニユリの珠芽（むかご）
珠芽は、茎上で、すでに鱗茎の形態となり、根さえ出ている。珠芽は、単に重力で落下するだけでなく、葉に付着していて、風を利用して、いくらか遠方へ散布される。

のです。

つまり、タネという言葉は、栄養増殖の場合にも用いられます。タネ芋（タネ薯・タネ藷）、タネ穂（接ぎ穂・挿し穂）でお馴染みです。また、元になるものですから、タネ火、子ダネ、などとも使われます。

ちなみに、タネに「種」の漢字を当てることは、望ましくありません。学術用語としての「種」は分類学のシュであって、英語のスピーシスですから、どうしてもタネに漢字を当てたいならば「種子」と書くことが望ましく、これなら間違いありません。

また、散布体には、種子のほか、生態的には種子と同じ働きをする胞子《ほうし》、むかご（珠芽《しゅが》）なども含まれます。珠芽をもつ植物には、草本類ではヤマノイモ、オニユリ、ムカゴイラクサなどが知られています。ちなみに、珠芽は、無性の栄養繁殖の一つの手段（クローン繁殖）であり、有性の種子繁殖とはま

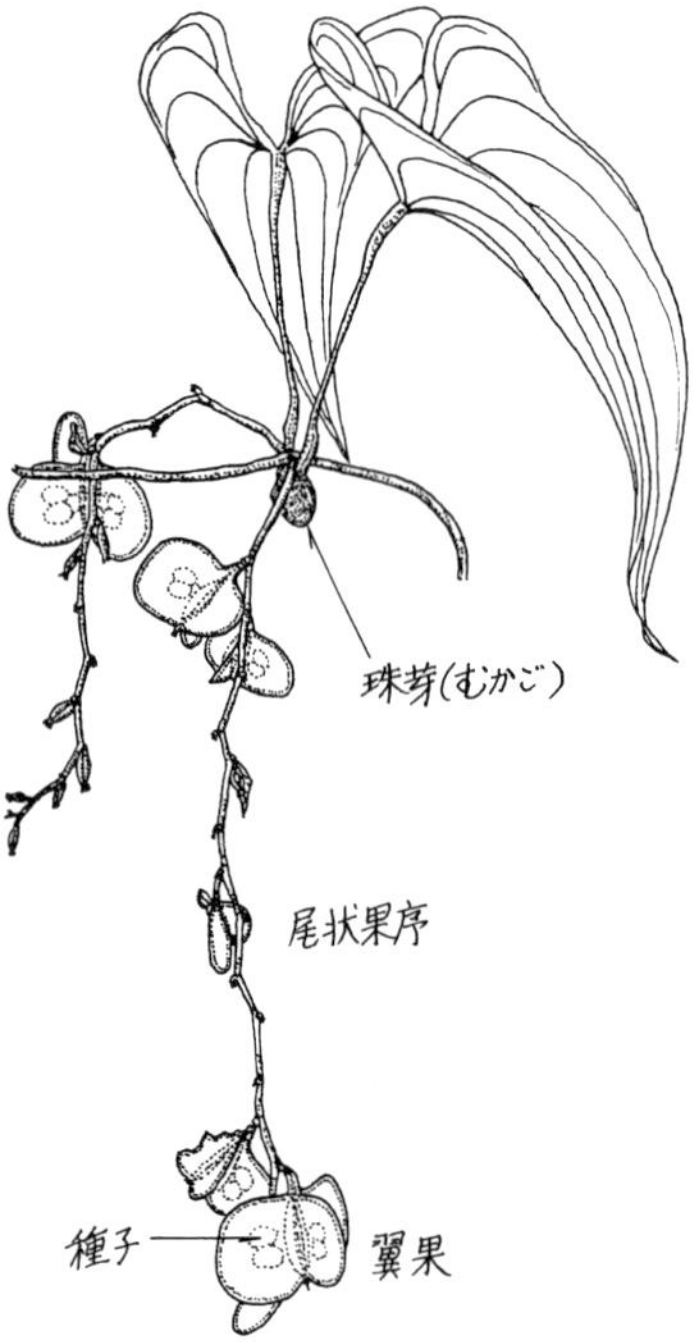

図40　ヤマノイモの果実と珠芽
遠方へは果実（翼果）で散布され、近くには珠芽が落下することで散布される。珠芽はすでに芋状の形態を示している。

ったく異質なものです。

図39に、オニユリの珠芽を示しました。珠芽は、地下の鱗茎《りんけい》とそっくりの形態であり、茎上で発根している場合もあります。ふつう、葉がついたまま、珠芽が落下します。葉なしの場合より、いくらかでも風を利用するのに有効である、と考えられます。

また、図40に、ヤマノイモの果実と珠芽を示しました。果実は翼果であり、遠くへ風散布されます。他方、珠芽は、落下するか、動物に貯食《ちょしょく》されるかでしょうが、茎上ですでに、長い根茎《こんけい》（芋）の原型を示しています。ただし、これは正確には芋の基部の片側だけが肥大成長したものなのです。

2章　種子散布の意義と方法

植物は、大昔から、種子散布をしてきましたが、これにはどのような意義があり、どんな散布方法があるのでしょうか?

1 世代交代

あらゆる生きものには、寿命があります。ヒトでは、

胎児→出生→乳児→幼児→少年→青年→壮年（成年）→熟年→老年→死

というような過程を経ることになります。

樹木にとっても、

種子→発芽→芽生え→実生→幼木→若木→壮齢木→熟齢木（?）→老齢木→枯死

という生活史《せいかつし》があり、生まれたものは必ず死にます。発芽から枯死までの年数を寿命とすると、それは生活史そのものです（図41）。

それゆえ、ある種が、地質年代的に長く生存を続けるためには、種子を生産し、世代交代《せだいこうたい》をしなくてはなりません。種子は、一個体の寿命のあいだに、つまり、若木から壮齢木となり、老齢木を経て枯死するまでの、長い年数のあいだに、莫大な数量が生産されます。

種子から発芽し、次代の種子を生産するまでの期間が、生活環《せいかつかん》です。生活史（寿命）と、生活環（再生産までの年数）とは、明らかに異なります。つまり、樹木では、一般的に、生活環は短めで、数年間から十数年間（数十年間）です。けれども、寿命は

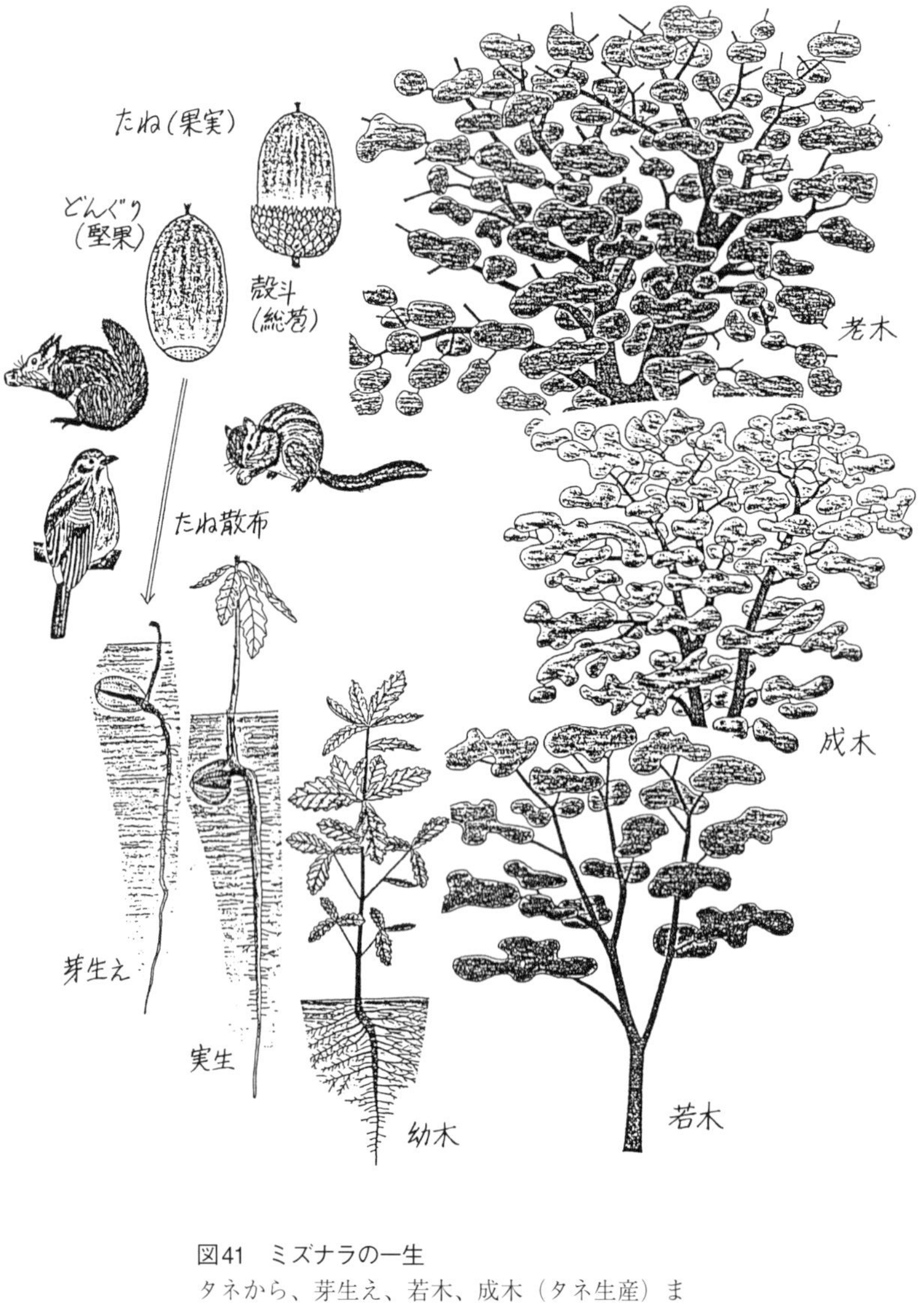

図41　ミズナラの一生
タネから、芽生え、若木、成木（タネ生産）までが生活環であり、タネから老木、枯死までが生活史で、これは寿命とほぼ等しくなる。

長め（から超長め）であって、数十年間から数百年間、ときには数千年間におよびます。

なお、樹木（木本）から小進化した草花（草本）には、寿命がわずか一年のものもあります。一年草、二年草および多年草の生活は、図42のようです。これらの種子は、世代交代の手段であるとともに、越冬するための、あるいは乾季をすごすための手段でもあります。蛇足ながら、一年草および二年草では、

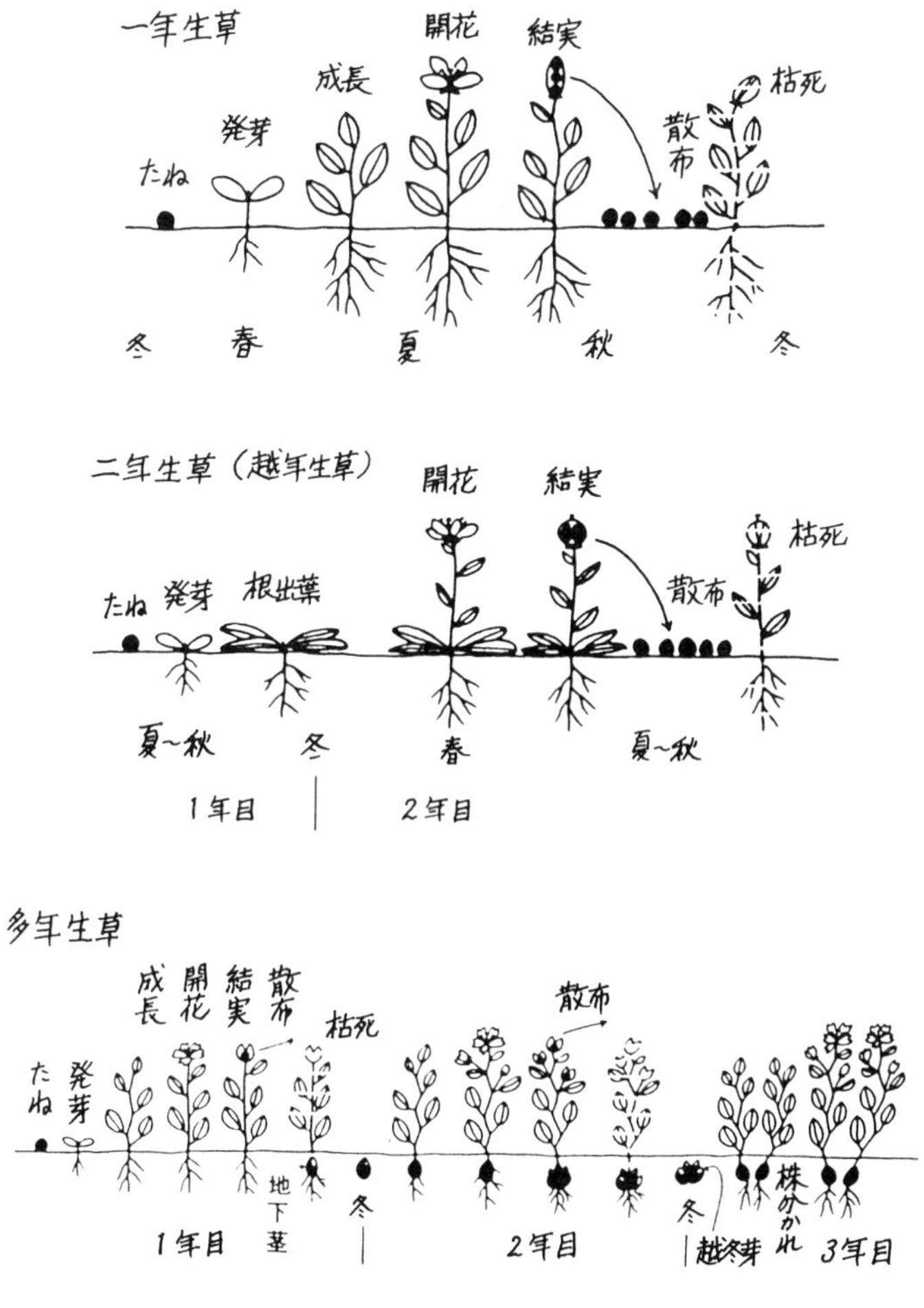

図42　草本類の生活史（模式図）

生活史と生活環はほぼ等しくなります。

　種子繁殖の利点は、栄養繁殖とちがって、両親（雌しべ×雄しべ）の性質が取り込まれ、進化ないし適応という道につながることです。それゆえ、世代交代を通じて、気候の変動や変遷に対応し、適応できるのです。胞子《ほうし》植物から種子《しゅし》植物への進化は、種子植物内での、裸子《らし》植物から被子《ひし》植物への進化も、乾燥気候に対する適応（小進化）の積み重ねであった、といえましょう（表1参照）。

2　親木から離れる

　親木の根元・樹冠《じゅかん》下に落ちた種子は、発芽し、ある程度まで成長できても、大部分が成木にはなりえません。このことは、巨樹や名木の樹冠下に、幼木や若木が存在しないことからもうなずかれます。どうして、親木の下に、子木が生育できないのでしょうか？

　それは、つぎのように考えられています。

　たとえ親木の下に発芽し、初期の成長をできたとしても、地上では親木に光を遮断され、奪われて、地下では親木に水や栄養分を先取りされ、奪われるからです。つまり、幼木にとって、親木の下では、光合成《こうごうせい》が不十分にしか許されず、水や栄養分も不足するのです。これだけが、制限因子であるなら、親木が枯死するまで待てば、子木にとっても、成木になるチャンスが訪れる可能性があります。

　しかし、光や水の制約に加えて、親木から、害虫や病原菌などが、地上でも地下でも、幼木にたやすく移ってきます。これらが、いわゆる「負《ふ》の遺産《いさん》」です。

　親木の下の暗いところでは、十分な光合成もまま

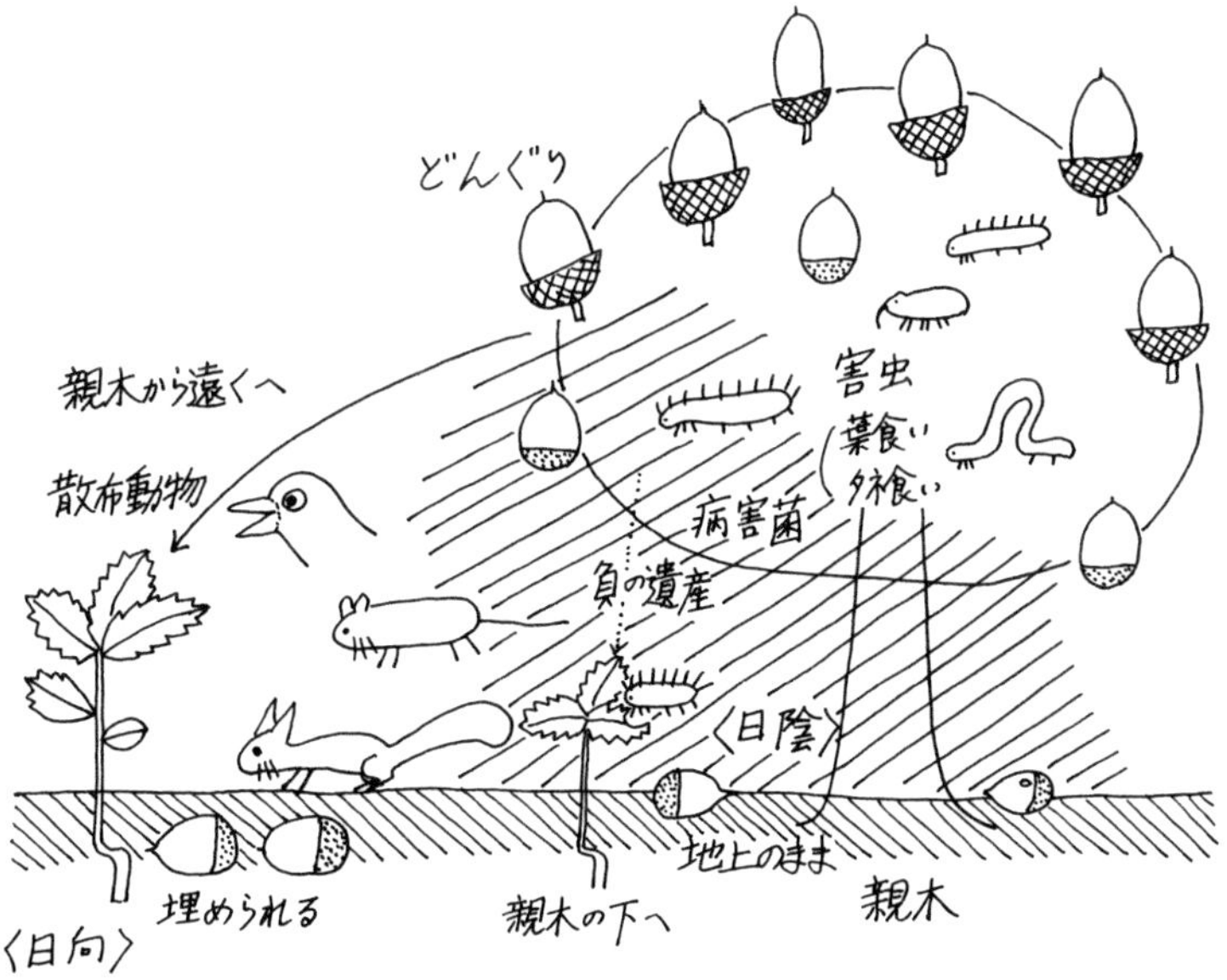

図43　負の遺産．負の遺産には、親木による被陰、害虫、病害菌、そのほかがある。

ならず、劣勢化しやすいので、「弱り目に祟り目」の格言のように、負の遺産をまともに受けやすいのです。むしろ、押しつけられやすい、といってもいいかもしれません。この関係を、図43に示しました。

それゆえ、子木が順調に成長するためには、負の遺産を押しつけられないように、親木から遠く離れること（親離れ）が、基本的な条件となります。根を張って動けない樹木が、種子の段階においてだけ動くことができるのです！

こうして、子孫を残すために、ほとんどの樹種では、種子を親木から離れた場所へ散布する手段を獲得してきました。つまり、種子を散布する力（担い手）として、樹木は、昔からある重力、風、水流などを利用してきました。そして、新しく出現した動物をも、種子を散布する力として利用するようになってきたのです。

3　樹木の移住

親木から離れるための種子散布は、樹木の移住とも関係してきます。

つまり、親木から遠く離れることは、その樹種が、新しい土地へ移る、新しい土地に分布を拡大する、ということにも関わります。

なぜ、移住するのだろうか

移住することは、地質年代的な大気候の変遷あるいは数千年から数万年という単位の気候の変動、たとえば、氷河期の到来など、に対して、種の生存を保証することになります。つまり、氷河期になれば、樹木は、より南方の生育適地に移住（避寒）できます。反対に、後氷期《こうひょうき》になれば、樹木は、本来の生育適地である北方へ移住する（戻る、帰還する）こともできます。

また、移住することで、新しい環境にも対応してゆきますから、長い時間がたって、世代交代《せだいこうたい》が繰り返されれば、適応《てきおう》進化へとつながり、さらに、新しい種の出現（種《しゅ》の分化《ぶんか》）さえ生じます。地質年代的な時間の経過の中で、熱帯地方で出現した多くの樹種は、つぎつぎに、北方へと移住しつつ、種の分化や器官の変態・特殊化をともなってきたのです。

熱帯雨林の常伸樹《じょうしんじゅ》が、北方へ移動して、亜熱帯・暖温帯では隔伸性《かくしんせい》の、不適期には休眠する常緑樹になり、さらに、冷温帯・亜寒帯では落葉樹になった、と考えられています。そして、常伸樹が隔伸性の常緑樹となる段階で、休眠するために、冬芽《ふゆめ》を備えるようになった、と考えられます。

熱帯――――亜熱帯・暖温帯――――冷温帯・亜寒帯
常伸常緑樹→隔伸性常緑樹　――→落葉樹

ただし、常伸樹ないし常緑樹が、熱帯から北方への移住の過程で、乾燥地帯（半乾燥地方、乾季のある地方）を通過したために、落葉性を獲得し、これが「前適応」として、寒冷気候にも好都合であった、という説もあります（アクセルロッド、一九六六）。冬芽の芽鱗《がりん》は、耐寒性を高めるよりも、乾燥気候から芽の本体である成長点を保護するために発達した、ともいえるのです。

その例として、日本列島では、クルミ科のオニグルミは裸芽《らが》なのに、もっとも北方にまで分布して、あまり乾燥しない沢沿い・川沿いに生育しています。サワグルミの冬芽は、晩秋から初冬まで有鱗《ゆうりん》でありながら、冬季には裸芽になるタイプの半裸芽であり、中間に分布し、その名のように沢沿いに生育しています。ノグルミは、有鱗芽でありながら、もっとも南方に分布して、乾燥する丘陵地に生育しています。

なお、南半球にも乾燥地帯があるのに、唯一の例外としてナンキョクブナ属の種が分布することを除けば、南半球には落葉樹がないのですが、その理由は明らかではありません。

移住の速さ

つぎに、移住の速さは、種子の散布距離を生活環の長さで割った値になります。

つまり、親木から離れた種子が、なんらかの力によって運ばれた距離、つまり散布距離と、散布され着地した場所で、種子が発芽・定着し、成長して、開花・結実するまでの年数（生活環の長さ、あるいは着果齢）とが、重要な因子となるのです（図44）。

計算式で表せば、下のようになります。

散布距離（m）÷生活環の長さ（年）＝移住の速さ（m／年）

ヤナギ類のように、綿毛つきの種子が風

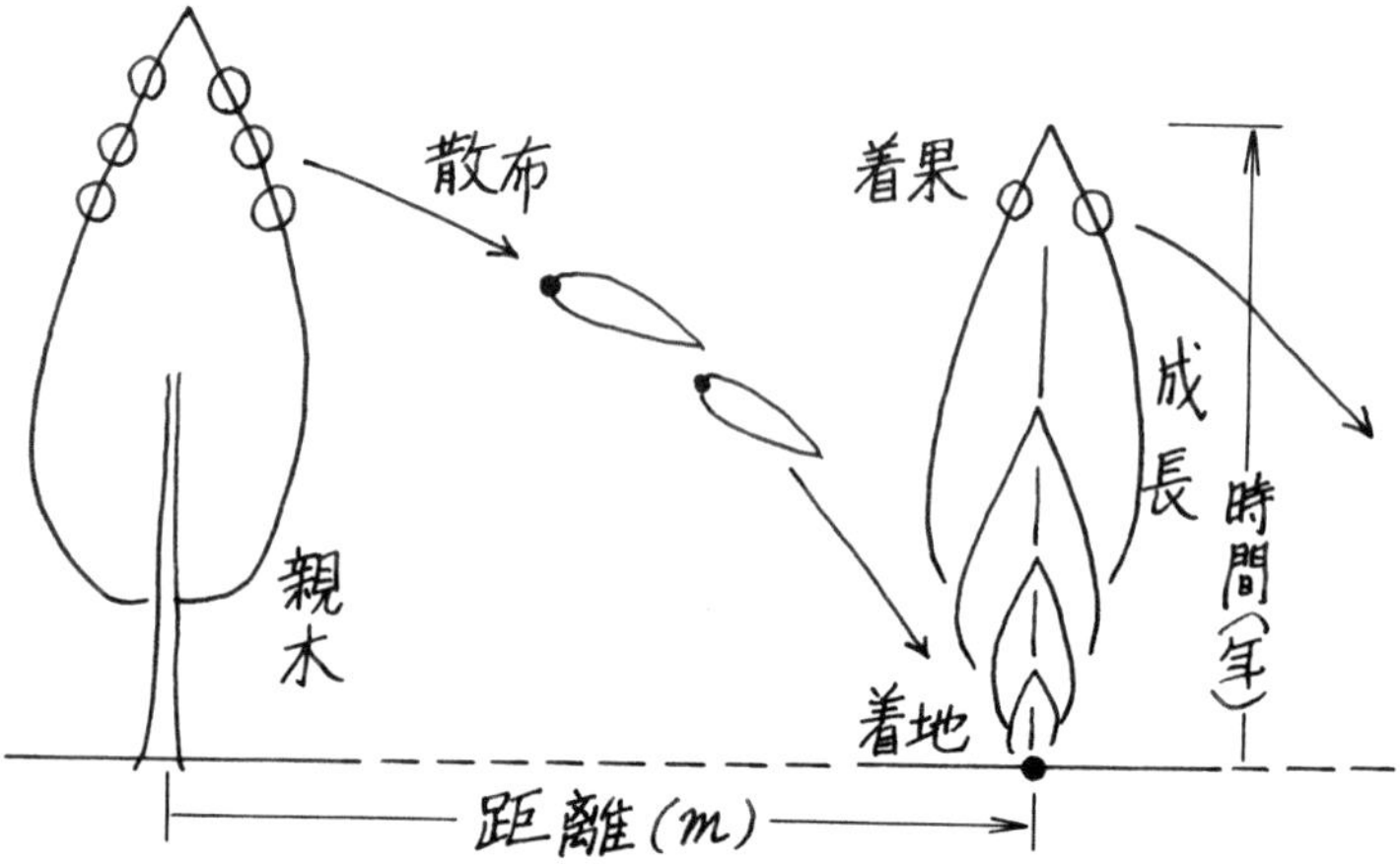

図44　散布・移住における時間・空間の関係
移住の速さ（m／年）は、散布距離（m）÷着果齢（年）である。

で、一〇キロメートルにもおよぶ遠距離を運ばれ、生活環が一〇年という短い時間であれば、移住の速さは一年に一〇〇〇メートルとなります。つまり、一年に一キロメートルもの速さで移住できるのです！　こうした樹種を、「速足《はやあし》の旅人《たびびと》」といいます（図48参照）。

他方、モミ類のように、翼に対して種子本体が大きすぎると、有翼種子であっても、風によっても一〇〇メートル程度の近距離しか運ばれず（図45）、生活環はほぼ五〇年と長いので、移住の速さは遅く、一年にわずか二メートルという速さでしか移住できないのです！　こうした樹種を「遅足《おそあし》の旅人《たびびと》」といいます。

ちなみに、ヤナギ類であれば、典型的な「速足の旅人」ですから、氷河期には南方へ避寒していて、後氷期になったら北方へ容易に戻れます。

しかし、モミ類となると、代表的な「遅足の旅人」

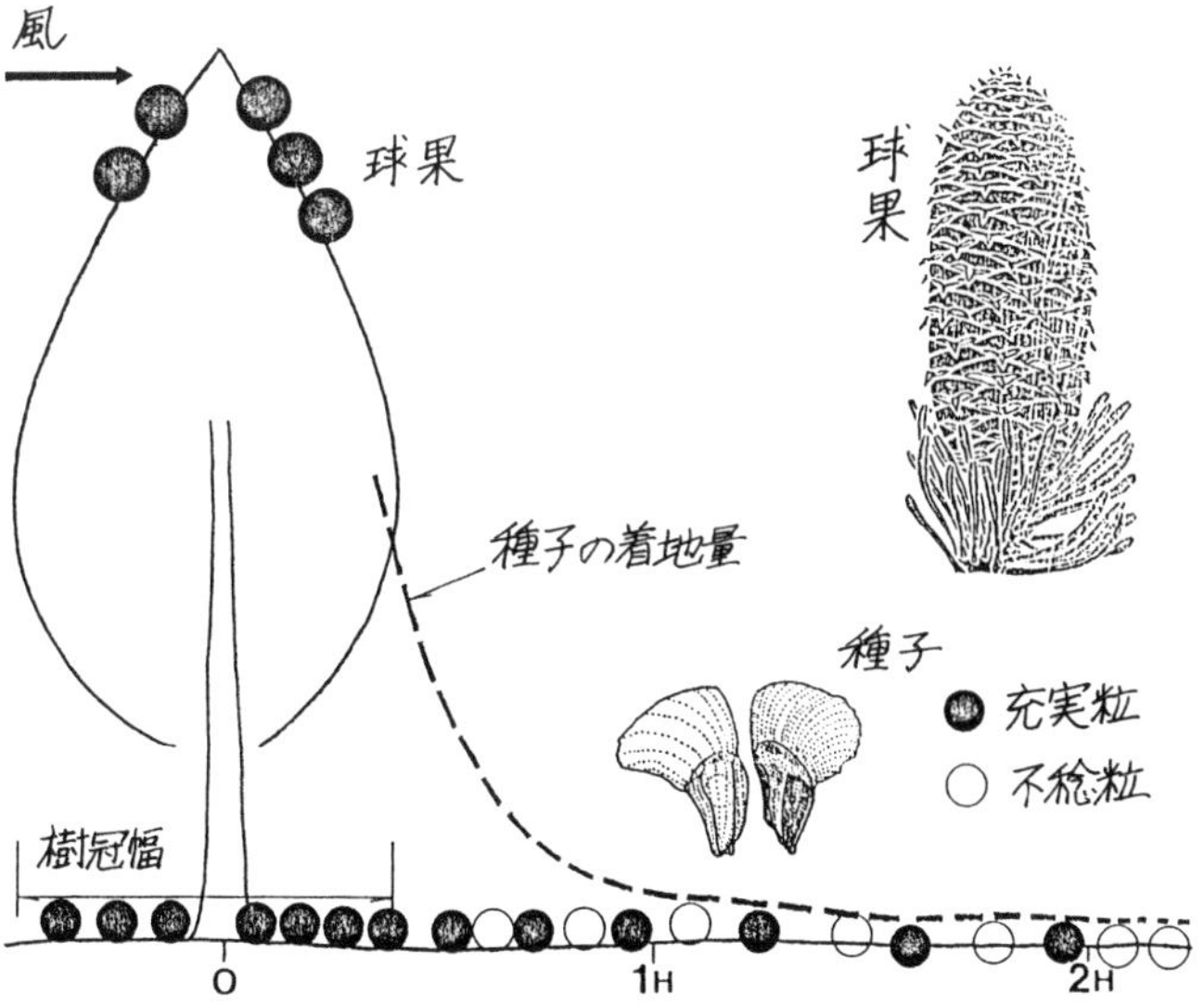

図45　トドモミ（トドマツ）種子の風散布の模式図（Hは樹高倍）
近くに重い種子（充実粒）が落ち、遠くへ軽い種子（不稔粒、しいな）が運ばれる。

なので、南方へ避寒したとしても、後氷期になって北方へ戻ることはたいへん困難です。なぜなら、後氷期の約一万年間でも、モミ類の移住距離は一年に二メートルですから、二〇キロメートルほどでしかありません。これは一万年かけても、津軽海峡さえ渡りきれないという、真に遅々とした移住の速さなのです。

4　種子を散布する力

種子を散布してくれる力には、さまざまな文献（黒田一九八二、Pijl, 1982、ほか）によると、重力、風、水流のような無機的な力と、動物による有機的な力とがあります。

重力や水、風による散布

生物が登場する以前から、地球上には風が吹いていましたし、水が流れていました。重力も含めて、無機的な力は、はるか大昔からあった、ということになります。

それゆえ、大昔の樹木の種子散布は、当然のことながら、こうした無機的な力を利用していたにちがいありません。

さて、種子植物では、つぎのような無機的な力によって、種子が散布されます。

自然落下

「どんぐりころころ」の童謡に知られるように、種子は、重力にしたがって、樹上から地面へ落ちます。最初のもっとも原始的な種子は、おそらく、自然落下による重力散布であり、親木の根元ないし樹冠下に落下して、発芽したのでしょう。ただし、上述のように、これでは「負《ふ》の遺産《いさん》」を解決できません。

あるいは、自然落下においても、微地形の影響で、斜面を転がって親木から離れた場所に発芽することもあったことでしょう。そうすれば「負の遺産」から逃れることができます。そして、今日でも、あらゆる種子に自然落下があります。

ちなみに、少し前までは、私が知るかぎり、少なくとも三〇年前には、ドングリ（ナラ類）、クリ、オニグルミ、トチノキのような大粒の堅果《けんか》ないし種子は、重力散布である、と考えられていました。それで、童話においても、リスやカケスは、食害者（悪者）でありました。悪者から種子を守るために、親木が落ち葉を降らせて、ドングリを隠してあげた、という美談でした。

水の流送

あらゆるタネの散布に知られています。水による流送、つまり水流は、川の場合、上流から下流へと一方的ですから、下流へは種子散布でき、分布を広げることができます。しかし、上流へは決して散布されません。つまり、分水嶺を越えることが不可能なのです。なんらかの理由で、上流に、あるいは分水嶺の上に親木が生えていないと、水の流送は役立ちません。この点で、タネ散布の営力としての水流には、明らかな限界があります。

ただし、海流の場合には、ココヤシの果実の漂着を詠った島崎藤村の詩「椰子の実」で知られるように、海岸から海岸への散布を可能にします。いくつかの樹種では、種子ないし果実が、塩水にかなりの耐性を有していて、近距離ないし数日間なら、海を漂って岸にたどりつき、発芽するチャンスもあるようです（北原、一九七八―七九）。それゆえ、離島の樹木は、かつて、風散布、動物散布のほかに、水の流送によっても運ばれてきた可能性があるのです。もちろん、氷河期における海退《かいたい》により、離島が本島と地続きであった、あるいは両者がより近い距離にあって、風散布が有効であった、ということもあったでしょう。

こうした、重力に頼る自然落下や水による流送は、散布体《さんぷたい》としての、あらゆるタネに考えられますが、偶然性に左右されやすく、ときには曖昧でもあります。やはり、無機的な力としては、風散布がもっとも有力です。そして、確かに、樹木のサイドも、風を積極的に利用できる形態を発達させてきました。

風散布

大昔から吹いていた風を利用した種子の散布です。風を受けて遠くまで吹き飛ばされるためには、軽くて、薄くて、受風の面積が大きい種子ないし果実でなければなりません。あるいは、長い毛をつけ、広い翼をつけて、風に乗ることが必要な条件となり

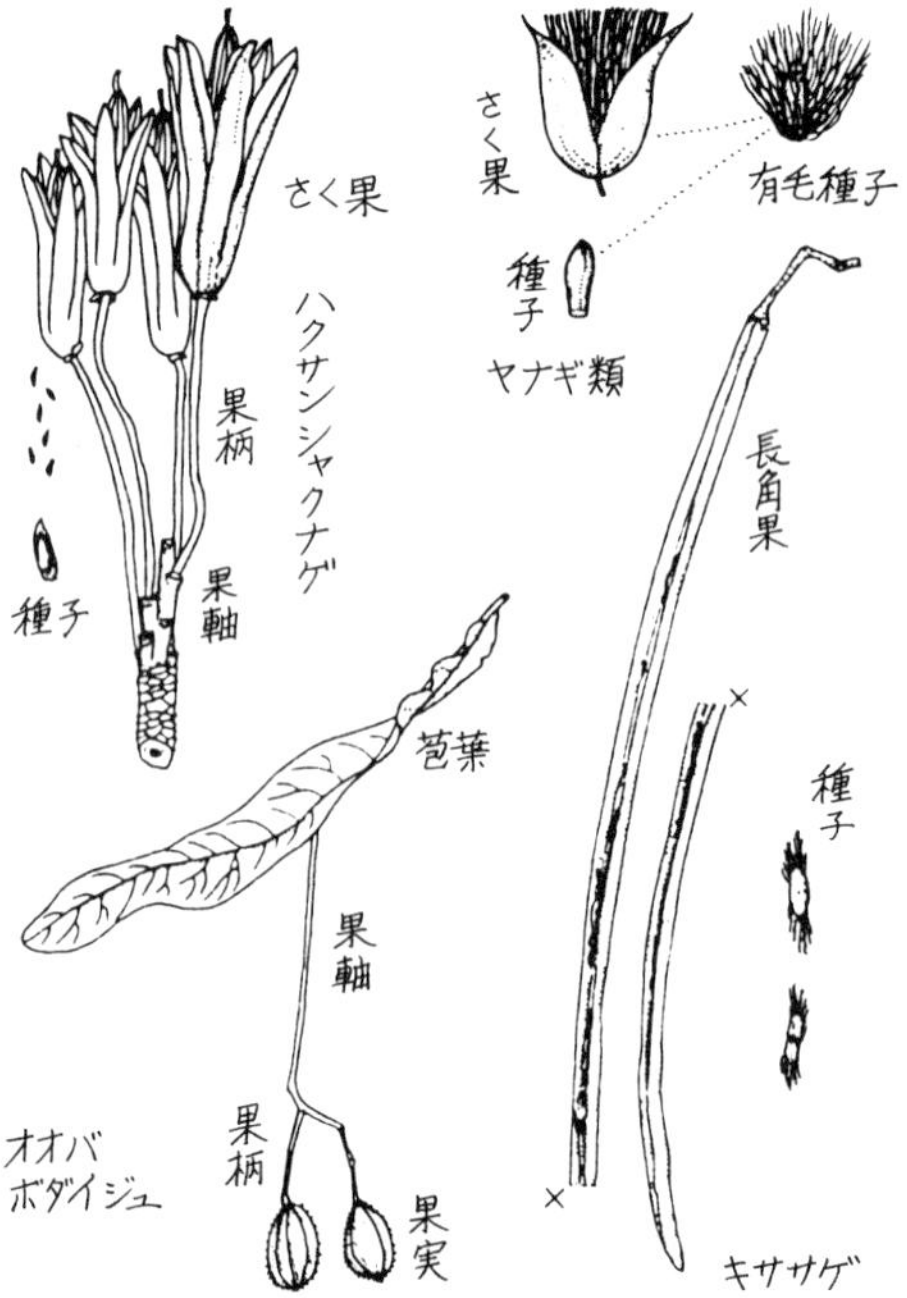

図46　広葉樹類の風散布に適した種子や果実

ます。

こうして、図28ほかに示したように、マツ類やヒノキ類ほかの松柏《しょうはく》類、つまり球果《きゅうか》植物類の有翼《ゆうよく》種子、図48にみられるようなヤナギ類の長毛種子（種《しゅ》髪《はつ》種子）、ニレ類・トネリコ類・カンバ類などの翼《よく》果《か》（図33、38ほか参照）、カエデ類の分離翼果《ぶんりよくか》（図7、49参照）、そのほかの風散布に適した種子ないし果実が発達してきました。形態的にみると、ヤナギ類の長毛は種子の付属物であり、翼果の翼は果皮《かひ》の変態したものです。

種子植物は、歴史的に古いので、大部分の種が風散布型の種子をもっています。それらの多くでは、種子の周囲ないし一部に、全周型あるいは片翼型や両翼型のように、翼状の膜《まく》が発達しています（図28、30、ほか参照）。

被子《ひし》植物にも、有翼種子をもつものが数多くあります。さく果、長角果《ちょうかくか》、袋果《たいか》、ほかでは、果実が裂

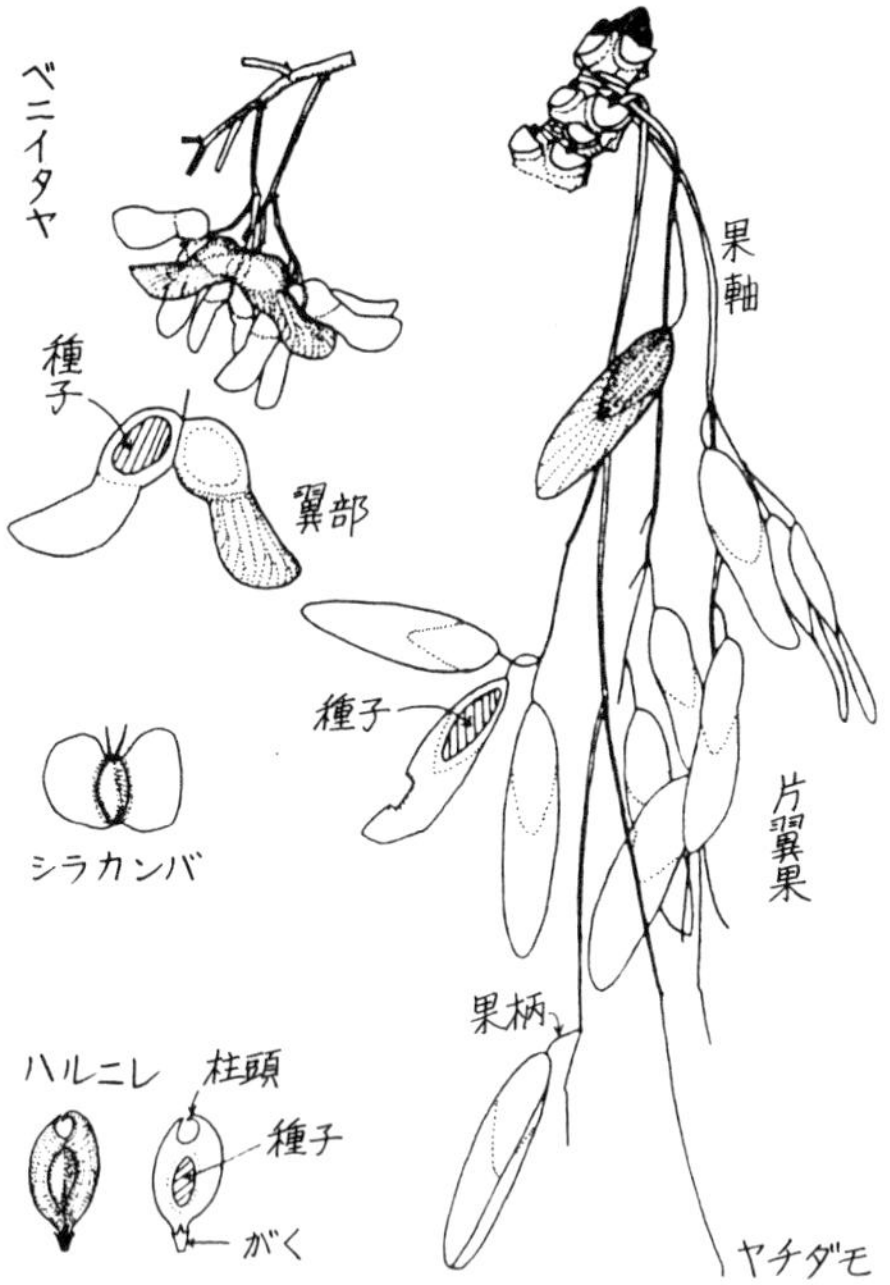

図47　広葉樹類の風散布に適した翼果

開して有翼種子を風に飛ばします。これらの一部の種子を、図46に示しました。

ただし、果穂《かすい》から風によって散布されるタネは、シラカンバでも、ケヤマハンノキでも、すでに述べたように（図38参照）、有翼種子ではなくて、翼果です。

翼果は、いかにも風散布に適した形態をしていますが、これらにもいくつかの種類があります。全周型のニレ類、両翼型のカンバ類・ハンノキ類、片翼型のトネリコ類、分離翼果のカエデ類などです。これらの翼果を図47に示しました。

翼のかわりに、長い毛をつけた種子もあります。ヤナギ類が代表的な長毛種子です。種子本体が小さい上に、風を受けやすい綿毛をつけていますから、はるか遠くまで散布され、すでに述べたように「速足《はやあし》の旅人《たびびと》」と呼ばれるのです。図48には、エゾノバッコヤナギの長毛種子および発芽の様子を示し

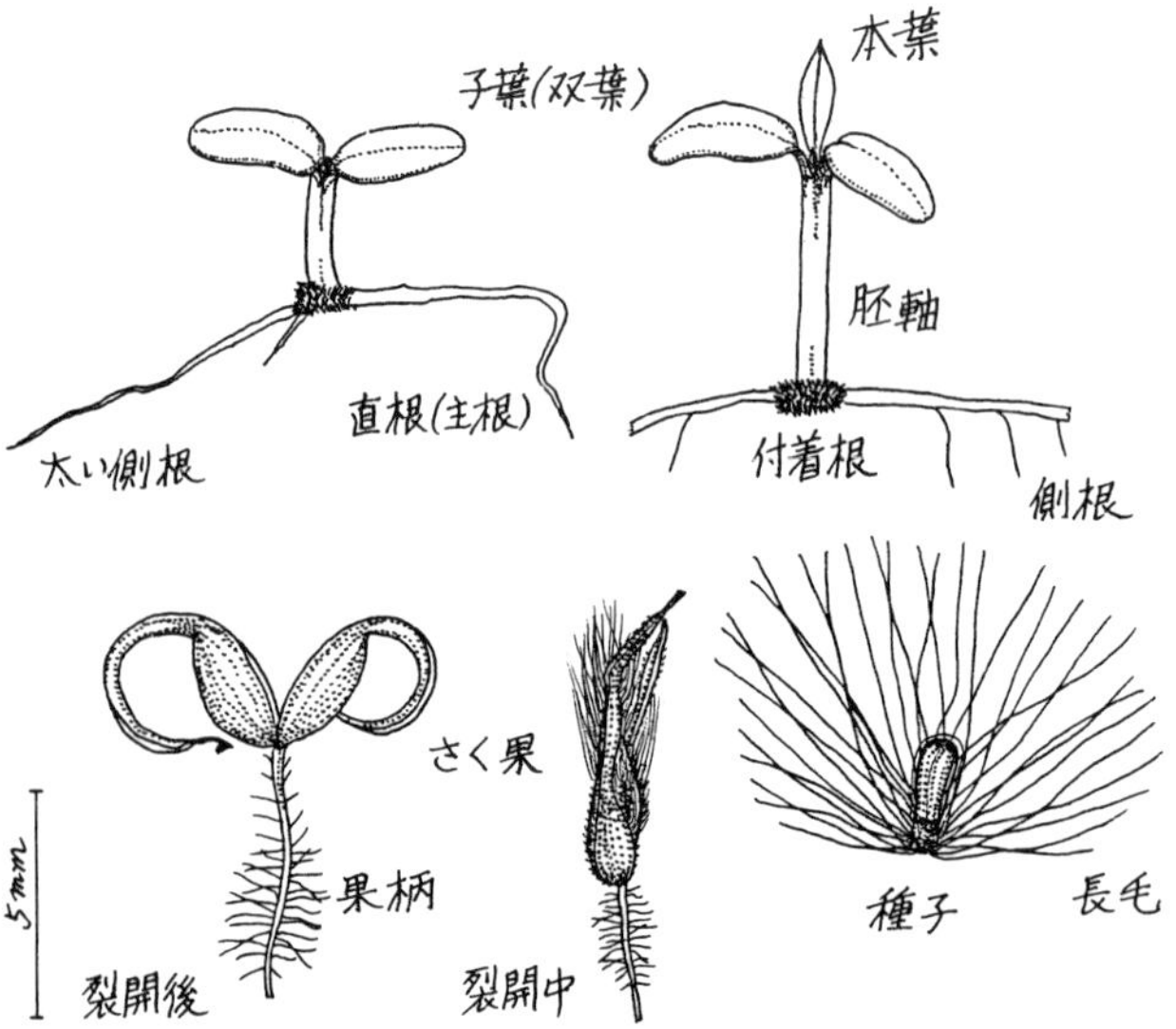

図48　エゾノバッコヤナギの果実（さく果）、種子および芽生え
さく果が開いて、長毛つき種子（種髪種子）が風散布される。種子は、きわめて薄い膜（種皮）に包まれ、寿命が数日間しかなく、着地すると、ただちに発芽する。発芽に際し、付着根を出し、つぎに直根を伸ばす（この事例では、コンクリート側溝に着地したため、直根の発達がよくないが、その分、側根が反対側へ太く伸びている）。

てあります。

マメ類の果実は豆果《とうか》です。これは、一般的には重力散布ないし動物散布ですが、例外として、風散布型の種もあります。たとえば、ニセアカシアは、莢《さや》が二つに割れ、例外もありますが、図31にみられるように、ふつうそれぞれに種子がついていて、強風で莢ごと飛ばされます。雪面の上を、滑るように飛ばされる事例も、ときどき観察されています。

風散布される距離は、風向き・風速・微地形なども関連し、まだ確実な測定事例がほとんどありません。また、台風のような、例外的な強風では、種子が上空まで高く巻き上げられ、より遠くへ、稀には、思いもよらない遠方へまで運ばれる可能性もありましょう。それでも、林業における天然更新《てんねんこうしん》技術の目安（図45参照）、そして、私の観察体験や推測などから、一般的にその距離は、おおよそ、表3のようになりましょう。

表3　風散布型種子のおおよその飛散距離（推測値）

タネの形状		種	散布距離（m）
長毛種子		ケショウヤナギ	～20,000
有翼種子		アカマツ	～1,000
		エゾトウヒ	～500*
		トドモミ	～100*
		カツラ	～1,000
翼果	両翼型	シラカンバ	～1,000
		ケヤマハンノキ	～300
	全周型	ハルニレ	～200
	片翼型	ヤチダモ	～100
	分離翼果	イタヤカエデ	～200

＊林業では、有効な更新距離は、樹高の１倍の距離であることが、経験的に知られていて、一般的に、母樹から30～50mくらいである。

この表からみると、有翼で、図49のように、いかにも遠方へ飛ばされそうな形態をしていても、カエデ類の分離翼果の飛散距離は、割合に短いものです。ただし、尾根筋に生育するミネカエデやオガラバナでは、吹き上げる風および吹き下がる風を利用すると、より遠方へ飛散する可能性もありましょう。

動物による散布

先に述べた無機的な力に比較すると、有機的な力を利用するタネ散布は、生物の歴史を考えれば、新しいタイプである、といえましょう。

有機的な力の一つに、植物自身がタネを飛ばす場合があります。これが、「自動的に跳ね飛ばす」方

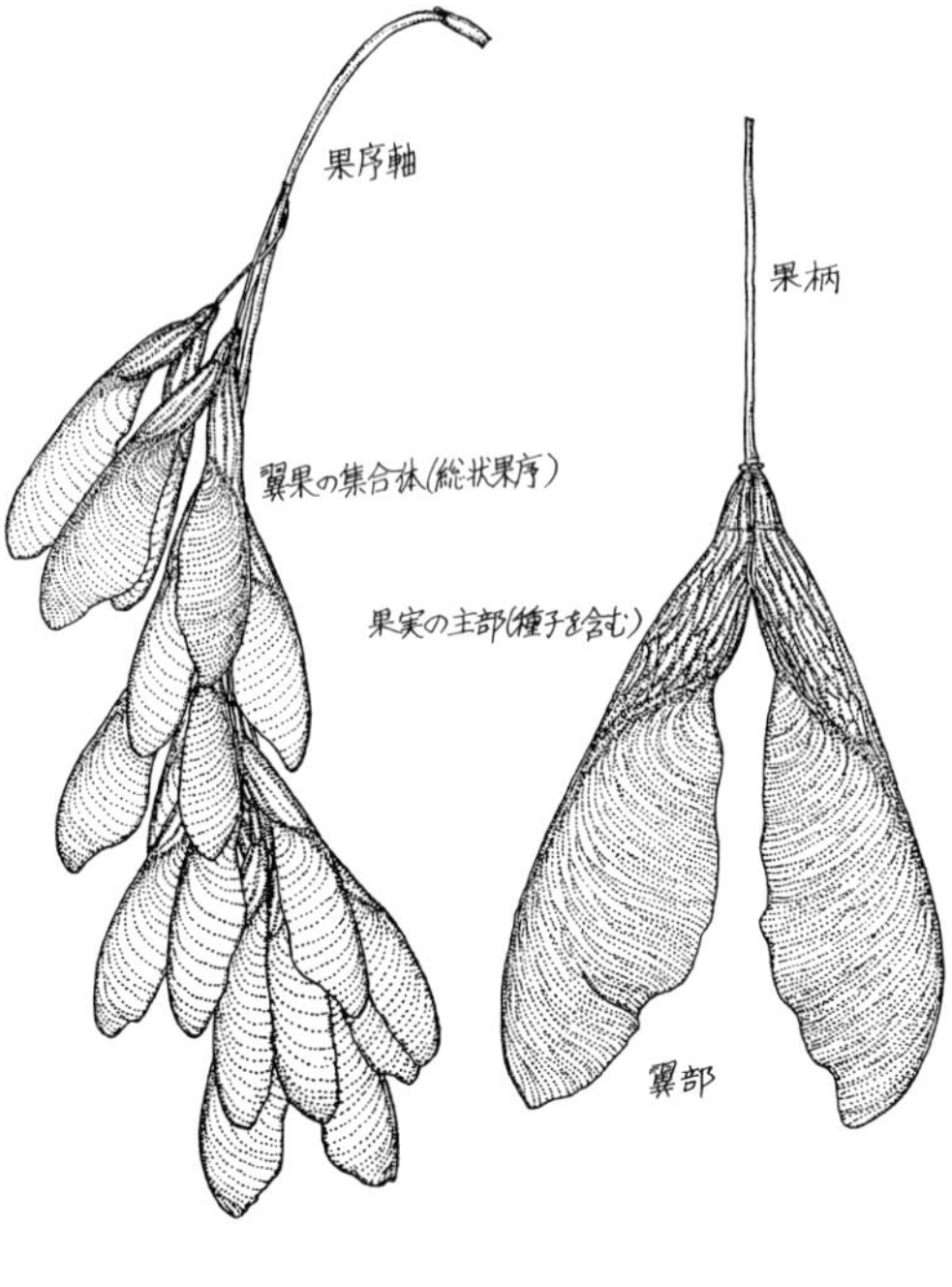

図49　ネグンドカエデの果実（翼果）

式です。草本には、ホウセンカ、カタバミ、キツリフネほか、いくつかの種が知られていますが、わが国の樹木にはほとんど知られていません。そして、自動的に跳ね飛ばす方法での飛散距離は、たかが知れていて、遠くても、せいぜい一〇メートルくらいでしょうから、自然落下とたいしてちがわない、といえましょう。

なお、例外として、植物自身がタネを埋める場合もあります。草本ですが、ラッカセイがその好例です。図23にも示しましたが、地下に埋めていますから、発芽条件が整っています。これが遠方へ散布されるか、移住する場合には、おそらく、掘り出して食べる動物に依存するのでしょう。

そしてもう一つの、タネを埋める草本に、ヤブマメがあります。図50に示したように、これは、地上にはふつうの豆果を生じ、重力落下だけでなく、遠方へ種子食い動物によって散布されるのでしょう。また、これは、同時に、地下にも豆果を生じます。地下豆は、ラッカセイと同様の役割でしょう。一年生草本ですから、地下豆は、多年生草本の球根や地下茎の役割も担っている、とも考えられます。

さて、地史的に、古生代、中生代、新生代の大区分がありますが、これらは動物を基準にした分け方です。植物を基準にした分け方では、あまり馴染みがありませんが、古植代《こしょくだい》、中植代《ちゅうしょくだい》、新植代《しんしょくだい》となります。生産者＝同化《どうか》する生きものとしての植物があってはじめて、消費者＝異化《いか》する生きものである動物があるのですから、中植代は古生代の末期にかかり、新植代は中生代の末期にかかっています。つまり、食物連鎖《しょくもつれんさ》で明らかなように、新しい植物が登場した後に、少し遅れて新しい動物が登場してきたのです。例外を無視して簡単にいえば、シダ植物の時代であった古植代には、両生類が対応しています。そして、裸子《らし》植物が繁栄した中植代には、少し遅れ

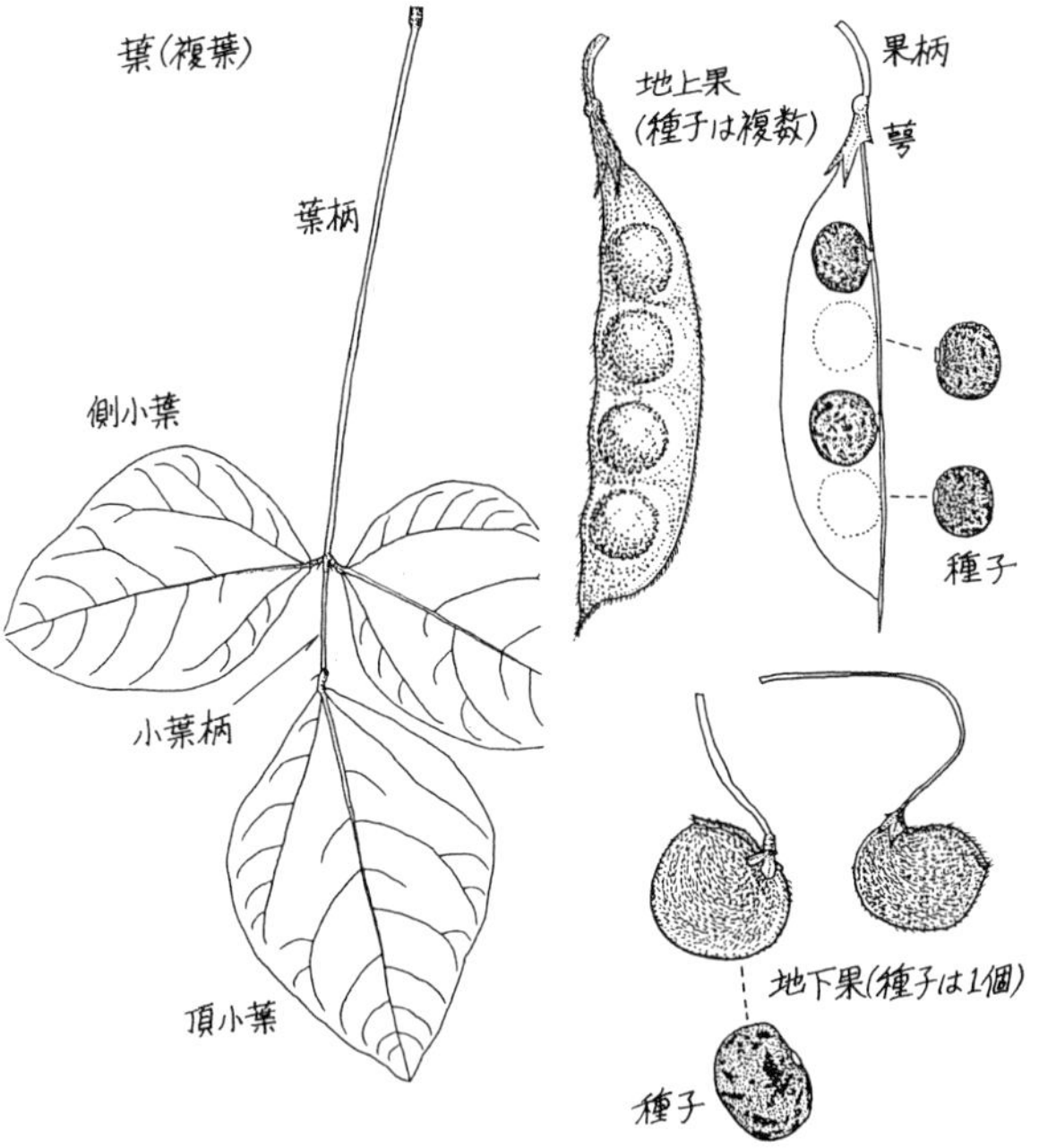

図50　ヤブマメの地上果および地下果
地上果は、裂開し、種子が落下して水流あるいは動物によって運搬される。地下果は、裂開しないで、球根の役割を演じる。

て爬虫類（中生代）が出現・発展してきました。さらに、被子植物の時代である新植代には、少し遅れて哺乳類・鳥類（新生代）が出現・発展してきたのです（図51）。

それゆえ、地史的に、植物より遅れて登場した動物を、風よりも有効な力として利用したタネ散布が、動物散布です。風散布は、季節的な風向きが決まっていて、タネの散布ないし種の移住に、必ずしも好都合とはかぎりません。

しかし、動物を利用すれば、タネ散布の方向が限定されなくなります。しかも、小さな、風に飛びやすい種子ないし果実でなく、大きな種子ないし果実でも、動物がたやすく運んでくれます。

最初の動物散布は、偶然的な、タネを食べようとした動物が、誤って落とすというようなものであったでしょう。これを偶然型散布とすると、この偶然型のタネ散布は、後述のように、今日でもしばしば

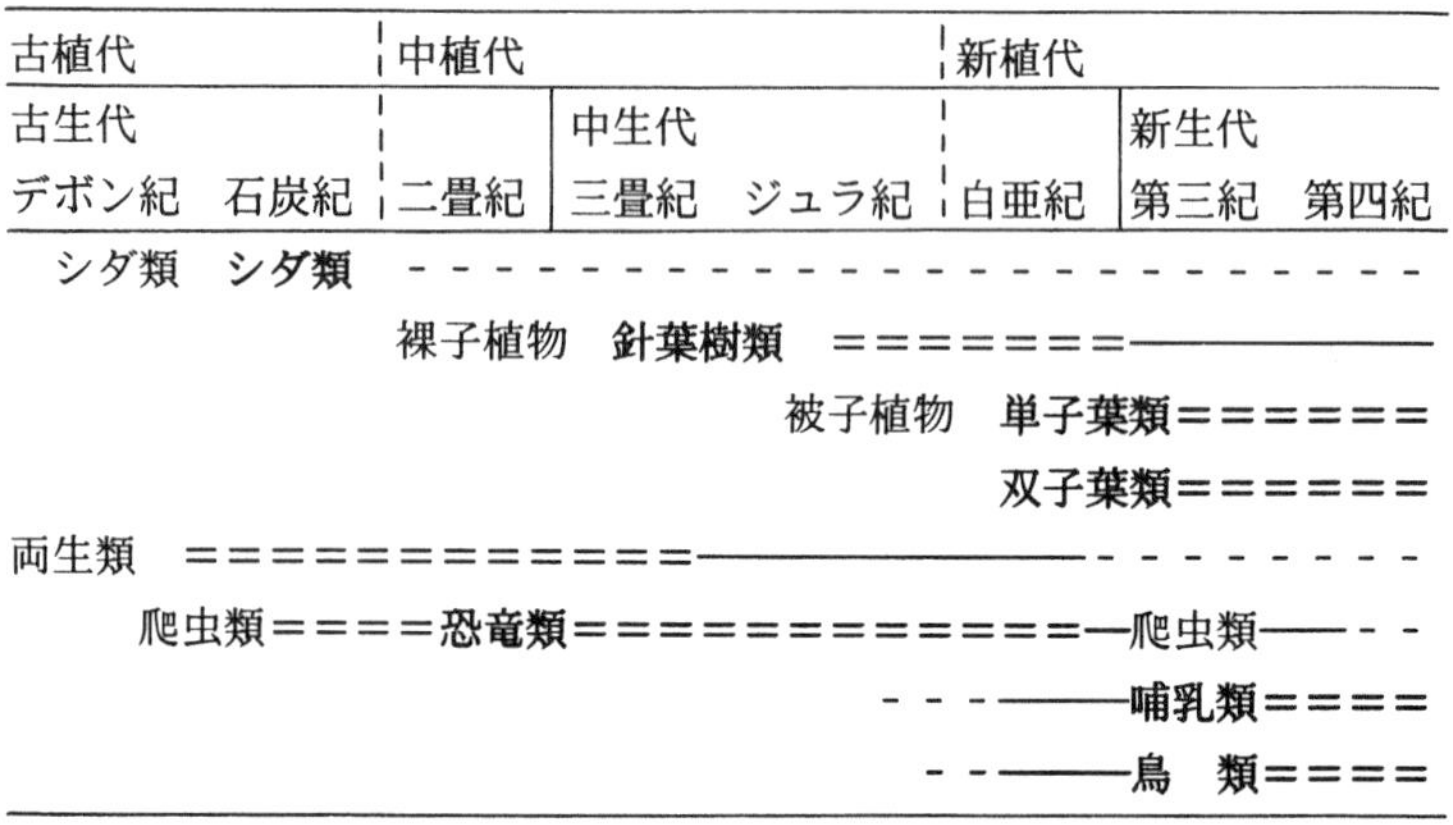

図51　地史における植物と動物の進化の模式図
（『地学事典』1991、ほかより作成、表1参照）

見出されています。

つぎに、タネが動物の体に付着して運ばれることがあったでしょう。これを付着型散布としますと、哺乳類（獣）の体毛や鳥類の羽毛は、鉤《かぎ》や粘液《ねんえき》があれば、付着に好都合です。特に草本類には、イノコズチ、ヌスビトハギ、アメリカセンダングサなどのように、付着しやすいタネが数多くあります。多くの人々が体験してきたように、草原を歩いた後に、ズボンに付着したタネは、なかなか離れないものです。

ただし、樹木にはこうした付着型のタネはほとんどありません。低木のエゾヤマハギは、図31に示したように、莢果《きょうか》の有毛度から、付着型と考えられます。

ちなみに、鳥のくちばしに粘着して、樹皮にこすりつけられる、とみなされていたヤドリギの種子は、実際には、果実ごと食べられ、消化管を通過して、粘っこいウンチとして散布されるようです。

三番目は、動物の胃腸を通って出る、消化管通過《しょうかかんつうか》型散布で、この方式による種子散布は、本物の動物散布といえましょう。食べられて、胃腸を通過するあいだに、動物が移動して、タネが親木から遠くへ運ばれるのです。いったん食べられた後に、大きなタネがペリットとして、口から吐き戻される事例も、このタイプに含まれます。

もう一つの種類の動物散布に、動物がタネを隠して貯蔵し、春までに食べ忘れられたタネが発芽する方式があります。これが、四番目の、隠匿貯蔵《いんとくちょぞう》型散布であり、やはり、本物の動物散布といえます。そして、タネが覆土《ふくど》されている点において、食べ忘れられたときには、発芽条件が満たされています。

この第三・第四の、消化管通過型タネ散布と隠匿貯蔵型タネ散布とは、後で詳しくふれることにします（3章　動物散布の種類、参照）。

5　花粉媒介と種子散布

ここで、よく似た、まちがえやすい用語としての、花粉媒介《かふんばいかい》と種子散布について、軽くふれておきましょう。

花粉媒介

植物の受粉には、他家受粉《たかじゅふん》といって、別の個体からの花粉を受け取るしくみがありますが、この場合には、同一の花の花粉を、あるいは同じ個体の別の花の花粉を受け取る場合（自家受粉《じかじゅふん》）より、遺伝子が強勢になります。他方、自家受粉では、植物は、動物でもそうですが、ふつう、遺伝子が劣勢化して、その個体群が衰退してゆきます。これが、いわゆる

「近親結婚による劣化」です。それを避けるためには、他家受粉が不可欠の条件です。こうして、なるべく遠く離れた他個体の花粉が、なんらかの力によって、媒介されることになります。

花粉の媒介においても、大昔から吹いていた風が利用されてきました。これが「風媒《ふうばい》」であり、こういう花を風媒花《ふうばいか》といいます。

花粉には、胚珠《はいしゅ》と受精するために、遺伝子が含まれています。この遺伝子には、炭素のほかに、リボ核酸《かくさん》（RNA）やデオキシリボ核酸（DNA）を構成する窒素、リンなどの、貴重な微量要素も含まれています。それで、風下側の雌花《めばな》に向かって、受粉率がきわめて低いために、風任せで、大量の花粉をばらまくことになります。このことは、客観的にみると、貴重な微量要素の無駄遣いである、と考えられます。

そして、おそらく、貴重な微量要素を浪費しないで、花粉を確実に雌花に届ける、つまり、受粉率を高めるために、動物を利用するようになったグループが出現した、と推測されます。これが「虫媒《ちゅうばい》」であり、こういう花を虫媒花《ちゅうばいか》といいます。

なお、昆虫類の大発展は、中生代の後半からのようであり、古いタイプの裸子《らし》植物では、ほとんどの種が風媒花です。裸子植物には、新しく出現した虫を花粉媒介に利用するための、進化・発展の余力が残っていなかった、と考えられます。これに対して、新しいタイプの被子《ひし》植物では、昔のままの風媒花の種もかなり多いのですが、進化した虫媒花の種がますます多くなりました。

さて、虫媒花では、貴重な要素の無駄遣いを止めるために、花に蜜を用意しました。蜜を舐めにやってくる昆虫類に、花粉の運搬を任せたのです。蜜は、炭酸同化物であり、炭素と水からできていて光合成《こうごうせい》で容易に合成できます。こうして、樹体にとっても貴重な微量要素を節約するようになった、と推測されます。

ただし、虫媒花では、遠くの虫を呼ぶために、蜜のほかにも、花の位置を知らせるために、緑の葉群の中にあっても目立つように、花びら（花弁ないし花被片《かひへん》）を発達させました。これは、葉が変態したものであり、いくらか贅沢でもあります。つまり、風媒花では、雌しべと雄しべだけで事足りたのに対して、虫媒花では、さらに蜜も花びらも必要になったのです。それでも、微量要素の節約には、大いに役立っています。

例外として、ポインセチアのように、花には花びらがなく、花序《かじょ》に近い数枚から十数枚の葉が赤く変色して、花びらに代わって虫を呼ぶケースもあります。ノリウツギ、ガクアジサイなどの花序では、やはり中央の花々には花びらがなく、外側の装飾花《そうしょくか》が虫集めに役立っています。ただし、装飾花は結実しない花になってしまいました。

こうして出現した花びらは、ヒトの目にも美しいのです。それで、今日では、花と虫との相互関係からさまざまに発展した虫媒花を、経済目的で栽培・販売する、花卉園芸業《かきえんげい》の大発展を促すようになったのです。栽培技術の発展は、雄しべがなくなった八重咲きの花や、結実さえしない花を出現させています。こうして、自然界が創出した、受粉・受精・結実のための虫媒花が、子孫を残せない、単なる観賞用の園芸品種に改良されてしまったケースも、数多くあります。たとえば、アジサイは、ガクアジサイから改良され、全部が装飾花になって、結実できなくなった園芸品種です。当然のことながら、結実しない園芸品種では、挿し木、取り木、接ぎ木、茎頂《けいちょう》培養《ばいよう》などなど、さまざまな栄養増殖方式が用いられます。

ところで、虫媒花では、花粉を媒介する動物は、主として昆虫類ですが、蜜を舐める小鳥類であるメジロ、ヒヨドリ、ハチドリ類ほかの鳥類やコウモリ類などの哺乳類が花粉を媒介する場合もあります。

花粉媒介と種子散布

上述のように、花粉媒介においては、風媒花が古いタイプであり、虫媒花が新しいタイプである、と考えられます。そして、新しいタイプの虫媒花の方が、無駄遣いをしていない、と推測されます。

ただし、花粉の飛散距離は、風媒花の方が、断然、遠方へまで、数百キロも、ときには数千キロメートルも飛んでいくことが可能です。それゆえ、花季さえ一致すれば、はるかに遠い花々からも受粉できて、隔離された小集団における虫媒花の遺伝子の劣勢化を、風媒花ならば防ぐことも可能になります。

ちなみに、花粉分析学は、主として、大量の花粉をばらまく風媒花類を対象としています。そして、少量・微量の花粉しか生産しない虫媒花類は、花粉分析学の対象になりにくい、といえます。それで、花粉分析分野から、つまり、風媒花だけから、過去の森林の種構成を推測することには、生存競争や植《しょく》生遷移《せいせんい》の観点から、かなり問題があります。

ところで、先に述べたように、風媒花の花粉の飛散距離と比較して、虫媒花では、花粉を運搬する昆虫類には、鳥類や哺乳類においても、距離の制約があります。昆虫では、運ばれる距離は、数十メートルから数百メートル、せいぜい数千メートルでしょうし、鳥類やコウモリ類でも数百メートルから数キロ、せいぜい十数キロメートルにすぎないでしょう。

また、すでに述べたように、種子散布においては、風散布が古いタイプであり、動物散布が新しいタイプである、と考えられます。風散布では、無数のタネを風任せで放出し、遺伝子源の微量要素を含むタネの無駄遣いをしている、と考えられます。ただし、風媒の花粉と同様に、風散布型の軽いタネでは、速足《はやあし》の旅人《たびびと》として、はるか遠方にまで、飛散が可能です。

けれども、動物散布では、やはり、運搬者の移動距離に限度があります。ネズミ類、リス類などでは、数百メートルから数千メートル程度でしょうし、クマ類では、ときに数キロメートルから十数キロ、数十キロメートルになるでしょう。鳥類は、食物が消化管を通過する時間がたいへん短く、長くても一～二時間のようですし、驚くべきことに、果実食の鳥の場合には、わずか数分間という観察例もあるようですから、あまり遠方まで運搬しないようですが、それでも、数百メートルから数千メートルにはなるでしょう。

こうして、地史を考慮して、総合的に判断してみると、風媒花かつ風散布のグループがもっとも原始的であり、虫媒花かつ動物散布のグループがもっとも進化している、ということになります。

しかし、自然界では、このほかに耐陰性《たいいんせい》、寿命、初期成長の速さ、痩せ地への耐性《たいせい》、そのほかのさまざまな因子が「適応力」および「競争力」として作用しますので、花粉とタネ散布だけで、種の優劣を決めることは容易にできませんし、適当ではありません。つまり、花粉媒介と種子散布における進化だけにとらわれずに、多様な生態を有する種が、各地に混生・生存競争しているのでしょう。

表4に、花粉媒介とタネ散布について、身近な樹種を拾い上げてみました。

6　種子に依存しない繁殖

高等植物の多くの樹種は、高等動物とちがって、

表4　身近な樹種と花粉媒介・タネ散布の組み合わせ

花粉媒介・タネ散布	樹　種
風媒花・風散布[1]	スギ、ヒノキ、アカマツ、トドモミ、エゾトウヒ、カラマツ
風媒花・風散布[2]	ハルニレ、シラカンバ、ケヤマハンノキ、ヤチダモ
虫媒花・風散布	オノエヤナギ、ドロノキ、イタヤカエデ、ニセアカシア
風媒花・動物散布[1]	イチイ、カヤ、イヌガヤ、イヌマキ、ビャクシン類
風媒花・動物散布[2]	ミズナラ、オニグルミ、ハシバミ、ブナ、エゾエノキ
虫媒花・動物散布	エゾヤマザクラ、ミズキ、キハダ、ハリギリ、トチノキ

註：虫媒花は、すべてが被子植物である。風媒花のうち、1)は裸子植物（針葉樹類）であり、2)は被子植物（広葉樹類）である。

有性生殖のほかに、無性生殖によっても、つまり、種子に依存しないでも、子孫を残すことができます。つまり、種子以外の器官によっても、子孫を残せるのです。これを、栄養繁殖《えいようはんしょく》といいます。ただし、栄養繁殖の場合には、厳密には、子孫を残すのではなく、クローンを残すのであって、親とまったく同じ性質が受け継がれます。

けれども、栄養繁殖では、一般的に、そこに長年にわたって存続することはできても、種子繁殖とちがって、親木から遠く離れて、負《ふ》の遺産《いさん》からも逃れて、新しい場所へ移住することができません。

なお、最近では、高等動物の家畜類でも、クローン技術が発達してきましたが、これは、あくまで人工的な手法であり、自然界には、こうしたクローンは存在しません。

さて、樹木の栄養繁殖には、つぎのような種類が知られています。そして、大昔から、こうした自然界における栄養繁殖の性質を利用して、経験的に、あるいは実験の成果から、苗木生産などにおいて、栄養増殖が試みられてきました。

萌芽繁殖

伐り株から、あるいは、折れたり枯れたりした幹の地際、幹の下部ないしは基部から、しばしば数多くの細い幹が立ち上がります。これが、萌芽《ほうが》（林業では「ぼうが」）という現象です。大和言葉では、ヒコバエ（曾孫生え）と呼ばれます。立ち上がった細い幹、鉛直《えんちょく》のものが幹であり、そうでないものが枝ですが、この細い幹は、萌芽幹、あるいは娘幹（ドウタートランク）と呼ばれます。この萌芽では、数多く立ち上がりますが、かなり多くの樹種において、やがて、成長とともに自然に淘汰《とうた》されて、つまり、種内競争によって数が減り、残った幹が高く太くなって、親株なみになります。

この性質を利用して、昔から、里山においては、伐っても植えない、萌芽更新《ほうがこうしん》、あるいはヒコバエ更新という手法が採用されてきました。たとえば、武蔵野のコナラ林は、萌芽回復力が強いコナラだけが残って、維持されてきました。イギリスにも、萌芽更新の手法があり、コピス・ウイズ・スタンダード（矮林施業《わいりん》、萌芽薪炭林施業《しんたんりん》）と呼ばれています。木炭焼きの原木、シイタケ栽培の原木（ほだ木）の生産には、この手法が最適です。ただし、この施業方式において、多数の萌芽幹は、薪、木炭、ほだ木などとして伐採・利用され、最終的に、親木と同様に、一本に仕立て上げられます。

また、近年、緑化技術において、地上部も地下部も大きい木（成木、大径木）を移植する代わりに、萌芽性のある樹種の伐り株、幹も根もごく短く伐りつめられている伐り株を利用して、自然林を回復させる試みがなされつつあります。

図52に、萌芽繁殖の模式図を示しました。

根萌芽繁殖

地下の器官である根系に、不定芽《ふていが》、または根出芽《こんしゅつが》

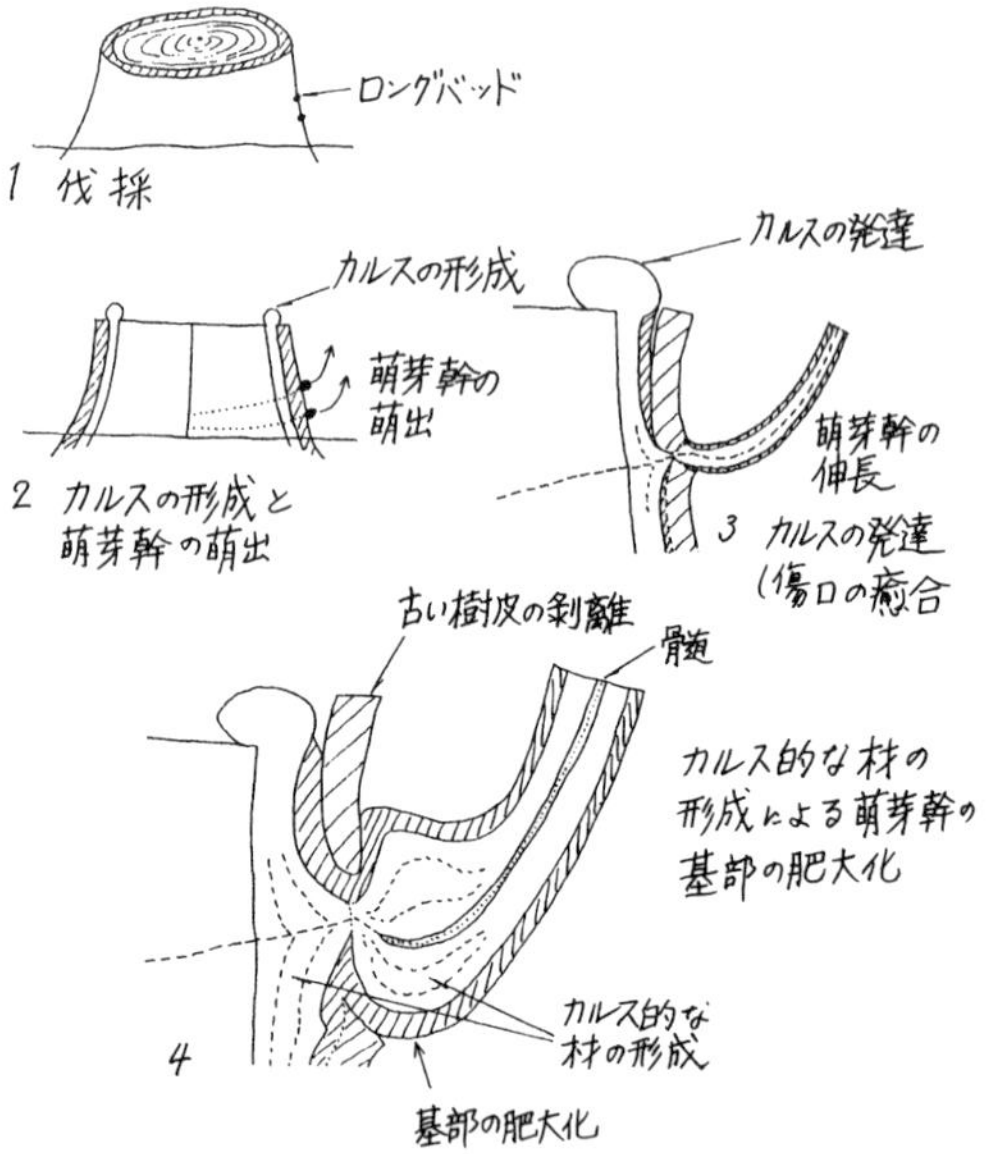

図52　カシワの萌芽繁殖（ヒコバエ繁殖）
幹の風折れ、雪折れ、腐朽などにより、頂芽優勢が失われると、幹の下部、基部から、定芽（ロングバッド）起源の萌芽幹（娘幹）が伸長する。ロングバッド（長命な休眠芽）は、予備芽であって、幹の肥大成長に合わせて、その分だけ伸び、芽吹き・開葉なしに、常に樹皮上に存在し続け、頂芽の異常時に備えている。

が生じる樹種があります。これは、根であるといっても、特殊なものであって、水平根《すいへいこん》と呼ばれ、地下の浅いところを長く這い、不思議なことに、ほとんど肥大成長しない根です。これに、不定芽が発生し、それが芽吹き・成長して、地上茎（幹）として立ち上がってきます。それで、親株を中心に、放射状に水平根が伸びて、根萌芽幹《ねほうがかん》が分布することになります。自然界では、ヤマナラシ、ギンドロ、ニセアカシア、ズミ、タラノキ、ハリギリ、クサギ、ほかの樹種に知られています。

なお、みえない地下に不定芽があるために、地上部だけの観察では、不定芽起源の根萌芽繁殖と、定芽起源の地下茎繁殖の区別は、かなり困難です。ときには、根萌芽幹（根出芽起源の子木）と、種子から発芽・成長した実生《みしょう》・幼木との区別をするには、掘ってみるか、年輪を数えてみるかしないと、定かでない場合があります。ただし、よく観れば、根萌

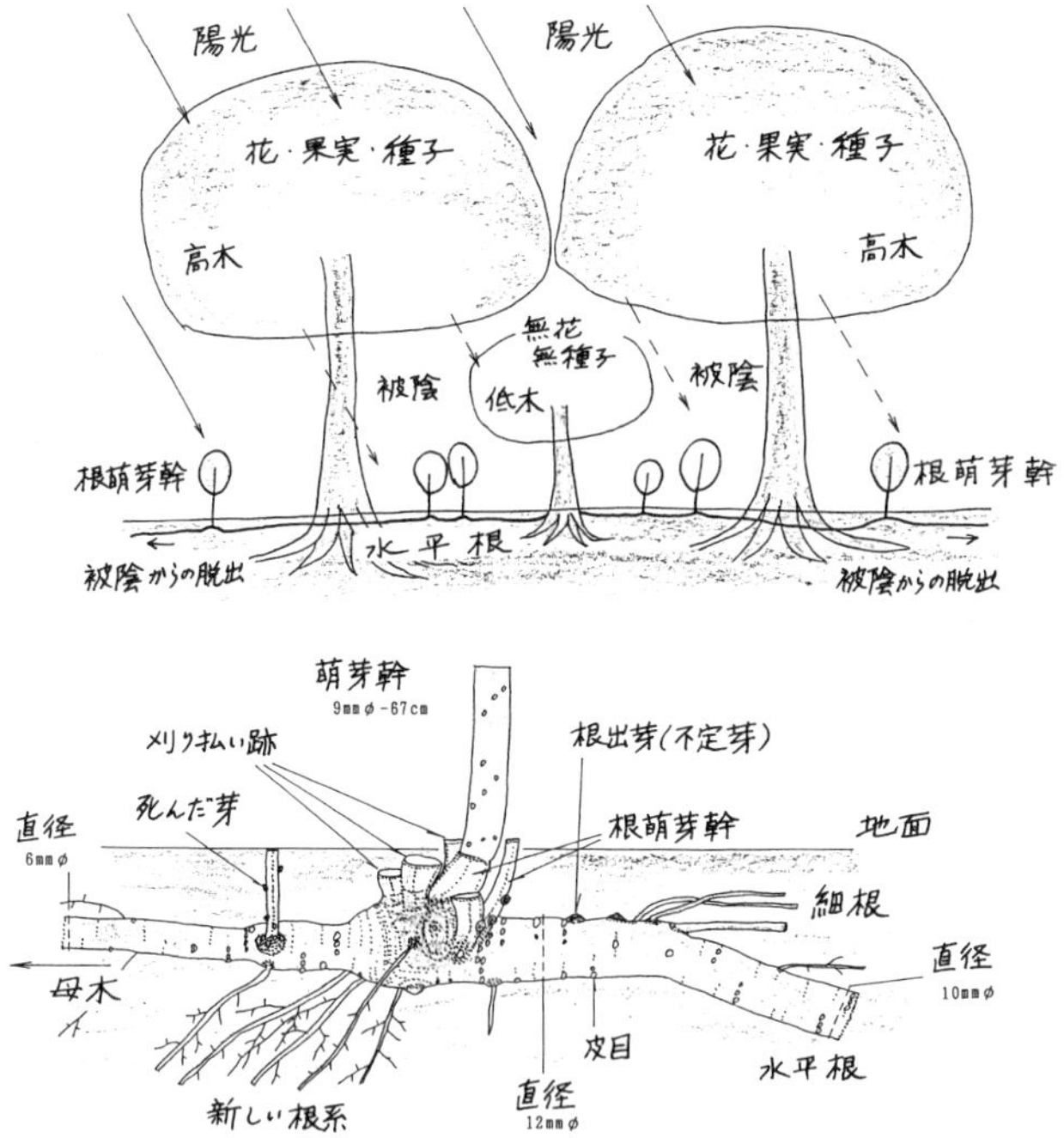

図53　ズミの根萌芽繁殖
地下の浅いところを水平に長く伸びる、特殊な根（水平根）に、不定芽（根出芽）が形成され、それが芽吹いて、根萌芽幹として地上に出てくる。親木に異常があると芽吹きやすいが、異常がなくても芽吹いてくる。

芽では、親木から放射状に子木が発生しています。

この性質を応用して、昔から根挿し増殖がおこなわれてきました。実生増殖がむずかしく、枝挿し増殖ができない樹種では、この手法で苗木の生産がなされます。よく知られている樹種に、ヤマナラシ、ハリギリ、タラノキ、ほかがあります。

図53は、根萌芽繁殖の模式図です。

ちなみに、英語では、ヤナギ属の種のうち、枝挿し増殖が有効なヤナギ類をウィロウ（細葉ヤナギ類）と呼びます。他方、枝挿し増殖が困難であっても、根挿し増殖が有効なヤナギ類をサロウ（広葉ヤナギ類）と呼んでいます。同じように、ポプルス（ハコヤナギ）属の種のうち、枝挿し増殖が有効なグループをポプラ（ドロノキ類）と呼びます。他方、根挿し増殖が有効なグループをアスパン（ヤマナラシ類）と呼び習わしています。

伏条繁殖

枝が接地し、そこから不定根《ふていこん》が出て、枝先が立ち上がって、新しい幹となり、不定根が新しい根系《こんけい》に発達すると、親木からの栄養が不要になります。これが、伏条繁殖《ふくじょうはんしょく》です。親木から独立するまで、親木から栄養をもらい続けます、そのため、接地部から親木よりの元の枝は、肥大成長をやめ、親木からの栄養の通路（哺乳動物でいえば、へその緒）になるのです。樹種によりちがいがありますが、このへその緒は、子木が完全に独立しても、その後かなり長く宿存します。

私の観察によると、針葉樹では、スギ、ヒノキ、アカエゾトウヒ、トドモミなどが、広葉樹の高木類では、エゾノウワミズザクラ、イタヤカエデなどが伏条繁殖をしています。そして、広葉樹の低木類では、かなり多くの樹種が、自然界において、伏条繁殖をしています。

この性質を応用して、大昔から、枝挿し（挿し木）増殖がおこなわれてきました。ただし、短く切られた枝からでも、不定根がたやすく発生する樹種でないと、成功しません。林業では埋枝工《まいしこう》・埋幹工《まいかんこう》とも呼ばれ、ヤナギ類、ポプラ類の枝挿しがよく知られています。

また、取り木（伏条取り木）増殖も、伏条繁殖の応用です。こちらは、挿し木とちがって、へその緒を通じて、親木から栄養をもらいながら、ゆっくり不定根を出し、独立した根系を形成してゆきます。

ちなみに、自然界で伏条繁殖する樹種では、親木からの「負の遺産」のうち、被陰《ひいん》に耐えなくてはなりませんから、耐陰性《たいいんせい》が強く、下枝が枯れあがりにくくなくてはなりません。また、下枝を接地させる力には、積雪の沈降圧、枝そのものの重さ、飛砂、土石流や火山灰降下による埋没、そのほかがあります。

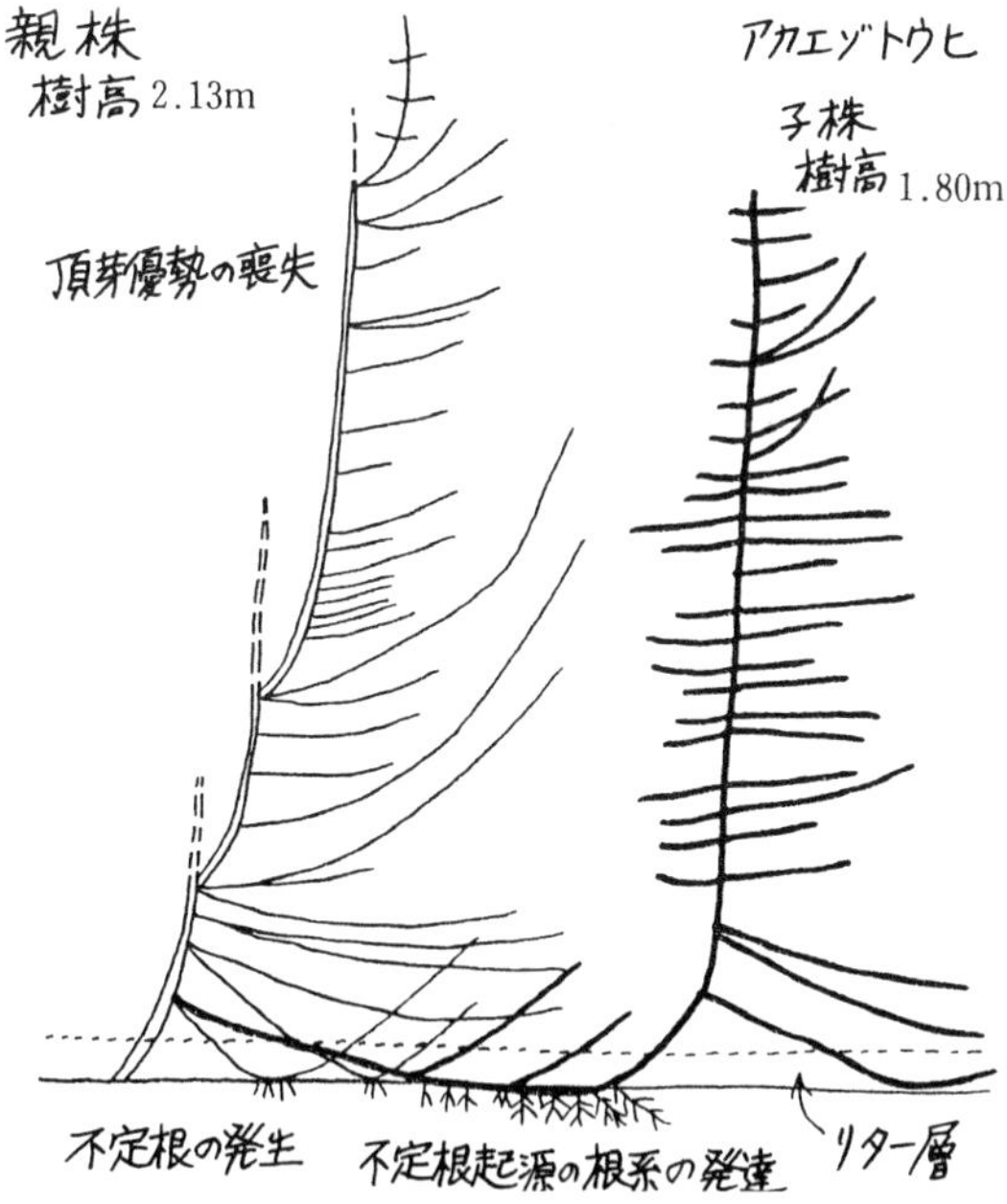

図54　アカエゾトウヒ（アカエゾマツ）の伏条繁殖
下枝が、枯れずに伸び続け、接地して、その箇所に不定根を発生させ、新しい根系を発達させる。他方、下枝の先端が、あるいは枝の側枝が立ち上がり、新しい幹を形成し、根系とあわせ、子木となって親木から独立してゆく。

図54は、伏条繁殖の模式図です。

倒木繁殖

これは、伏条繁殖と似ています。けれども、伏条繁殖では、幹が正常で、下枝が垂下し、接地して、不定根を発生することに起因するのです。これに対して、倒木繁殖《とうぼくはんしょく》では、幹そのものが倒れて、接地し、不定根が発生し、枝が新しく幹として立ち上がるのです。大風・湿り雪・つる巻かれ・幹腐れ、そのほかの原因によって、幹が倒れても、生き続けることができるのですが、必要条件として、接地側の樹皮が生きていなくてはなりません。生きている樹皮が接地して、そこに不定根を発生させるからです。

この性質から、「臥龍《がりょう》の梅」「七転び八起きの松」「奇瑞の一位樹《イチイ》」「怨念の楡《ニレ》」などの名木が各地に知られ、ご神木になったものもあります。それゆえ、公園や鎮守の森に、この倒木繁殖を応用した、名木・ご神木を積極的に創り出すことも可能です！

なお、かつて「倒木更新《とうぼくこうしん》」といえば、倒れて朽ちた幹の上に、種子が飛来して一列に樹木が生育する事例を指していました。しかし、それは実生繁殖でありますから、厳密には「倒木上更新《とうぼくじょうこうしん》」と呼ばれるべきなのです。倒木上に成長する樹種は、倒木そのものと同種とはかぎりません。エゾトウヒ（エゾマツ）の腐朽した倒木の上に、エゾトウヒのほかにも、アカエゾトウヒ（アカエゾマツ）、トドモミ（トドマツ）、ダケカンバ、ナナカマドなどの実生が、しばしば成長してきます。

他方、倒木繁殖（倒木更新）は、栄養繁殖の一つですから、当然のことながら、同一樹種のクローンです。私の観察では、ダケカンバ、ハルニレ、エゾノウワミズザクラ、イタヤカエデなどに、倒木繁殖が知られています。

図55は、倒木繁殖の模式図です。そして、図56には、倒木上更新の模式図を示しました。

地下茎繁殖

地下茎は、タケ・ササ類によく知られています。地上の茎が地下に潜ったのです。地下茎は、茎ですから、節《せつ》ごとに、定芽《ていが》をもっています。タケノコのように、地下茎の芽が芽吹き、地上に伸びてくるのです。このとき、芽吹いた節の周囲から新しい地上茎を支えるために、新しい根系が生じます。地下茎繁殖は、タケ・ササ類をのぞいても、ハマナス、エゾウコギなどの低木類に知られています。

この性質から、地下茎を切断して、根挿し増殖と同様に、苗床に埋めて、苗木づくりをすることが可能です。

なお、地下茎には、茎ですから、髄《ずい》もあります。ところが、水平根には、中心があっても髄がありません。

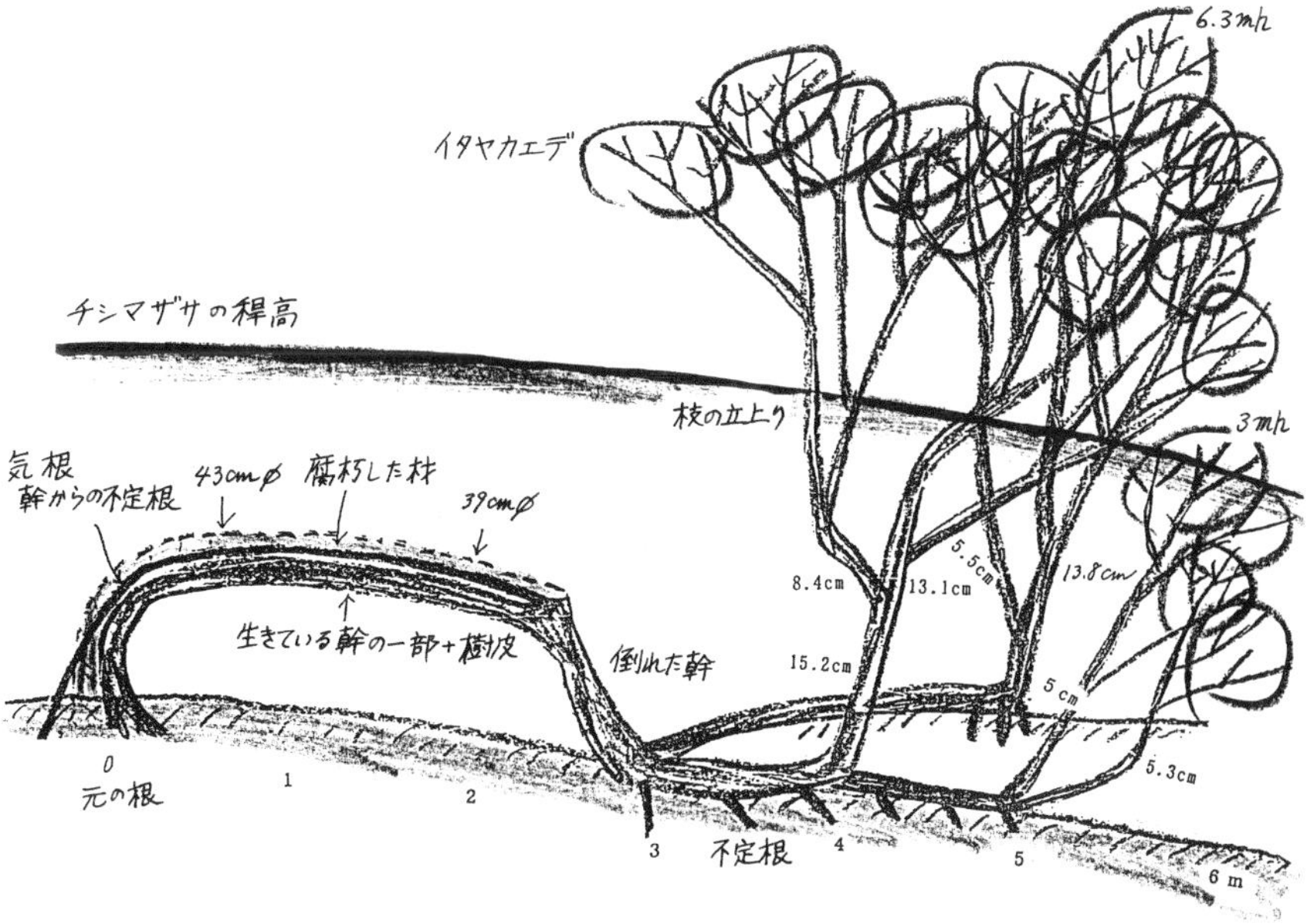

図55　イタヤカエデの倒木繁殖

風倒や幹折れ、材の腐朽ほかの、幹の異常により、幹が倒れて接地すると、その側に不定根が発生し、上向きになった枝々が鉛直に伸び出し、娘幹となって独立してゆく。一見すると、倒木更新にみえるが、1列の娘幹は、親木と同種であり、クローンである。

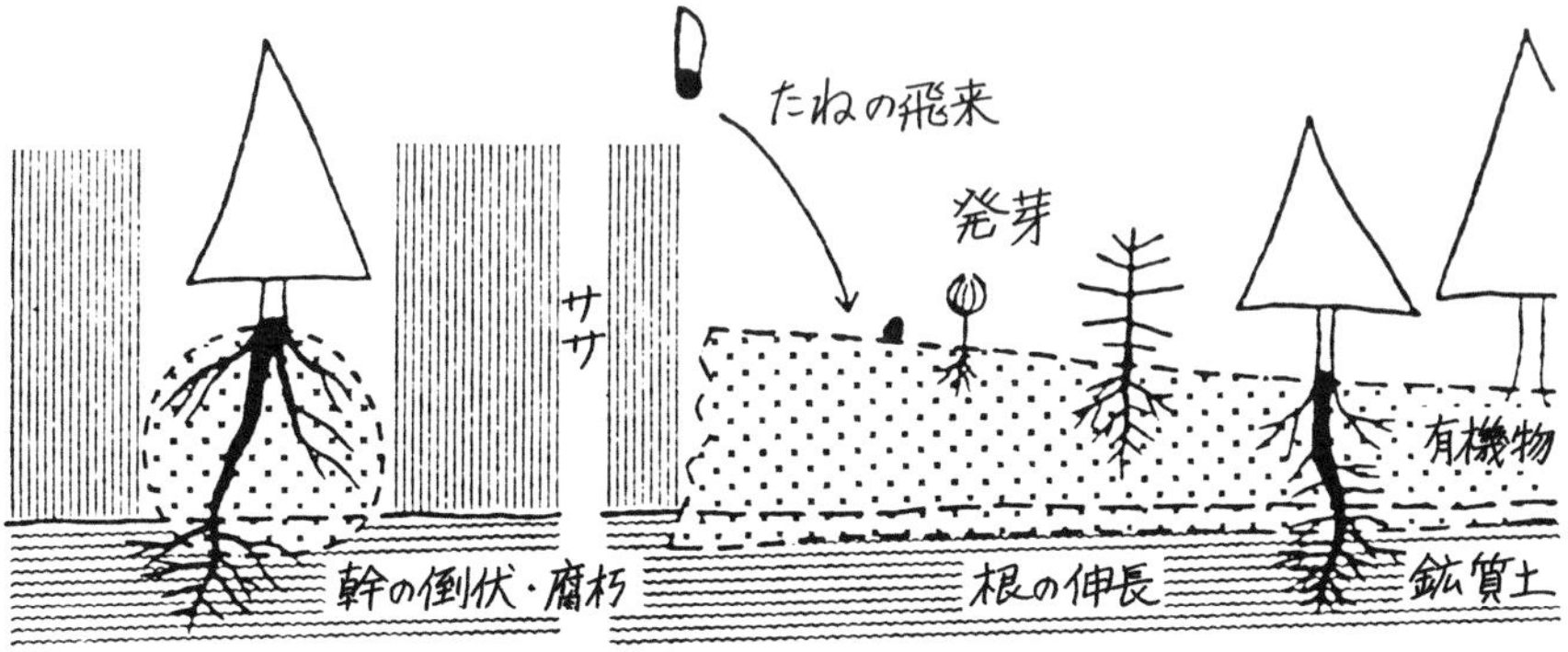

図56　倒木上更新

風倒により幹が倒れ、樹皮や木部の腐朽が始まると、その上に、いくつかの樹種の種子が飛散・着地し、発芽・成長してくる。倒木上の実生の樹種は、倒木と同種のケースもあるが、異種のケースが多い。なお、倒木の上は、地上より病原菌が少なく、実生・幼木の生長には都合がよく、しかも、ササ類による被陰の影響も小さい。

そのほかの栄養繁殖

匍匐茎《ほふくけい》は、伏条と地下茎の中間型と考えられます。枝でもなく、根でもないような茎状の器官が、地表の落葉落枝層の下、あるいは地下浅くを這ってゆき、ところどころから地上茎をもち上げてくる現象であって、これが匍匐茎繁殖と呼ばれます。ヤブコウジ、フッキソウ、シラタマノキほかの匍匐低木類に知られています。

ちなみに、これらの低木類は、常緑性であり、繁殖力が旺盛で、雑草に負けにくく、しかも、樹高がごく低いので、近年、庭園で、イネ科の多年生草本類である芝草に代わって、手入れ不要のグラウンド・カバー（地被《ちひ》植物）として、かなり植栽されるようになりました。

落枝繁殖《らくしはんしょく》は、生きている枝が、大風・湿り雪・火山の噴火、ほかの力によって、幹から折られたり、もぎ取られたりして、地上に落ちて、不定根を発生し、枝先が立ち上がってくる現象です。自然界の枝挿しに相当しますが、観察事例があまり多くありません。

なお、上述のように（1章5 タネ、参照）、草本類には、栄養繁殖として、むかご（珠芽《しゅが》）、球根類（鱗茎《りんけい》・塊根《かいこん》・塊茎《かいけい》、ほか）も知られています（図39、40参照）。

むかごは、その散布方式からみると、ほぼ種子に相当し、しかも、種子よりも早く成体に達することができます。実際に、百合根（ふつうはオニユリの鱗茎）の生産では、種子を播くのではなく、むかごを播きます。種子では、出荷できる百合根のサイズまで育てるのに、少なくとも五年かかります。他方、むかごなら、二〜三年で出荷できます。

ちなみに、球根類では、タマネギやオニユリなどのような鱗茎および、ジャガイモなどの塊茎は、地上茎が定芽起源ですから、ほぼ地下茎繁殖ないし地下茎増殖に相当します。他方、サツマイモなどの塊根は、地上茎が不定芽起源ですから、ほぼ根萌芽繁殖ないし根萌芽増殖に相当します。

3章　動物散布の種類

1　被食型散布

これまでに、種子を散布してくれる力として、風と動物とを紹介し、詳しく述べてきました。ここでは、動物散布のうち、消化管通過型《しょうかかんつうか》のタネ散布、あるいは被食型《ひしょく》のタネ散布と、隠匿貯蔵型《いんとくちょぞう》のタネ散布、あるいは貯食型《ちょしょく》のタネ散布とを、より詳しく述べることにしましょう。

これまで、木の実が食べられて、種子が散布される方式を、英語の訳ですが「消化管通過型散布」としてきました。けれども、わが国の研究者のあいだでは、これを「被食型散布」と言い習わしていますので、これ以降は、そう呼ぶことにします。

多肉果と果実食者

一般に、多肉果《たにくか》と呼ばれるものは、いわゆる「くだもの」であり、狭い意味でのフルーツですが、美しい外皮（外果皮《がいかひ》）と美味しい果肉（中果皮《ちゅうかひ》）とをもっていて（図9参照）、ときには芳香もあって、果実食の動物を呼び、食べられ、消化管を通過する時間内に、遠方へ運ばれ、糞として種子が散布されます。また、ペリットとして、口から吐き戻される場合もあります。

他方、果実食の動物（果実食者）は、美しい色や芳香に誘われ、おいしい果肉を食べて生きています。そして、栄養満点の果肉を食べたお礼に、種子を親木から遠くへ、いろいろな場所へ散布するのです。それゆえ、多肉果をつける樹木と果実食者とは「もちつもたれつ」という好ましい関係にあります。

しかも、長い長い地史的な時間を経て、果実食者は好ましい多肉果を選抜し、樹木は選ばれやすい多肉果をならせてきたのです。樹木サイドでは、種の生き残り・発展のために、果実食者たちに対して、目立つ色をアピールしてきました。それで、多肉果は、多彩な色をつけるようになったのです。外果皮の色は、赤、紅、朱、桃、橙、オレンジ、黄、白、青、藍、瑠璃《るり》、紫、黒などです。

高木類のように、林冠《りんかん》に達する樹種では、種子の風散布が可能です。しかし、低木類のように、林内や林床《りんしょう》に生育する樹種では、風散布はほとんど期待できません。風が弱い、あるいは、風がない林床では、付着型散布のほかには、目立つ色をした多肉果をつけるよりほかに、種子散布をしてもらう手段がありません。

低木類のエゾニワトコは、赤い液果《えきか》の房を目立たせます。そして、同じく低木類のマユミ、ツリバナ類は、さく果を開いて、美しい黄橙色の仮種皮《かしゅひ》つきの種子を目立たせています。木本性つる類のツルウメモドキも、マユミと同じニシキギ科であり、同様の仮種皮つきの種子をならせます（図32参照）。

小低木類でも、センリョウは、図57のように、常緑性の葉群の上に、赤い果実をつけて、動物に食べられます。この美しさや常緑性から、センリョウは縁起物として、正月の生け花にも用いられます。ヤブコウジもほぼ同様です。

スグリ類も、ガラス玉のように輝く液果をつけて、動物を誘います。それらのうち、グースベリー（マルスグリ、図58）やアカスグリ（フサスグリ）ほかは、家庭果樹として、わが国でも栽培されてきました。図35に示したハスカップや、ブルーベリー（スノキ属）、キイチゴ類、ほかも同様に、野生の種から園芸品種が育成されてきました。

ただし、風散布が期待できる高木類でも、ホオノキ、キタコブシなどのモクレン類は複合袋果《ふくごうたいか》から、細い糸で美しい仮種皮つきの種子を吊し、果実食者

図57　センリョウの果枝
林床に生育する小低木は、風散布に期待できず、美しい色の果実をつけて、動物に、被食型の散布を期待する。

図58　グースベリーの液果
かつては、家庭果樹の代表的な一つであった。

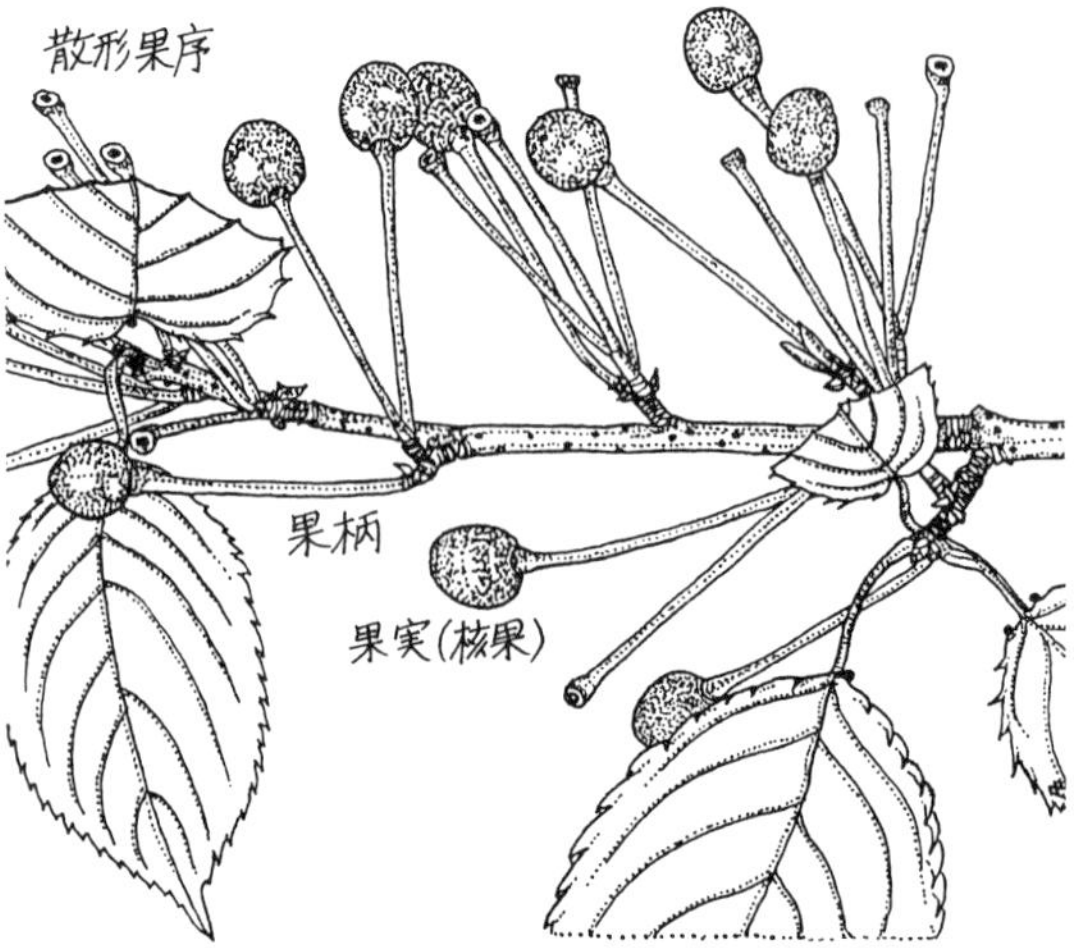

図59　エゾヤマザクラの果実（核果）
葉が緑色であり、果実の外果皮が緑色（未熟）から、赤色（成熟中）、黒色（成熟）と変わり、果実食者に対して、ディスプレイ効果が大きい。

を待っています（図20、37参照）。目立つ色だけでなく、できるだけ目立つ位置に、つまり、樹冠《じゅかん》の外側ないし上側に、多肉果をならせる必要がある、ということです。

このことは、サクラ類の果実にもあてはまります（図59）。この類から、セイヨウミザクラ（サクランボ、図34参照）、スモモ、アンズ、モモ（図10参照）などが、選抜され、品種改良されて、果樹として栽培されるようになりました。

木本性つる類の多くは、巻きついて登り、ほかの樹種の樹冠上に伸びて、多肉果をつけます。サルナシ（図12参照）、マタタビ、ツルウメモドキ、ヤマブドウ、マツブサなどです。けれども、これらは、林木の外敵であり、第一に巻きついて絞め殺す、第二に、重さで枝や幹を折る、第三に、光寄生《ひかりきせい》といって、全体を被覆して光を奪うという、いわゆる「つるの三害」をもたらすので、林業では、つる切りの

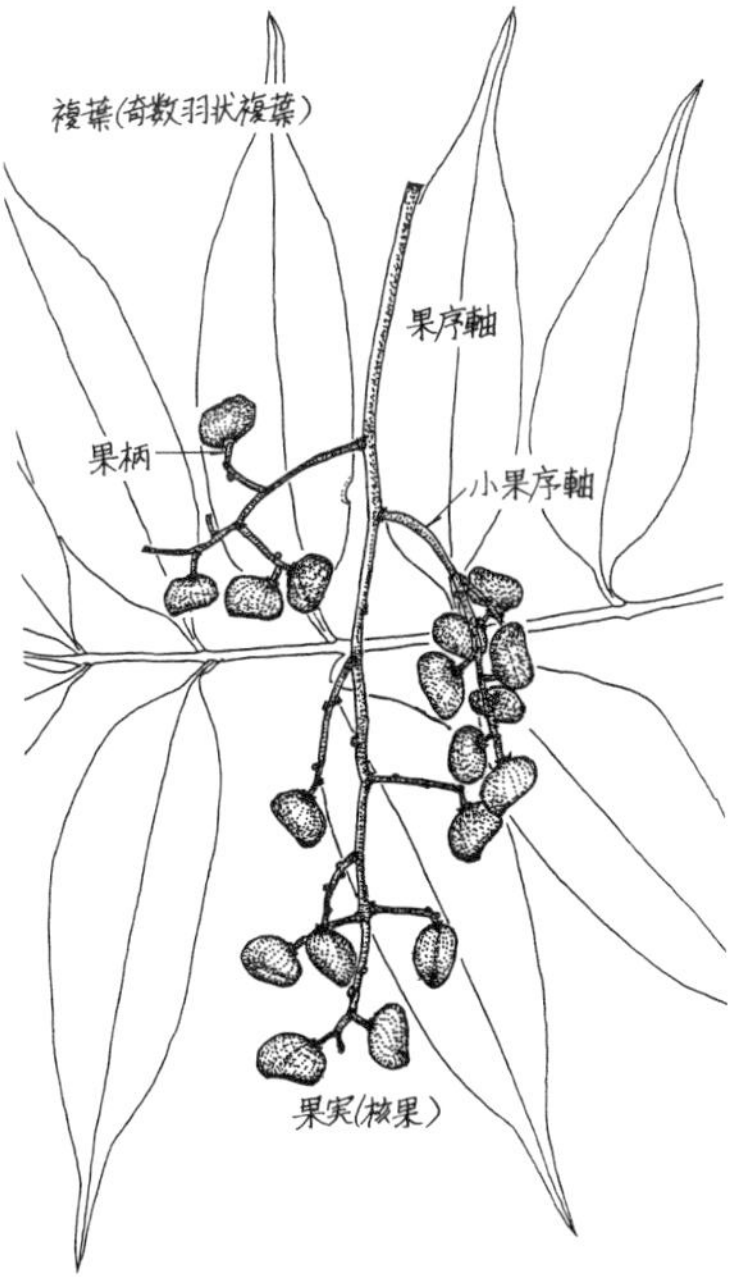

図60　ハゼノキの果実（円錐果序）
果実（核果）の外果皮・中果皮は、薄いが、蝋質に富み、小鳥類にとってはカロリーが高いらしい。昔、このハゼ蝋からロウソクがつくられた。

対象になります。

ただし、気根《きこん》でよじ登るタイプのつる類、たとえば、ツルアジサイ、イワガラミ、ツタウルシ、ツタ、ツルマサキほかは、耐陰性《たいいんせい》にも富み、樹冠上に伸びることが稀なので、林木にほとんど害がありません。つまり、皮肉なことに、美味しい多肉果をつけるタイプが林木に害があり、林木に害のないタイプには美味しい多肉果が期待できないのです。

例外的に、あまり目立たない、褐色の外果皮を有する果実をつける樹種もあります。ウルシ類は、核《かく》果《か》をつけ、栄養のある中果皮はたいへん薄いのですが、脂質・蝋質《ろうしつ》であり、かなり栄養があるようです（上田、一九九二）。ハゼノキの果皮からは、昔、ハゼ蝋が採取され、ロウソクがつくられました（図60）。

色ばかりでなく、果肉の充実も、たいへん重要です。栄養がある果肉が果実食者を支えるわけですから、好んで食べられるためには、多肉果が数多くなるか、一個当たりが大きくなる必要もありました。

こうして、多肉果は、果実食者に選抜され、タネ散布されて、多様な形態をとるようになりました。今日の「くだもの」は、こうして、数千万年から数百万年という、長い長い時間を費やして、果実食者たちが選抜育種したものを、数千年から数百年前から、人類が、選抜育種や交配を進めつつ、突然変異なども発見して、さらに大きくて美味しいものにしてきたのです。

美味しい「くだもの」を食べるとき、その基をつくってくれた果実食者たち、鳥やけものに、果樹園にとっては、害鳥・害獣でもありますが、やはり、われわれはかれらに感謝の念を抱くことが必要です。そうして、野生生物を、できるだけ愛しましょう！

被食型散布の弱点

多肉果の戦略は、果肉だけを食べられ、種子を確実に散布してもらうので、成功しやすくみえます。しかし、自然界では、そうそう好都合には進行しません。

まず、果実食者によって種子を播かれる場所は、その種にとっての生育適地とはかぎりません。ウンチは、あるいはペリットは、いろいろな場所に落とされます。深いササ藪の中に、川や池の水中に、水分のない岩場に、動いている土地の上に、暗い林床に、こんなところに落とされたタネは、発芽が困難か、発芽後の成長が困難です。できることなら、土地が不動で、光に恵まれ、発芽・定着のための水分に恵まれている場所が望ましいのです（図61）。こういう適地に散布されるタネは、全体の百分の一か、千分の一か、あるいは一万分の一、さらには百万分の一程度なのかもしれません。

つぎに、当然といえば当然のことですが、果実食者だけが多肉果を食べるのではありません。ナッツ食者たちも、多肉果を食べます。否、食べるようにみえます。たとえば、ウソとかシメとか、太くて丈夫なくちばしをもつ小鳥類は、ナナカマド類の美味しそうな果肉を捨てて、肝心な種子を食べてしまいます（図62）。これでは、目立つ色をつけて、小鳥を呼んだのに、むざむざ、大事な種子を食べられてしまい、まったくの逆効果です。せっかくの適応《てきおう》進化が骨折り損である、ということになってしまいます。

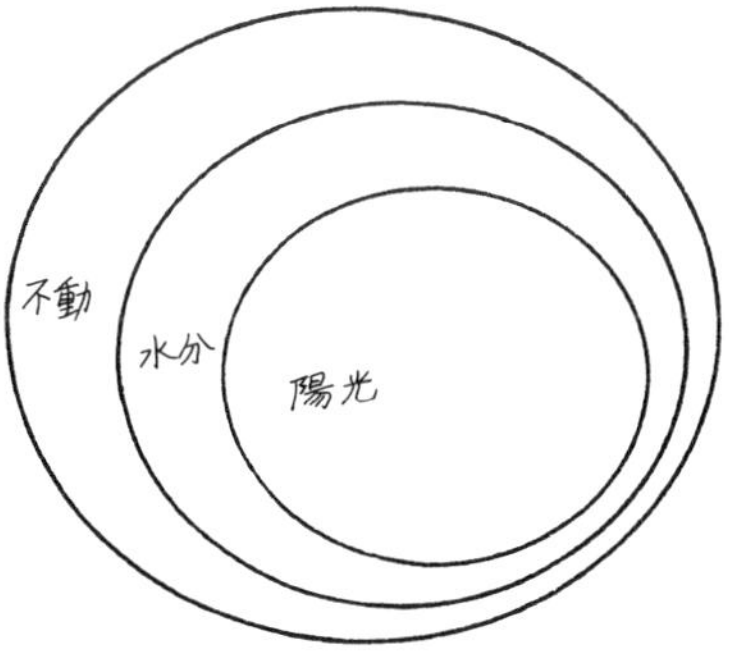

図61　植物の立地的な生育条件の模式図
（註）被食型散布樹種では、かなりな耐陰性があるので、ほぼこうなる。しかし、風散布樹種では、一般的に、十分な陽光がある裸地が第一に必要であり、つぎに水分である。また、地面が不動でないと、成長が困難になる。

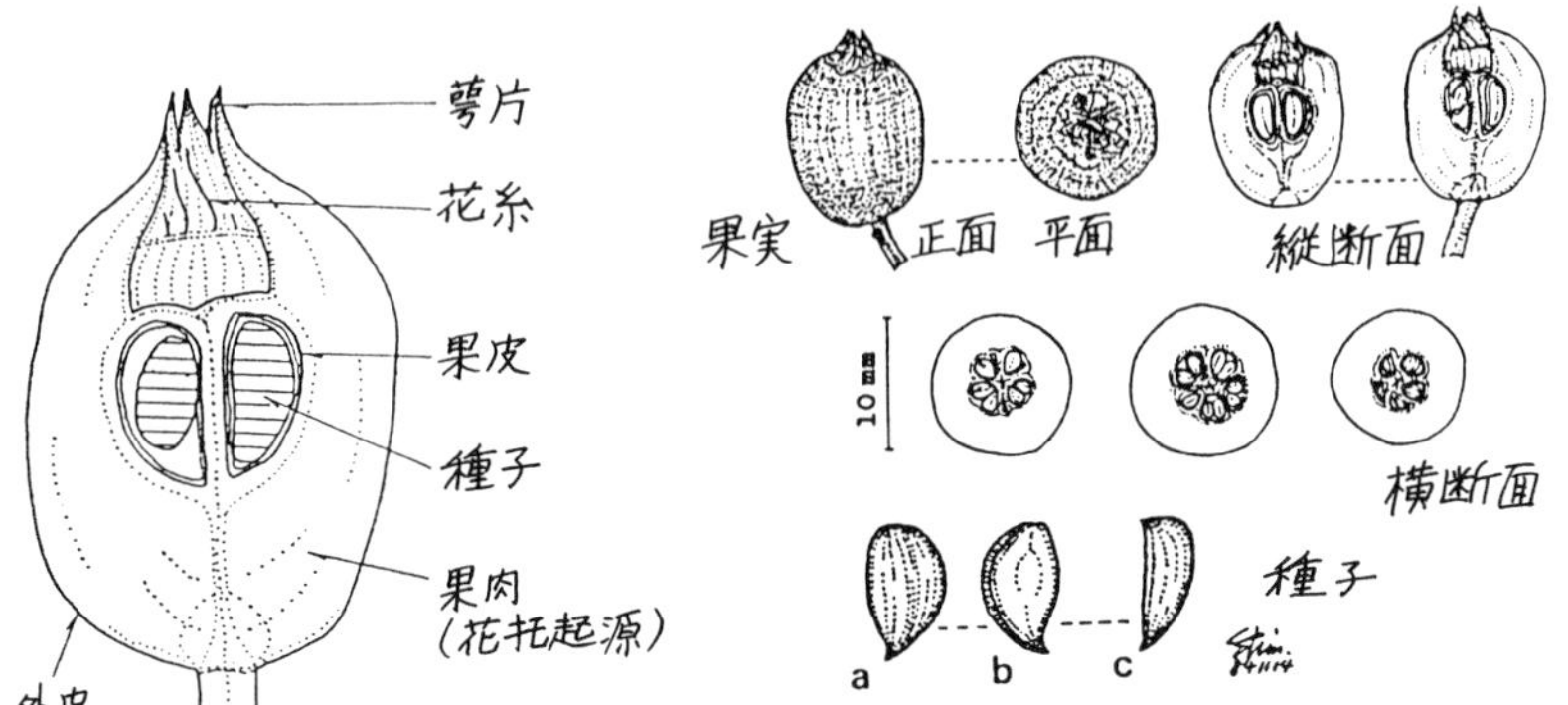

図62　タカネナナカマドの果実（なし果）と種子
ウソ、シメなどの丈夫なくちばしを有する鳥類は、果肉を捨てて、種子を食べる。

図25に示したような、イチイの仮種皮つき種子も、ヤマガラにかかると、仮種皮を捨てられ、種子が食べられてしまいます。ただし、ヤマガラの場合には、後述の貯食型散布もしています。

そして、偶然もあります。シメの胃から、潰されない種子が出てきますし、昆虫食のサメビタキの胃からミズキのタネ（核果）が、キビタキの胃からも樹種は不明ながら、種子が見出されています。こういうナッツ食者や昆虫食者も、偶然に、あるいはときどきに、フルーツ食者なみの働きもする、ということでしょう。こうした観察事例の多くは、各地の博物館の学芸員からの、あるいは、自然愛好家からの情報です。

さらに、覆土《ふくど》の問題があります。苗畑で育苗をする際には、農業でも同様ですが、タネ播きのとき、播き終わったタネには土を掛けます。これが栽培のための「覆土」です。大粒のタネでは深く、小粒のタネでは浅く覆土されます。どんなに微小な種子でも、光発芽《ひかりはつが》という覆土のいらないものも例外としてありますが、ふつうは、覆土が必要です。覆土が、植物の発芽時の水分を、そして発芽後の水分を保証するからです。覆土の厚さの標準的な値は、種子や球根を問わず、そのサイズのほぼ二・五倍と考えられています。これだと、土壌水分も適当で、酸素も供給されていて、根張りに相応《ふさわ》しく、双葉を地上にもち上げる胚軸《はいじく》の能力にも相応しいからです。

覆土されないタネは、どうなるのでしょうか？まず、乾燥死があります。水なしでは、種子が発根さえできません。発根できても、根が地下に侵入できない場合には、水分を吸えません。苗畑で覆土し、わらを掛ける理由は、発芽直後の弱い根系を乾燥から守り助けるためのものです（図79および112参照）。

つぎに、地面の上にばらまかれたタネは、もう一度、別の動物に食べられる危険性があります。小鳥類も、ネズミ類も、ナッツ食者として、地面にばらまかれたタネを食べてしまうのです。知床半島の分水嶺で、ヒグマの糞に含まれたウラジロナナカマド、タカネナナカマドなどの種子が、掘り出されて、食べられていました。さらに、昆虫類のいくらかも、地上のタネを食べます。

さらに、キジ類のように、硬い殻《から》つきの種子を消化してしまう鳥類もいます。焼鳥屋でスナギモ（砂肝）と呼ばれる、丈夫な砂嚢《さのう》、これは厚い壁と呑みこまれた砂粒でできているのですが、この砂嚢によって、キジ類は、硬いタネでも細かく砕いて、消化してしまいます。さすがに、かれらは、胃石《いせき》をもって食物を砕いていた爬虫類・恐竜類の子孫だけのことがあります。

このように、きれいな色、美味しい実をつけて、果実食者に果肉を「運賃」として与え、種子を散布してもらう方式のタネ散布、つまり被食型散布は、きわめて合理的のようにもみえますが、自然界においては、完璧な方式ではなく、いろいろな制約にも縛られているのです。

2　貯食型散布

これまで、ナッツ類が隠匿貯蔵《いんとくちょぞう》されて、食べ忘れられたものが春に発芽する方式を、やはり、英語の訳として「隠匿貯蔵型散布」としてきました。しかし、これについても、同様に、わが国の研究者のあいだで、貯食《ちょしょく》型散布と言い習わしていますので、ここでも、そう呼ぶことにします。

ナッツとナッツ食者

乾果《かんか》類のうち、大粒で、硬い殻（ウォール）をもち、乾燥に耐え、栄養があり、貯蔵に好ましいタネが、ナッツ類です。すでに述べたように、ナッツ類は、ドングリ、ハシバミ（ヘーゼルナッツ）、クリなどの堅果《けんか》類が主体ですが（1章1を参照）、トチノキの種子（ホースチェスナッツ、図1参照）、テウチグルミの殻果《かくか》（ウォールナッツ、図17参照）、チョウセンゴヨウやハイマツの無翼《むよく》種子（パインナッツ、図63、29参照）、ほかも含まれます。

これらは、大きく、ずんぐり型であり、風散布にも適さず、美しい果皮《かひ》・美味しい果肉をもつわけでもないので、数十年前までは、重力散布や水流散布しか考えられませんでした。枝ごと折れて、強風で飛ばされるとか、斜面を転がり落ちるとか、「どんぐりころころ」の童謡に知られるように、川の流れで下流域に運ばれるとか、海流で海岸に漂着するとか、要するに、ナッツ類は、無機的な力によって散布される、と考えられてきました。

ナッツ食者については、有名な作家の童話でも、著名な林学者のエッセイでも、リス類やカケスは、ドングリの敵である、とみなされていました。リスやカケスからドングリを隠すために、親木がやさしく落ち葉を掛けてくれた、というような筋書きでした。研究者の絵本でも、まったく動物が介在せず、ただ落下して、落ち葉の下で発芽する、というストーリーでした。しかし、親木の下に芽生えても、既述のように「負《ふ》の遺産《いさん》」のために、加えて覆土《ふくど》の必要性のために、ほとんど成功しません（図64）。やはり、だれかに、なるべく遠くへ、タネ散布してもらう必要があるのです。

その後、内外の研究者たちが、動物散布論に取り組みはじめて、被食《ひしょく》型散布と貯食《ちょしょく》型散布の概念が確立されてきました。ただし、こうした研究者の大半が動物学サイドであり、植物学のサイドからの研究成果はごく少数でありました。

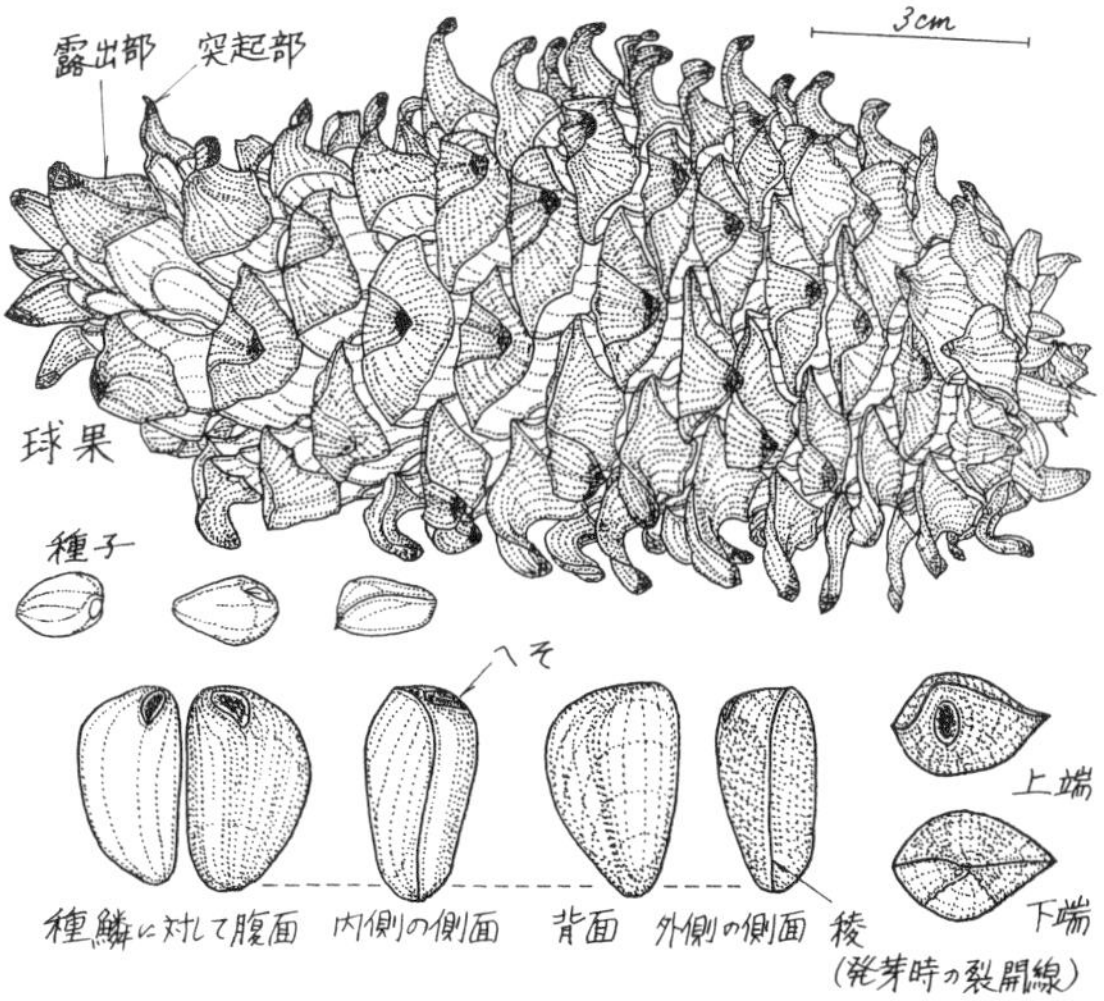

図63　チョウセンゴヨウの球果と種子
ゴヨウマツ亜属には、無翼で大粒の種子をつける樹種がある。特に、チョウセンゴヨウの種子は、パインナッツとして、ナッツ缶にも入る。

図64　落ち葉の下のドングリ
覆土されないと、発芽しにくい。親木の下では、負の遺産を受けてしまう。図では、秋季発根（上胚軸休眠）している。

貯食型散布は、ナッツ食の動物により、主として越冬用に、ナッツ類が地下に貯蔵され、冬季に掘り出されて食べられ、翌春までに大半が食べ尽くされるのですが、ごく一部が食べ忘れられることによって、発芽のチャンスを得るのです。その確率は、タネの豊凶とナッツ食者の密度とに関係するのですが、よくても十分の一、ふつうでも、百分の一、悪ければ千分の一以下かもしれません。おそらく、かなり低いはずです。それでも、一本の樹木が、毎年ないし隔年に、一万とか一〇万とかのタネを生産すれば、しかも、長年にわたって生産し続ければ、確率が低くても、発芽して成長することが十分に可能です。つまり、被食型では、ほぼ一〇〇パーセントのタネが散布されるのに比較して、貯食型では、たいへん低い確率に賭けているのです。肉を切らせて骨を切る、そんな方式のように思えます。

ただし、食べ忘れ率が低くても、貯食型では、タネが地下に埋められているので、覆土されていることになり、発芽の条件はかなり十分に整っています。埋められる場所も、割合に明るい場所が多く、その樹種の生育に好ましい適地である場合が多い、といえます。

ナッツ食者として、北海道では、ヒグマ、エゾシカ、エゾリス、シマリス、エゾモモンガ、エゾアカネズミ、ヒメネズミ、エゾヤチネズミ、ミヤマカケス、ホシガラス、ハシブトガラス、ハシボソガラス、ヤマガラ、キジバト、エゾライチョウ、などが知られています。けれども、これらのうち、単なる好食者をのぞいた、タネ散布に関係した貯食者は、エゾリス、シマリス、エゾアカネズミ、ヒメネズミ、ミヤマカケス、ホシガラス、ヤマガラくらいに絞りこめそうです（図65）。

貯食のための埋め方、言い換えれば、タネ散布の方式ともいえますが、これには、巣穴《すあな》貯蔵型と分散《ぶんさん》

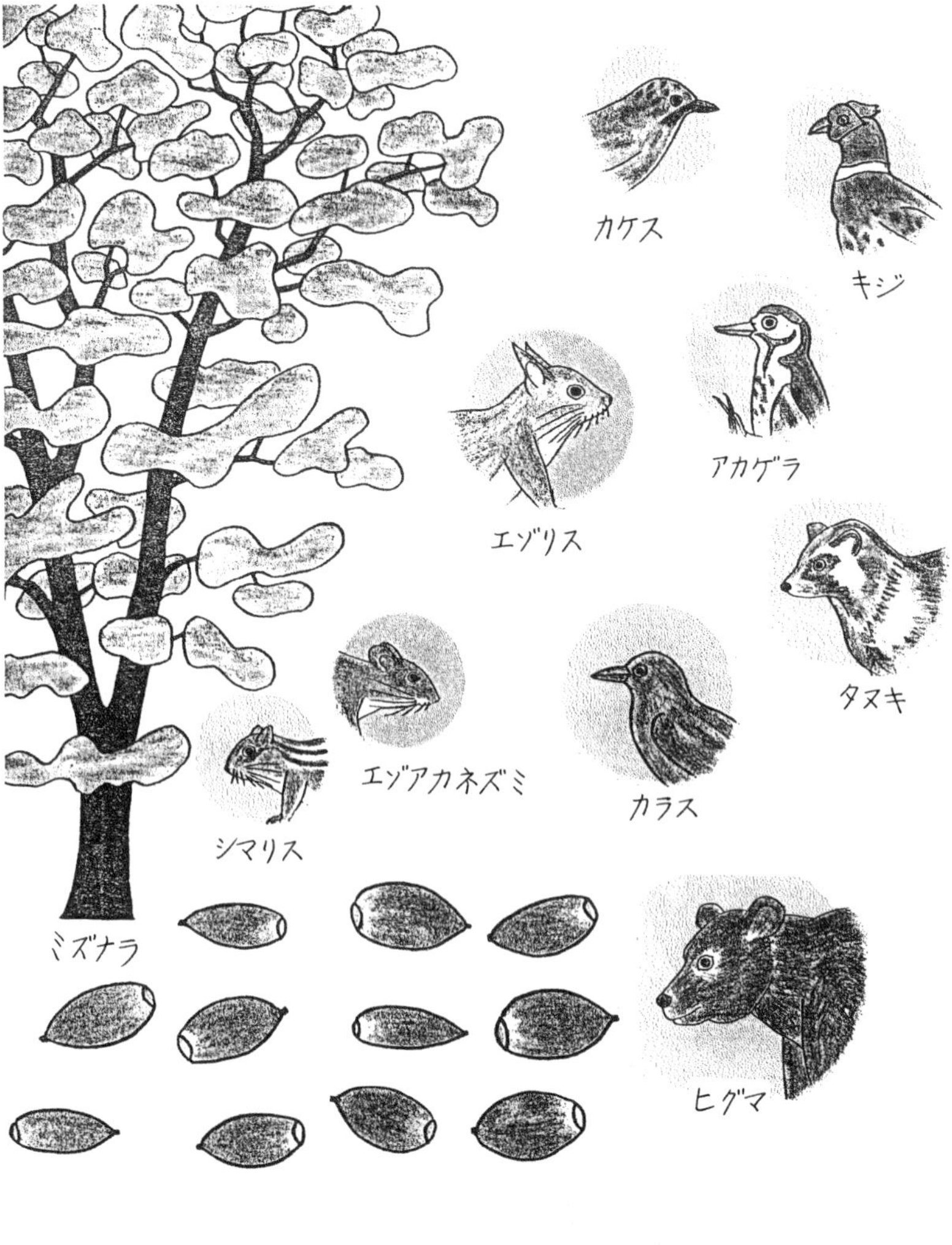

図65　ドングリを食べる動物たち
食べるだけの動物と貯食もする動物とがいる。

貯蔵型とがあります。

　巣穴貯蔵型は、シマリス、エゾアカネズミなどが、越冬用の巣穴にナッツ類を貯めこむ方式であり、一般的に、地下深くに埋められ、たとえ食べ忘れられたとしても、低温や地上までの深さなどの制約から、発芽・成長が困難な状態にあります。

　分散貯蔵型は、多くの貯食者がおこなう方式であり、越冬場所の一帯や巣穴の周囲に、少しずつ貯蔵する方式です。これは、地下浅くに埋められるので、食べ忘れられれば、ナッツの発芽は容易です。

　ちなみに、食べ忘れには、貯食者の埋め場所忘れ（記憶漏れ）、崩土の堆積、深雪による掘り起こし不可能、寿命や捕食による貯食者の死、そのほかがあります。

　こうして、ナッツ類は、科や属や種によって、形態が異なりますが、ナッツ食者の選り好みの結果としての選抜育種によって、長い長い時間を経て、より大きい粒、より美味しいナッツ（子葉《しよう》あるいは胚《はい》乳《にゅう》）、より貯蔵に適した殻（ウォール）の発達などを、創り出してきたのです。これは適応《てきおう》進化、あるいは小進化といえます。それらを、さらに、人類が、選抜育種や交配を進め、突然変異などを発見して、より大きくて美味しいものにしてきたのです。クリ、ヘーゼルナッツ、アーモンド、クルミ、などにおいて、野生種のナッツと栽培品種のナッツの大きさと美味しさには、たいへん大きなちがいがあります（図66、および図2、17参照）。

　美味しい「ナッツ」を食べるとき、その基をつくってくれたナッツ食者たち、けものや鳥たち、果樹園では害獣・害鳥ではありますが、かれらに、やはり、われわれは感謝の念を抱くことが必要です。この意味からも、野生生物を、できるだけ愛しましょう！

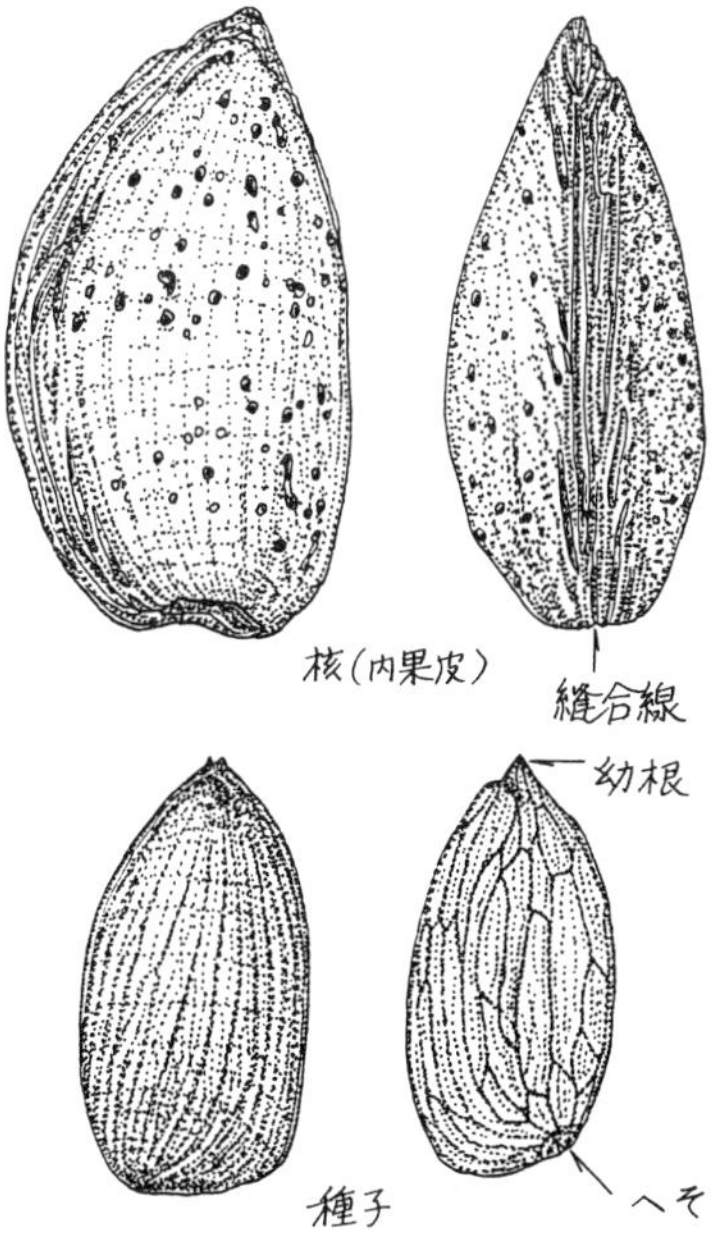

図66　アーモンドナッツ（核果）
内果皮が核になっている。中果皮は、肥厚しないで、乾いて剥がれる。食用部分は、種子（＝種皮＋子葉＋幼芽＋胚軸＋幼根）である。

なお、多肉果《たにくか》（狭義のフルーツ）には「くだもの」という大和言葉があるのに対して、残念ながらナッツには適当な大和言葉がありません。それで、やむなく、英語の「ナッツ」という用語を使います。堅《けん》果《か》あるいは無胚乳《むはいにゅう》種子という用語では、包括性に乏しいし、範囲が狭すぎるからです。

貯食型散布の弱点

ナッツ類の生き残り戦略は、食べ忘れにあるわけですが、ナッツ食者はそう簡単には食べ忘れてはくれません。ナッツ食者としての鳥類や哺乳類は、なかなかに記憶力がよく、埋めた場所を覚えていて、深い積雪を掘ってまでして、春までに、ほとんどを掘り出して食べてしまいます。掘り出しが不成功に終われば、厳冬期には、生命の危険に脅かされることになるからでしょう。

並の豊作年および、不作年においては、ナッツの数とナッツ食者の数とのバランスから、埋められたナッツは食べ尽くされてしまいます。それで、食べ忘れよりも、食べ残しを期待するのであれば、大豊作年に、越冬用の食糧の適量より余分に埋めてもらい、食べきれない部分が発芽することになります。

また、深埋めの問題があります。巣穴貯蔵のように、あまりに深く埋められると、双葉ないし本葉《ほんば》が、地上に出ることが不可能になります（図67）。苗畑での、数多くの樹種の播種経験から知られるように、埋められる深さは、ナッツのサイズの二・五倍くらいが適当であるからです。

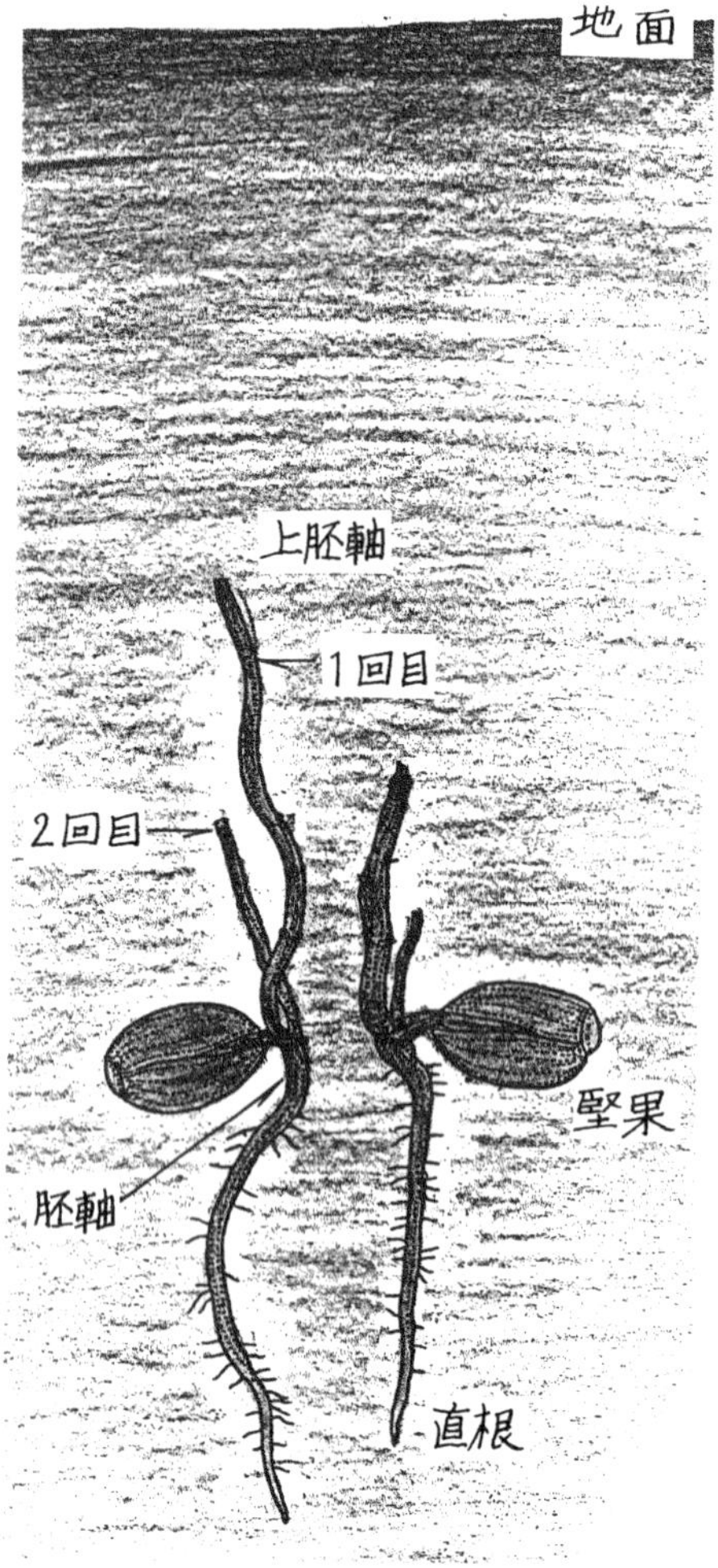

図67　深埋めされたドングリの発芽の不成功
あまりに深く埋められると、発芽しても、上胚軸を地上まで送り出せない。苗畑実験では、深さ10cm前後が、発芽の成功の限界である。

　さらに、貯蔵所荒らしのような、盗掘《とうくつ》の問題があります。埋められたナッツ類が、ほかのナッツ食者によって、掘り出され、消費されてしまうからです。ホシガラス類では、シマリスでも、同種間でしばしば盗掘をするようです。しかし、こうした場合は、また、自らの埋め場所（貯蔵所・カッシ）に埋めるのでしょうから、発芽の可能性がかなり残されています。

しかし、ホシガラスの貯蔵したハイマツの無翼種子を、ヒグマが盗掘したり、キタキツネが盗掘したりします（桧座、一九九一）。シマリスさえも、ホシガラスの食糧を盗掘するかもしれません。

北アメリカでは、ハイイログマおよびアメリカクロクマが、アカリスの貯蔵場所を盗掘し、パインナッツ（マツ種子）を食べ漁ります。驚くなかれ、越冬用の体力の過半を、クマはこの盗掘した栄養分に依存しています（Kendall, 1984）。アカリスは、どうして、あの大きなクマ類を養い、しかも、自らを養うほどに大量に、マツ類の種子を貯蔵するのでしょうか？

このほかに、多肉果類もそうですが、ナッツ類でも、昆虫の食害があり、クリのクリシギゾウムシ、ミズナラのコナラシギゾウムシなど、ナッツごとに種子食い害虫が存在するのです。

このように、ナッツ類をつける樹木では「肉を切らせて、骨を切る」方式とはいえ、食べ忘れのほかに、深埋め、盗掘、害虫、豊凶などのさまざまな因子が緩和されないと、子孫を残すことがたいへん困難になりますし、場合によってはできなくなります。

4章

動物散布に対する樹木の対応

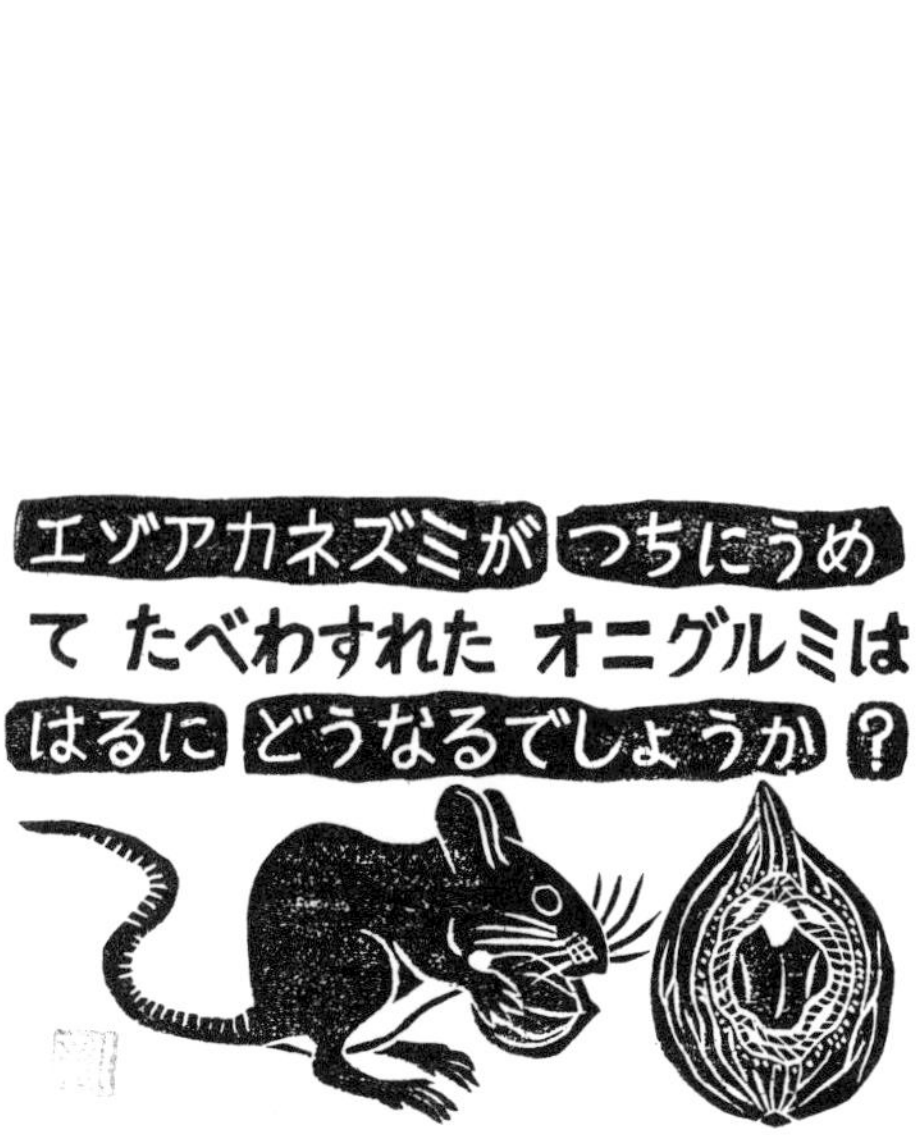
エゾアカネズミが つちにうめて たべわすれた オニグルミは はるに どうなるでしょうか ?

1 種皮の硬化

前章では、動物散布を、主として、動物の側から眺めてきました。実際に、種子散布の研究者の大半が、動物学者であり、動物サイドから眺めています。そこで、ここでは、動物散布に対する樹木の側からの対応を検討してみます。この章こそが、私の本来の研究成果といえます。

被食《ひしょく》型散布を考える上で、樹木サイドとしては、多肉果《たにくか》ごと食べられ、運賃として果肉だけが消化されて、なるべく親木から離れた場所へ、種子だけが無傷で散布されれば、申し分ない結果である、ということになります。しかし、ほんとうに、果肉だけが消化されて、種子本体は決して消化されない、という保証があるでしょうか？

育苗における硬実性

苗畑で、多くの樹種の苗木づくりをしてみると、春に、タネがいっせいに発芽しやすいグループがあります。他方、いっせいには発芽しにくく、発芽が時期的に遅れたり、翌春にも、翌々春にさえ発芽するグループもあります。前者は、苗木づくりが容易です。しかし、後者は、苗木の育成経費からも、苗畑の管理からも、困った樹種といえます。そして、こうした不揃いの発芽をする種子は、全体として「硬実《こうじつ》」と呼ばれ、こうした性質が硬実性と呼ばれてきました。

苗木づくりでは、硬実性を解決するために、昔から、タネの処理方法が工夫され、研究されてきました。そして、おもな方法として、種子内の胚《はい》に水を吸わせて、スムーズに発芽させるために、第一に、不透水性の硬い種皮《しゅひ》を軟化させて、透水性を高める、第二に、硬い種皮を傷つけて、その割れ目から水を浸透させる、三番目として、そのほかの方法があります。

一番目の、種皮を軟化させる方式には、水に漬ける、湯をかける、煮る、希硫酸をかける、土に埋めて種皮を腐らせる（土埋《どまい》）などが知られていました。二番目の、硬い種皮を傷つける方式には、タネどうしを擦り合わせるようにしてタネを揉む、ナイフなどで切る、ヤスリで擦る、ほかが知られています。

第三の、そのほかの方法として、きわめて低い硬実の発芽率から、種子による育苗をあきらめて、栄養繁殖《えいようはんしょく》により苗木を生産する方式も採用されてきました。ハリギリの根挿し育苗は、その好例です。ただし、ヤナギ類、ポプラ類の枝挿し育苗（挿し木苗づくり）は、図48に示したように、長毛種子の播種が困難であることや、種子からでは育苗年数が長くなること、などが要因です。

さらに、硬実性を改善する手法には、上記の方法に加え、近年、まだ少数の樹種に限定されていますが、第四の方法として、春播きをやめて、秋播き（取り播き）がおこなわれつつあります。自然界では、多くの樹種の果実ないし種子が秋に成熟し、種子散布の力が風にしても、動物にしても、それらの大部分が秋から初冬に散布されます。それゆえ、「自然の法則」にしたがえば、秋播きするほうが好ましいはずです。しかも、取り播き、つまりタネが成熟した時点で採取し、ただちに播種する方法は、春播きに比較して、タネの貯蔵施設、たとえば、種子貯蔵庫としての低温乾燥庫や低温湿槽庫、冷蔵庫、などが不要です。

ちなみに、わが国の人々が、苗木生産においても春播きにこだわる理由は、弥生時代から続いてきた稲作文化にある、と考えられます。イネが熱帯原産の、一年生農作物であるために、温帯では、春播きでしか栽培できないからです。他方、わが国でも、寒冷地方では、木の実の自然散布と同じように、ムギを秋播きします。春播きへのこだわりを捨てて、木のタネは秋播きが適切である、という常識の確立が望まれます。

さて、春播きと秋播きを比較するための、北海道北部における苗畑実験の結果が、表5です。

まず、春播きは、貯蔵しておいて、タネ採取の翌年に播きます。他方、取り播きは、ただちに播きますので、ほぼ秋播きとなります。しかし、自然界には例外が多く、タネの成熟期と関係して、ハルニレ（図33参照）のような初夏播き、仲夏播き、晩夏播きの場合もいくらかあります。そして、特に多肉果類において、取り播きの有利さが明らかです。裸子《らし》植物でも、多肉果型の仮種皮《かしゅひ》をもち、種皮が硬いイチイ（図25参照）では、取り播きが有効ですし、春

表5　春播き・取り播きによる発芽年のちがい

果実		種	春播き 採取翌年	春播き 翌々年以降	取り播き 採取年	取り播き 翌年	取り播き 翌々年以降
乾果	豆果	イヌエンジュ	△	○		○	△
	さく果	ツツジ類	○			○	
		オノエヤナギ*	×		○		
	翼果	ヤチダモ		○		△	○
		イタヤカエデ	△	○		○	
		ハルニレ*	×		○	△	
	堅果	ミズナラ	○		▲	○	
多肉果	核果	エゾヤマザクラ*	△	○		○	
	殻果	オニグルミ	△	○		○	
	液果	ハリギリ	△	○		△	○
		エゾニワトコ*	△	○		△	○
	みかん果	キハダ	△	○		○	
	なし果	ナナカマド	△	○		○	△
	くわ果	ヤマグワ**	△	○	△	○	
仮種皮つき種子		イチイ***		○		△	○

○＝ほとんど発芽する、△＝いくらか発芽する、×＝発芽しない（しにくい）、▲＝上胚軸休眠
註：取り播きは、果実が成熟した時点で播くものとし、＊は初夏の成熟、＊＊は仲夏から成熟する。＊＊＊は針葉樹（イチイ綱）である。

播きの場合にも、硬実性を改善するために、一冬のあいだ、土の中に埋めておくこと（土埋）がおこなわれます。

ちなみに、乾果《かんか》類でも、豆果《とうか》、翼果《よくか》などでは、取り播きの方が好ましい樹種もあります。豆果のイヌエンジュ、ニセアカシアなどは、種皮の蝋質物《ろうしつぶつ》が不透水性であるためです。ヤチダモ、イタヤカエデなどの翼果（図47、72参照）では、果皮の不透水性のほかに、種子の後熟性も関係しているようです。ヤナギ類の種子は、数日間から十数日間の寿命しかなく、休眠性《きゅうみんせい》がないので、取り播きの方が適しているようです（図48参照）。

それでは、この硬実性は、どうして発達したのでしょうか？

果皮の色づきと種皮の硬化

多肉果は、一般的に、成熟すると、その外側、真《しん》果《か》の場合には外果皮《がいかひ》であり、偽果《ぎか》の場合は外皮《がいひ》と呼ばれるのですが、その部分が美しい色になります。目立つ色によって、フルーツ食者を誘う、つまりディスプレイするためです。

しかも、ディスプレイ型の場合には、葉の色は、まだ青みが残っていて、成熟した果実の色とは異なっています。すっかり落葉してから、美しく目立つ果実もあります。

フルーツ食者は、鳥も獣も、くちばし、前足、歯などを用いて、食べる前に果肉を除去する場合があります。しかし、多くの場合には、丸呑みして食道を通過した後に、胃腸によって果肉を除去し、消化します。

タネだけが、果肉が消化されるあいだに、つまり、胃腸、消化管を通過しているあいだに、フルーツ食者が移動するので、親木から離れた場所に、糞として排出されます。つまり、多肉果は、タネを散布し

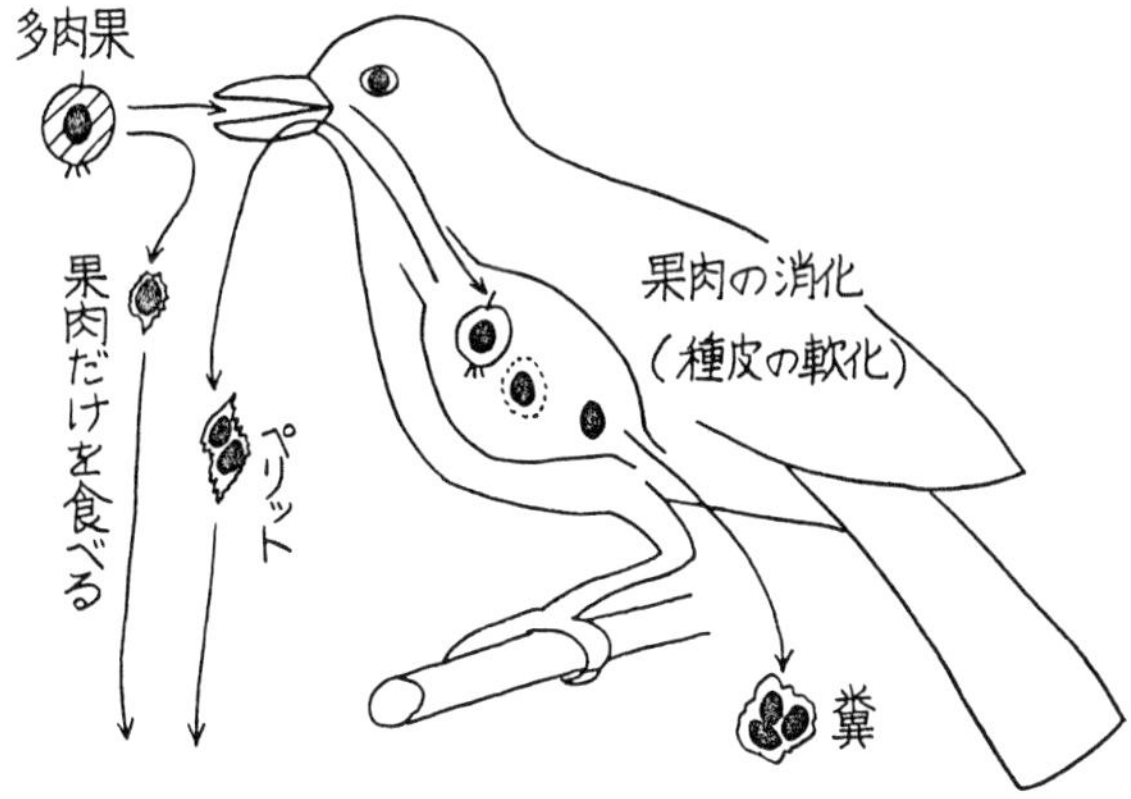

図68　鳥による果肉の除去・消化の模式図

てもらうために、果肉を運賃として、鳥獣に支払っているのです。ウンチは、運賃の領収書である、ともいえましょう。なお、ときには、猛禽《もうきん》類、カラス類、カモメ類などに知られるように、ペリットとして、果肉を除去されたタネが、口から吐き出される場合もあります（図68）。

ここで、問題なのは、フルーツ食者たちの胃腸を通過するあいだに、ほんとうに、タネの本体（種子）まで消化されてしまわないのでしょうか？　前章のように、キジ類の砂肝《すなぎも》は、果肉はもちろん種子までも消化してしまうからです。

じつは、種子まで消化されてしまわないように、多肉果サイドでも、対策を立てています。機械的および化学的な消化に耐えるために、多肉果では、種子を保護する壁（ウォール）が発達しています。ウメ、モモ、サクランボなどのサクラ属の種のように、内果皮が硬く発達した核果《かくか》は、その好例です（図10、

34、59参照)。

また、種皮そのものが硬化した樹種も数多くあります。仮種皮つきのホオノキ・モクレン類、ニシキギ・ツリバナ類も硬い種皮をもっています(図20、32、37参照)。液果《えきか》、みかん果、なし果なども同様です(図14、16、36参照)。

トカチスグリは、スグリ属の野生種であり、低木で、明るい林床《りんしょう》に生育しています。果実は、風散布に期待できないため、被食型散布に適応して、美味しそうな果実をつけます。グースベリーのように、果樹として栽培されるものもあります(図58参照)。

さて、トカチスグリの種子は、弾力性のある、ゴムのような保護壁、種皮ではなく、内果皮であるらしいのですが、とにかく、この保護壁に包まれていて、歯でかみにくく、胃液にも耐えそうで、簡単には消化されそうにありません(図69)。

以上のように、多肉果型の樹種は、美しい色で目立ち、フルーツ食者たちを誘い、美味しい果肉で喜ばれ、その果肉を運賃として提供しながら、大事な種子本体(これは、胚と胚乳《はいにゅう》を合わせたもの)を消化されないで、親木から遠くへ散布してもらう戦略を、たいへん長い地史的な時間を経て発展させてきたのです。

このことを要約すると、図70のようになります。つまり、多肉果の進化は、好んで食べられるために、まず、果実を大型化し、つぎに、外果皮《がいかひ》の色を鮮明にし、ときに芳香まで加え、三番目に、中果皮《ちゅうかひ》を果肉として、肥大化し、美味化してきたのです。そして、同時に消化されないために、第四の手段として、種皮《しゅひ》ないし内果皮《ないかひ》(核《かく》)を発達・硬化させてきたのです。最後に、種子の大型化・少数化も、進化の一環として考えられます。

苗木づくりをしていて、硬実の低い発芽率を考えていたとき、私は、この多肉果の進化のうちの、第

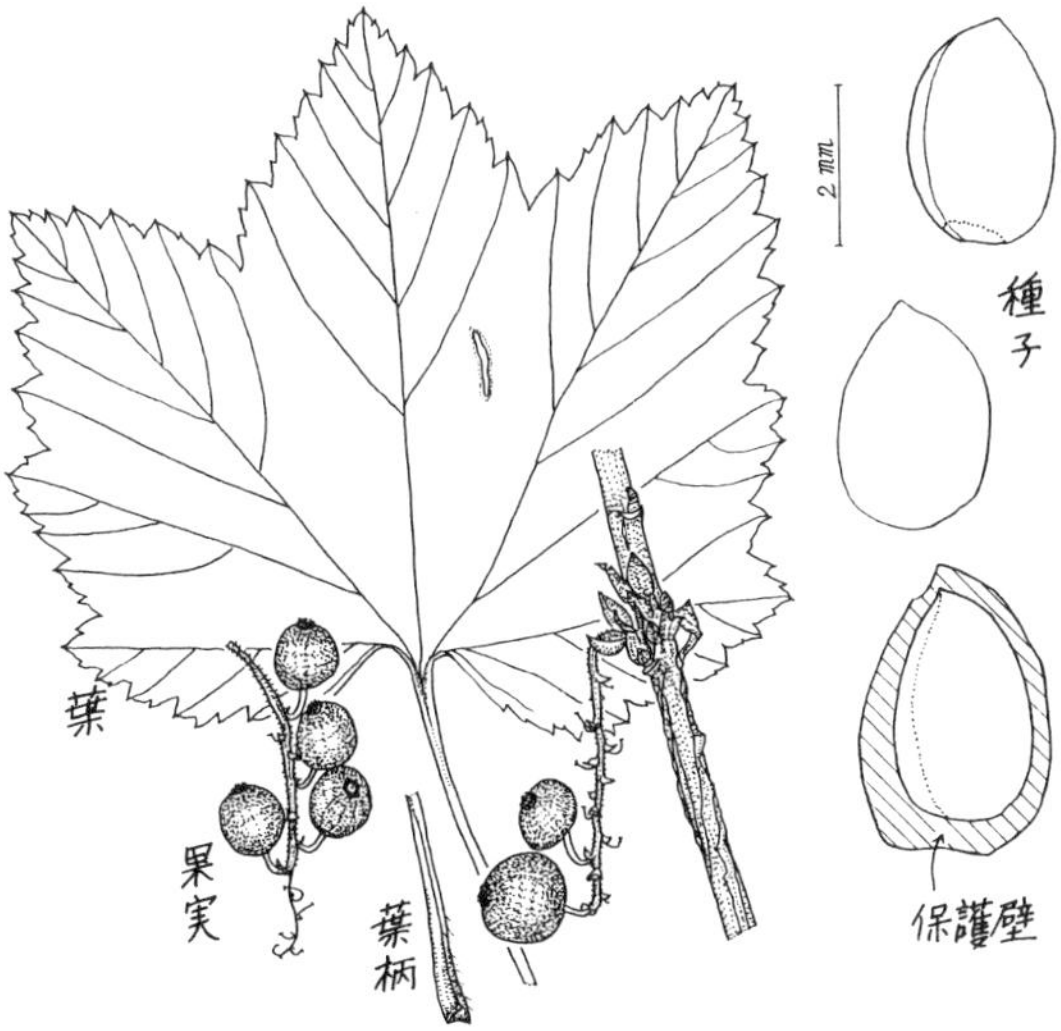

図69　トカチスグリの果実と種子
種子の耐消化の保護壁は、内果皮の変態らしいが、ゴムのように弾力性がある。

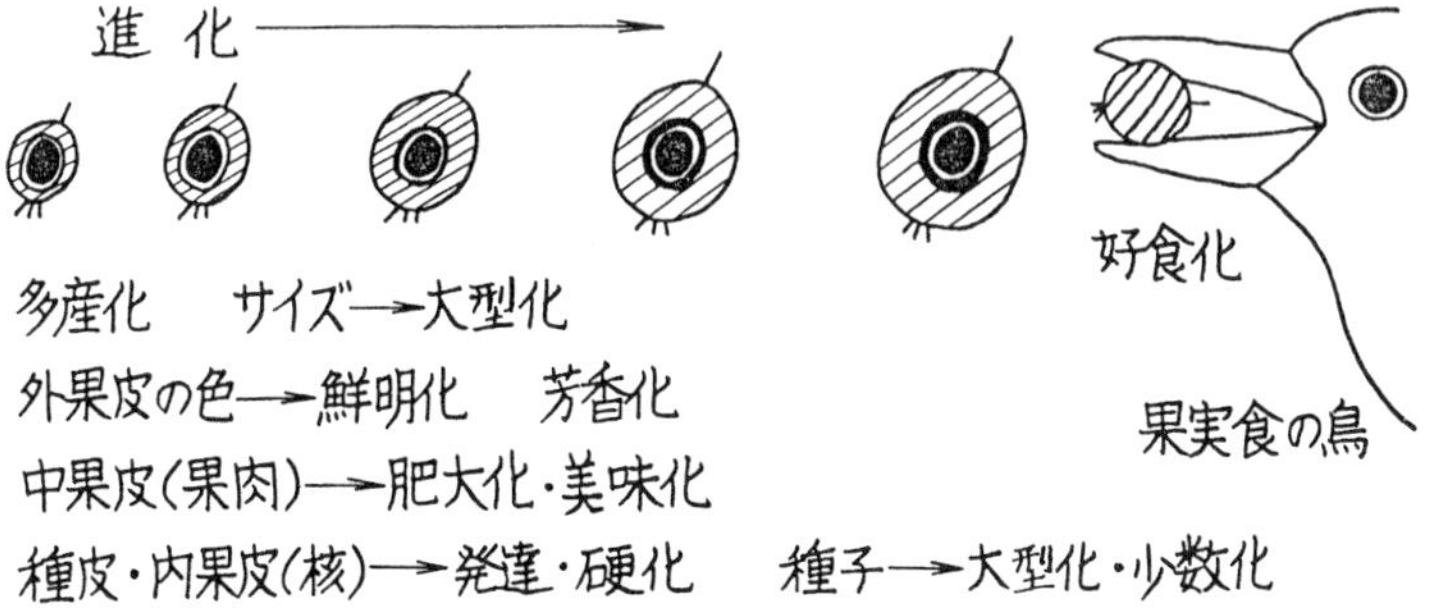

図70　多肉果の進化（仮説、斎藤1976）

四の「種皮の硬化」に気づき、これが硬実性なんだ、と思いいたりました。

ちなみに、鳥獣の食性の研究者から、動物による被食は、発芽率を高めることが数多く報告されています（唐沢、一九八七、ロジャースほか、一九八三、ほか）。簡単にいえば、木から採取された多肉果の種子よりも、あるいは落下した多肉果の種子よりも、動物の糞から採取された種子の方が、発芽率が高い、ということです。それゆえ、苗木育成においては、多肉果を動物園のフルーツ食者に食べさせて、糞を回収し、硬実性を解消することも有効ではないか！と思われます。

なお、発芽率が低い理由は、休眠性が高いからであり、耐消化性の硬い壁が消化されるか、腐朽＝微生物による壁の消化がおこれば、発芽しやすくなります。このことが、土中に数年から十数年も埋まったまま発芽しない、埋土種子《まいどしゅし》をもたらしたのです。

林床に落ち、厚い落葉層の下にある多肉果の種子は、低温のため、休眠し続け、土中の微生物に徐々に硬実性を弱められ、風倒、掻き起こし、そのほかの環境の変化が生じると、太陽光が射し、地温が上昇して、発芽してくるのです。それゆえ、硬実の発芽率を高める手段としての土埋は、この応用である、ということになります。

上述のように、完熟した多肉果の種子は、硬実性が高いのです。しかし、経験的に知られていましたが、まだ十分に熟していない多肉果の種子は、発芽率が高い傾向にあります。それで、苗木づくりでは、外果皮に青みが残っているうちに果実を採取し、ただちに種子を取り播きせよ、といわれています。

このことは、多肉果の進化からみれば、果皮《かひ》と種皮の成熟のタイミングに関係しています。外果皮は、果実が未熟のときには緑色をし、やや成熟すると青みを残して着色し、完熟すると鮮明な色になるので

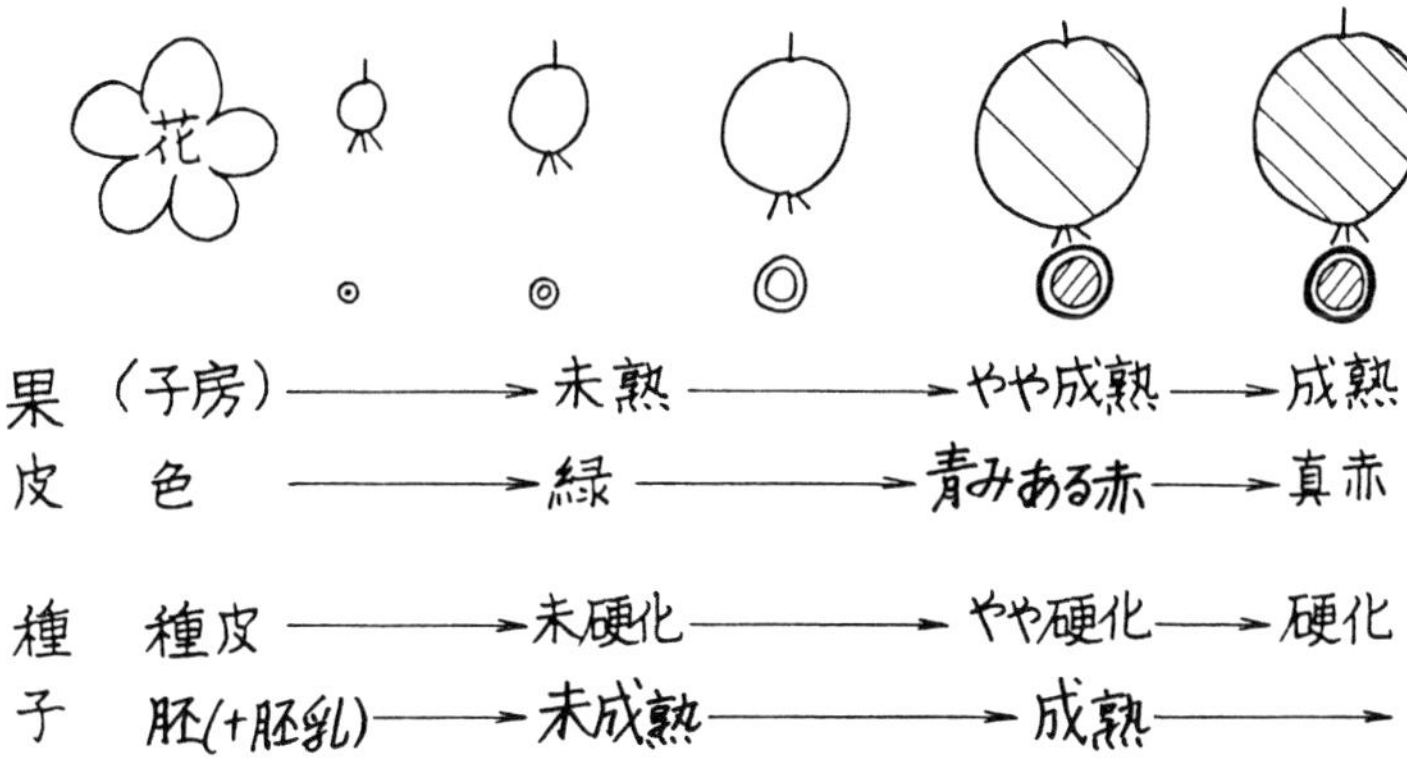

図71　果皮の成熟と種子の成熟の進行の模式図

す。他方、種皮は内部の胚（胚乳も含めて）が未熟なときには未発達であり、胚が成熟すると、やや硬化から硬化になるのです。つまり、種子が安全になると、外果皮も鮮明に着色する、ということです（図71）。

それで、胚が成熟して、種皮がやや硬化したころ、外果皮に青みが残る時点で、果実を採取し、取り播きすると、翌春に高い発芽率を得られるのです。ナナカマド、キハダ、イチイなどでは、こうして、これまでよりも、硬実性樹種の育苗が容易になりました。

耐陰性と遷移における後継樹種

こうした硬実性の樹種、つまり、多肉果をつける樹種は、被食型散布であるために、一斉林《いっせいりん》を形成することは稀であり、塒《ねぐら》やその周辺で、糞として散布される傾向にあります。

なぜなら、風散布型の種子は、大量に、裸地に着地し、いっせいに発芽・成長する傾向にあります。これに対して、動物（特に鳥）散布型の種子は、少量ずつ、先駆林《せんくりん》の林冠《りんかん》から糞として落下するからです。一般的に、鳥に種子入りの糞をしてもらうには、電柱や電線もそうですが、止まり木が必要です。果実食の獣も、裸地や開放地のようなオープンな場所よりも、林地のような隠された場所で糞をする傾向にあるようです。

　そのために、被食型の樹種は、実生《みしょう》・幼木という初期成長の段階では、多少とも耐陰性をもたなければなりません。落ち葉・腐植《ふしょく》が多ければ、微生物も多く、硬実性が緩和されやすくなる傾向が増します。しかも、光が不足するとはいえ、裸地に比較すると、林地の土壌は肥えています。

　つまり、多肉果をつける樹種の生き残り戦略は、耐陰性を獲得し、肥えた森林土壌に生育し、種子の運搬者たちに棲み家も食糧も与え、果肉を運賃とし、タネ播きを継続してもらう、ということになります。これが、被食型タネ散布の特徴といえましょう。

なお、サクセッション、つまり森林の時間的な移行（植生遷移《しょくせいせんい》）において、風散布樹種は、一般的に、陽性であり、先駆樹種（パイオニア）であって、一斉林を形成しやすい傾向にあります。
他方、動物散布樹種は、一般的に、稚樹《ちじゅ》の段階では、耐陰性をもつものが多く、サクセッションでは、後継樹種（サクセッサー）になる傾向にあります。広葉樹に限定すれば、森林の遷移はおおよそ、下のように要約されます。

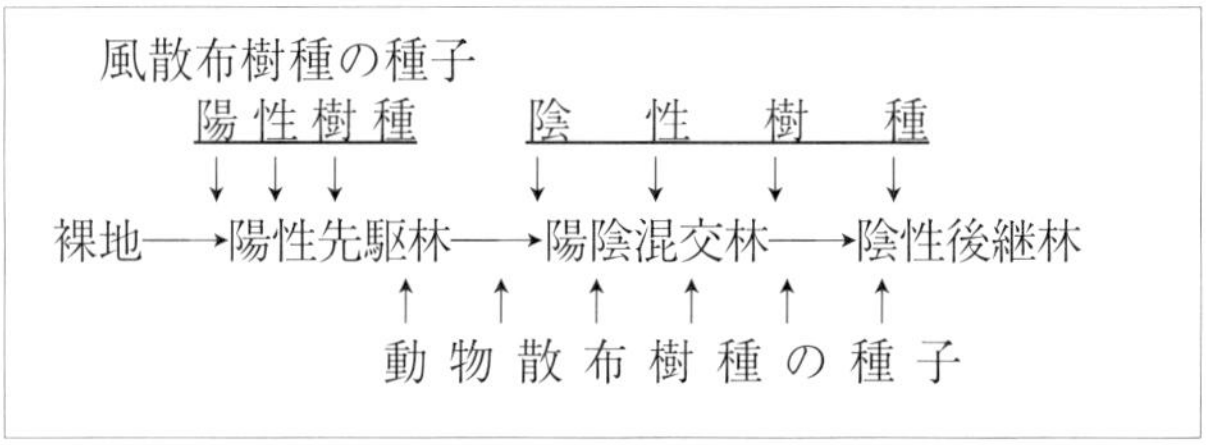

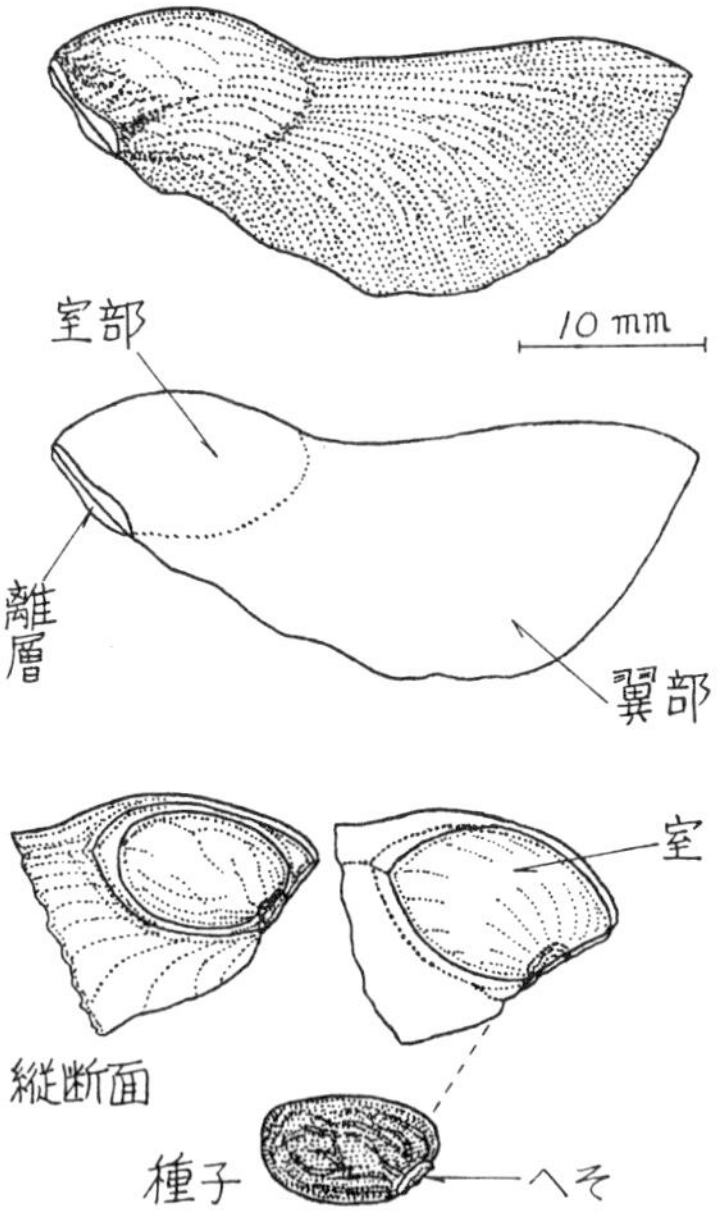

図72　イタヤカエデの分離翼果と種子
風散布のほかに、ナッツ食者による貯食型散布もある。

ちなみに、風散布樹種の陰性樹種（陰樹）には、イタヤカエデ、ヤチダモ、カツラなどがあります。ただし、イタヤカエデの分離翼果《ぶんりよくか》（図72）およびヤチダモの翼果には、貯食《ちょしょく》型の動物散布も知られています。

サクセッションを北海道の広葉樹にあてはめれば、おおよそ、つぎのようになります。

丘陵山火事跡地→シラカンバ林→ミズナラ・シナノキ・イタヤカエデ林

河畔洪水跡地→オノエヤナギ林→ドロノキ・ハルニレ林→ヤチダモ林

なお、針葉樹も加えると、つぎのように、サクセッションは複雑になります。

裸地→陽性広葉樹林→陽陰針広混交林→陰性針広混交林→陰性針葉樹林

そして、低木類やササ類も加わると、高木類の稚樹・幼木の成長が妨害されるので、サクセッションはより複雑になります。

さらに、萌芽《ほうが》・根萌芽《ねほうが》・伏条《ふくじょう》・地下茎ほかの栄養繁殖を考慮すると、先住の樹種が種子で侵入してくる樹種の成長を妨害するので、サクセッションは、ますます複雑になります。

2　地下子葉性の発芽

被子《ひし》植物の双子葉類では、大半の種で、発芽すると、その名のとおり、双葉が地上に出てきます。しかし、少数ではあっても、双葉が地下に止まったままの種もあります。こうしたちがいは、どのような背景をもっているのでしょうか？　これは、動物散布に由来する、と考えられます。

地上子葉性と地下子葉性

被子植物の双子葉類は、子葉《しよう》が二枚あり、地上に双葉をもち上げるから、そう呼ばれるのです。この子葉は、発芽して、胚軸《はいじく》にもち上げられ、地上に出て来て、最初の光合成《こうごうせい》をおこない、種子の、発芽時に消費された分の残りの栄養分と光合成の栄養分を合わせたものにより、本葉《ほんば》を展開させ、茎を伸ばしてゆくのです。

種子の発芽条件は、温度と水分、そして光です。すでに述べたように、覆土《ふくど》されていれば、水分がありますから、地温さえ上がれば発芽できます。そして、無機質から有機質をつくり出す光合成が始まるのです。発芽は、根の伸長と双葉の地上へのもち上げとからなり、このときに、胚軸が役立つのです。お馴染みの豆もやし（ダイズ、図22参照）ほかの食品は、双葉を地上にもち上げる器官としての胚軸を主体に食べるのです。

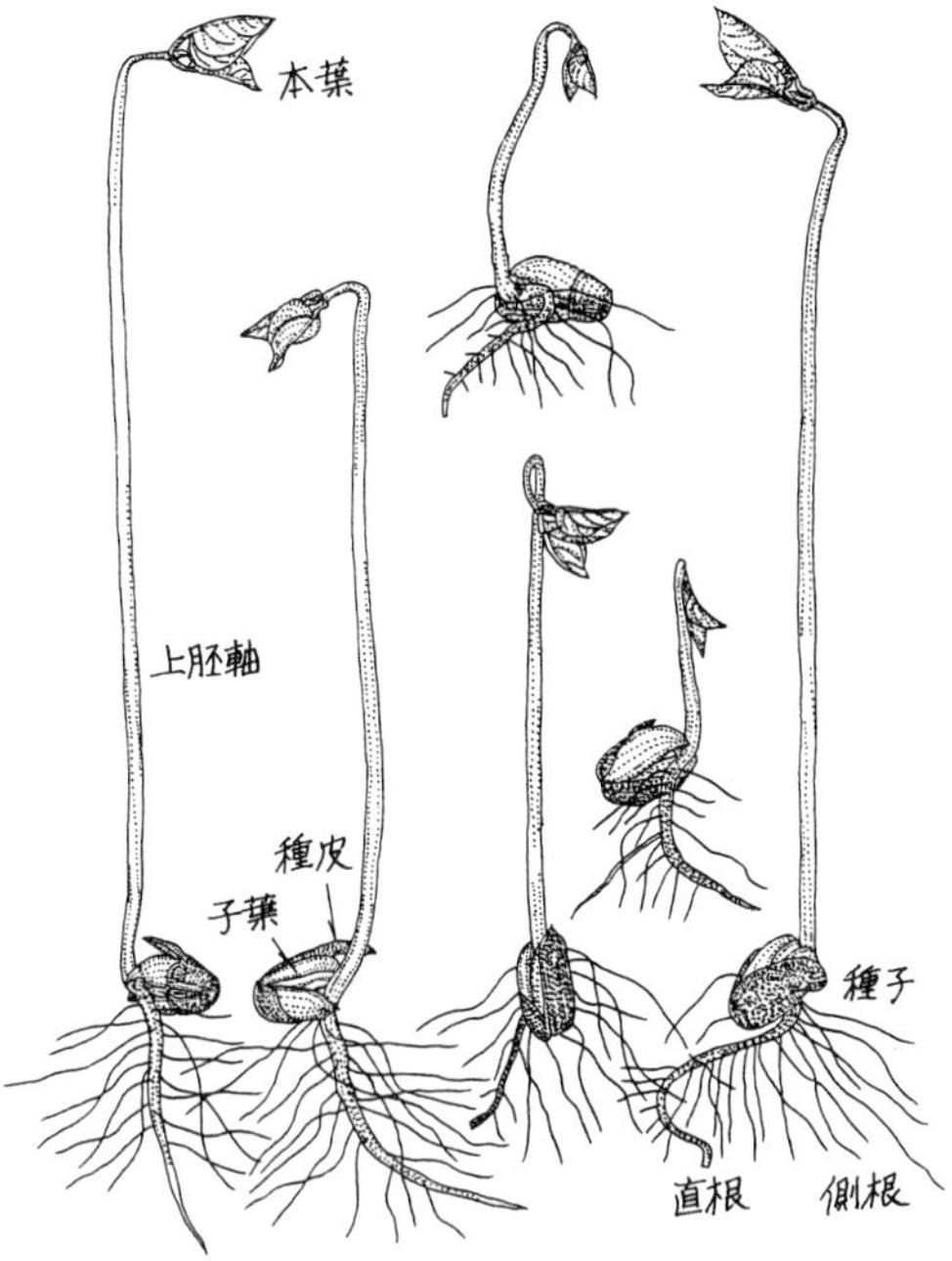

図73　アズキの地下子葉性の発芽
アズキの子葉は地下に残り、胚軸も発達しない。それで、胚軸の代わりに、上胚軸が本葉を地上に送り出す。
ダイズは地上子葉性であり、胚軸が双葉を地上にもち上げる（図22参照）。

けれども、自然界にはしばしば例外があり、こうした地上子葉性とは異なり、双葉を地下に止めたまま、本葉を地上に出すタイプもあります。

地下子葉性

草本では、同じマメ科でも、ダイズ、インゲンマメなどとは異なり、アズキ、エンドウ、ラッカセイ（図23参照）ほかが地下《ちか》子葉性《しようせい》です。これらは、栽培種であり、主要な農作物でもありますが、農家や菜園主は、つぎのことを知っています。つまり、害鳥としてのハト類によって、地上《ちじょう》子葉性《しようせい》のダイズ、インゲンマメほかは食害を受けやすい傾向にあり、ハトは、まだ栄養の残っている双葉を食べます。ところが、アズキ、エンドウ、ラッカセイでは、直接に本葉が地上に現れるので、ナッツ・シード食者のハトは、地下の双葉を食べにくいのです。

図73に示したように、アズキでは、子葉が種皮《しゅひ》内

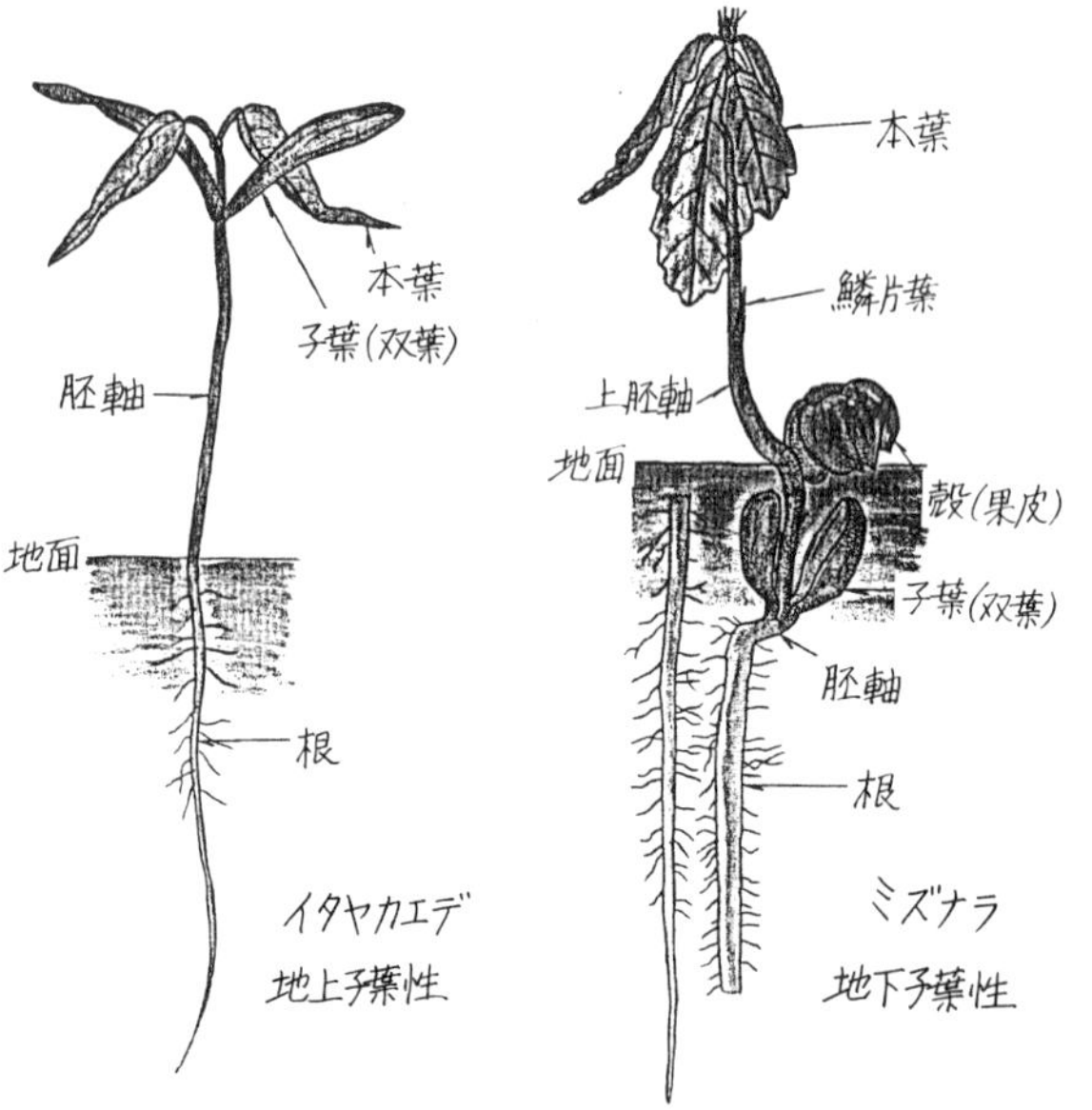

図74　地上子葉性と地下子葉性の比較
イタヤカエデの子葉は、地上に展開し、最初の光合成をおこなう。ミズナラの子葉は地下に止まり、栄養の貯蔵庫になっている。

に止まり、用がない胚軸はほとんど発達しません。そして、本葉を地上にもち上げる器官は、上胚軸《じょうはいじく》です。ダイズとちがって、アズキは「もやし」になりにくい、といえます。つまり、発芽に際して、胚軸が活躍するダイズと、上胚軸が活躍するアズキとのちがいは、誰の目にも明らかです。

双子葉類の木本では、カエデ類は、ダイズと同様に、地上子葉性ですから、胚軸がタネ（翼果）をもち上げ、大きい子葉を地上に展開し、その後に本葉が現れます。これに対して、ミズナラは、アズキと同様に、地下子葉性発芽ですから、上胚軸が本葉を地上にもち上げて、子葉が地下に残ります。両者のちがいが、図74からわかるでしょう。

サクラ類では、小粒の果実、これは核果《かくか》でタネは内果皮《ないかひ》つき種子ですが、このタイプの果実をつける種、野生種のエゾヤマザクラ、シウリザクラなどや、栽培種のユスラウメ、セイヨウミザクラほかは、地

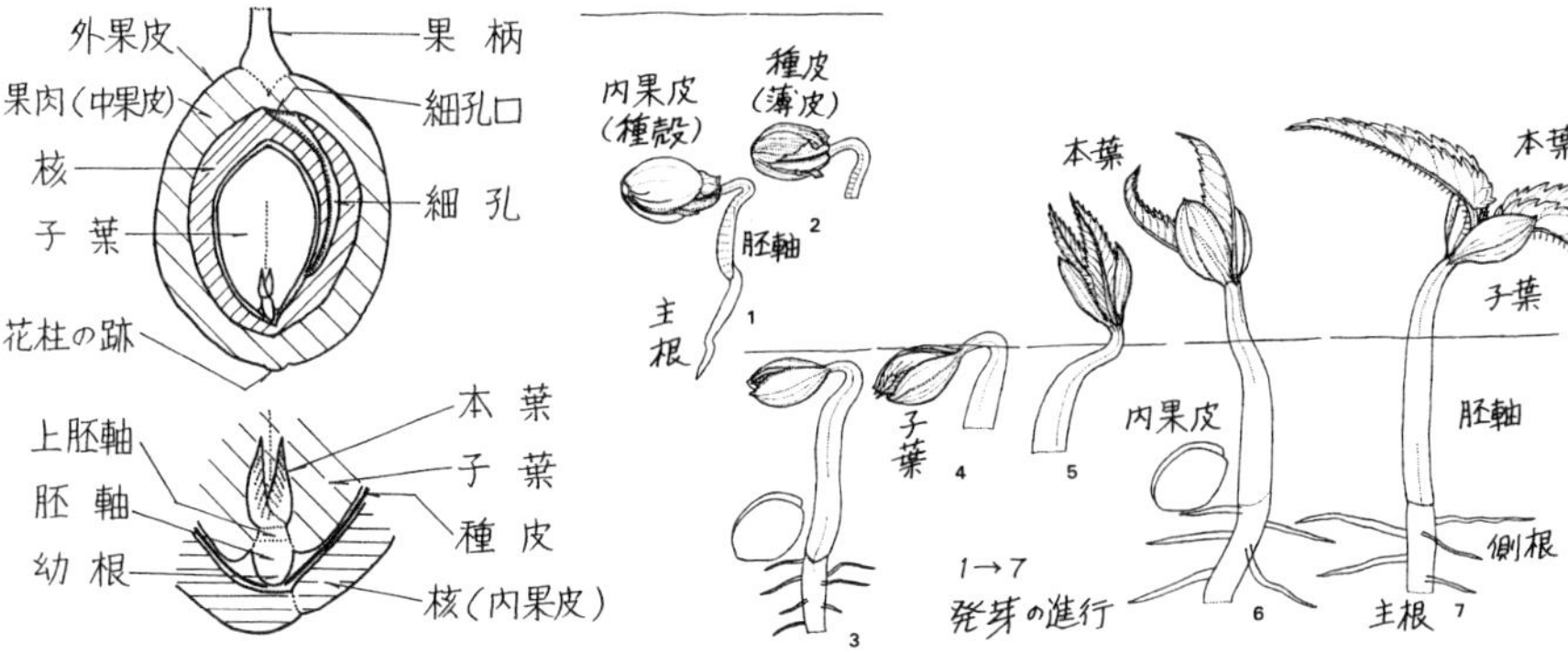

図75　エゾヤマザクラの核果の縦断面および発芽の進行
硬い核には、通気・通水の細孔がある。重く大きい内果皮（種殻）は、地下に置き去りにされ、子葉だけが地上に出る。子葉が開くと同時に、本葉も開く。子葉は本葉が地上に出るまで、その保護器官的な役割を演じる。

上子葉性です。ところが、大粒の果実をつける栽培種のウメ、スモモ、モモ、アーモンドほかは、地下子葉性です。そうすると、サクラ属のうち、どの種が、両者の境界に位置するのでしょうか？

図75は、エゾヤマザクラの発芽です。地上子葉性の多くの種では、双葉をもち上げる際に、種皮《しゅひ》（種殻《しゅかく》）も地上に出てきますが、これは、双葉を、本葉もいっしょに地上にもち上げ、種皮は地下に残ります。種皮が地下から出るには、土粒子の抵抗が大きいからではないか、と考えられます。

つまり、サクラ類にかぎらず、大粒のタネは、大型化すれば発芽の際に子葉を地上にもち上げにくくなるので、地下子葉性にならざるをえない、といえましょう。そして、大粒のタネの多くはナッツですから、この地下子葉性発芽が貯食《ちょしょく》型動物散布に密接に関係している、と考えられます。

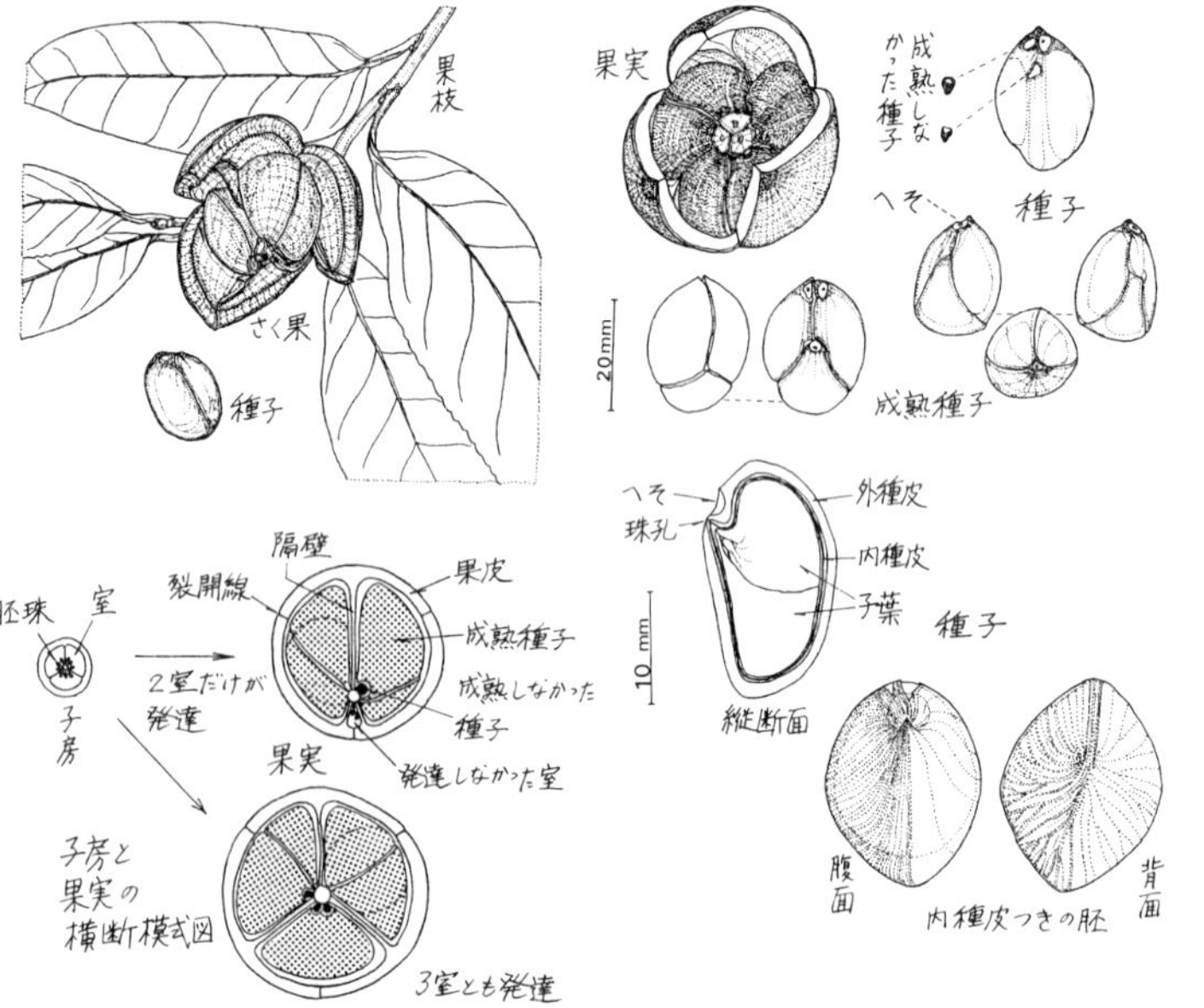

図76　ツバキの果実（さく果）と種子
１子房に９個の胚珠があるが、種子に成熟するのは３〜７個である。大粒の種子は、小粒の種子より、硬い種皮（種殻）の比面（＝表面積÷体積）が小さい。

種子の大型化

第二の、種子の大型化はどうでしょう。

大粒のタネは、果実の場合も、種子の場合も、原始的な多数の小さい粒から、少数化によって大粒になってきた、と考えられます。つまり、全体の生産量が同じ重さであれば、少数化によって、大粒化が可能になります。

図76は、ツバキの果実（さく果）と種子です。ツバキでは受粉・受精の際には一花に九個の胚珠《はいしゅ》があります。しかし、胚珠が発達して種子になると、三〜七個の種子に数が減ります。未発達の種子、これはむしろ胚珠のままとでもいった方がいいかもしれませんが、それがゴマ粒のように見出されます。このことは、数を減らして、大きい種子をつけ、リス類やアカネズミ類のような種子散布動物に好んで食べられ、貯食されるためでしょう。体積と表面積の関係からみても、同じ重量であれば、数個の小粒種

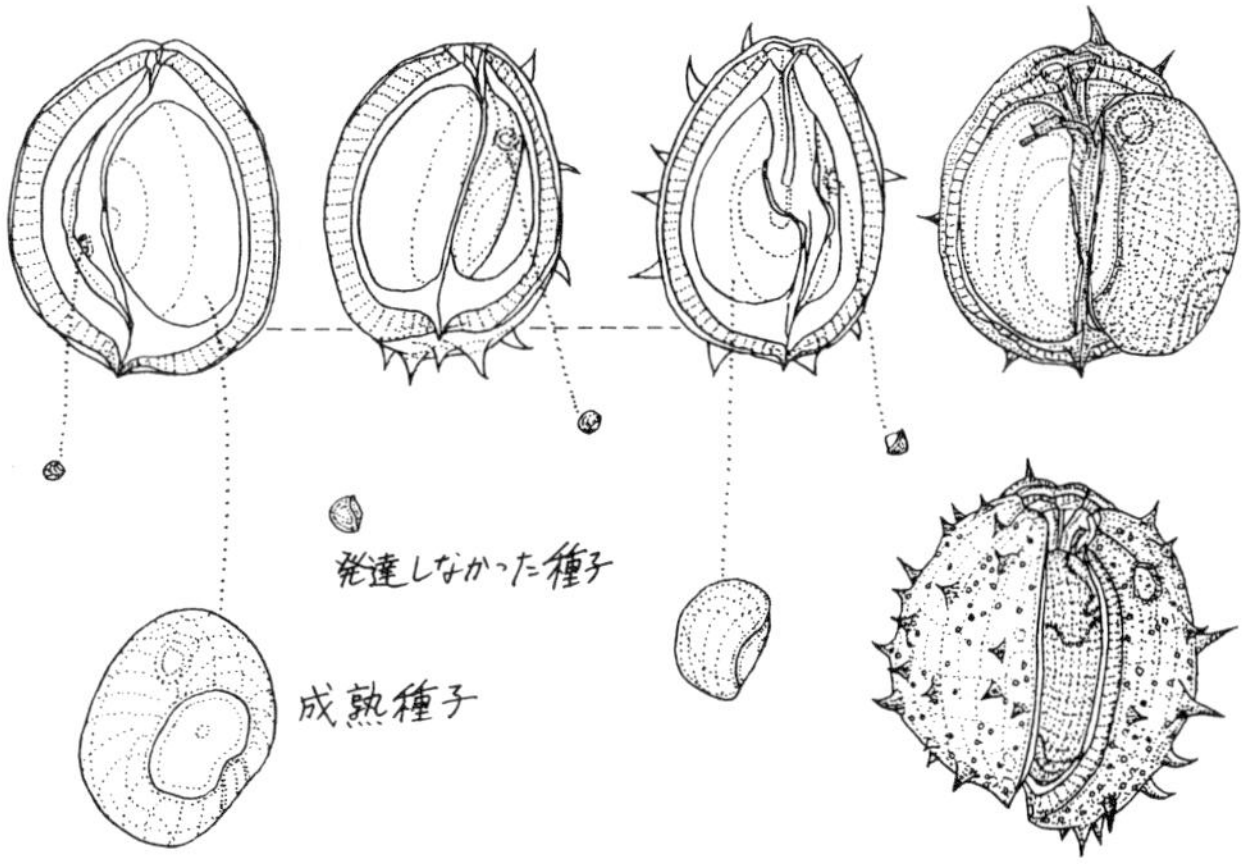

図77　セイヨウトチノキ（マロニエ）の果実（さく果）と種子
１子房内の胚珠は６個であったが、果実になると、成熟種子は１～３個にすぎない（図1参照）。

子の方が、一個の大粒種子よりも、表面積の比率（比面《ひめん》）が高いことになり、それだけ、あの硬い種皮をつくるために、より多くのエネルギーが割かれてしまいます。

　トチノキ類でも、同様です。図77は、セイヨウトチノキ（マロニエ）の果実（さく果）と種子です。タネ取りすると、一個のさく果の中には、クリに似た一～三個の種子が入っています。そして、気をつけると、ゴマ粒状の小さい種子が見出されます。これらもあわせると、トチノキの花（子房《しぼう》）は、本来六個の胚珠をもっていて、さく果になると、半数以下が成熟することになります（図1のトチノキ参照）。大粒の方が、ナッツ食者に好まれるからでしょう。

　ちなみに、トチノキには有毒成分のサポニンが含まれているため、ヒトはアク抜きして栃餅《とちもち》をつくります。リスは、この成分を分解する酵素《こうそ》をもたない

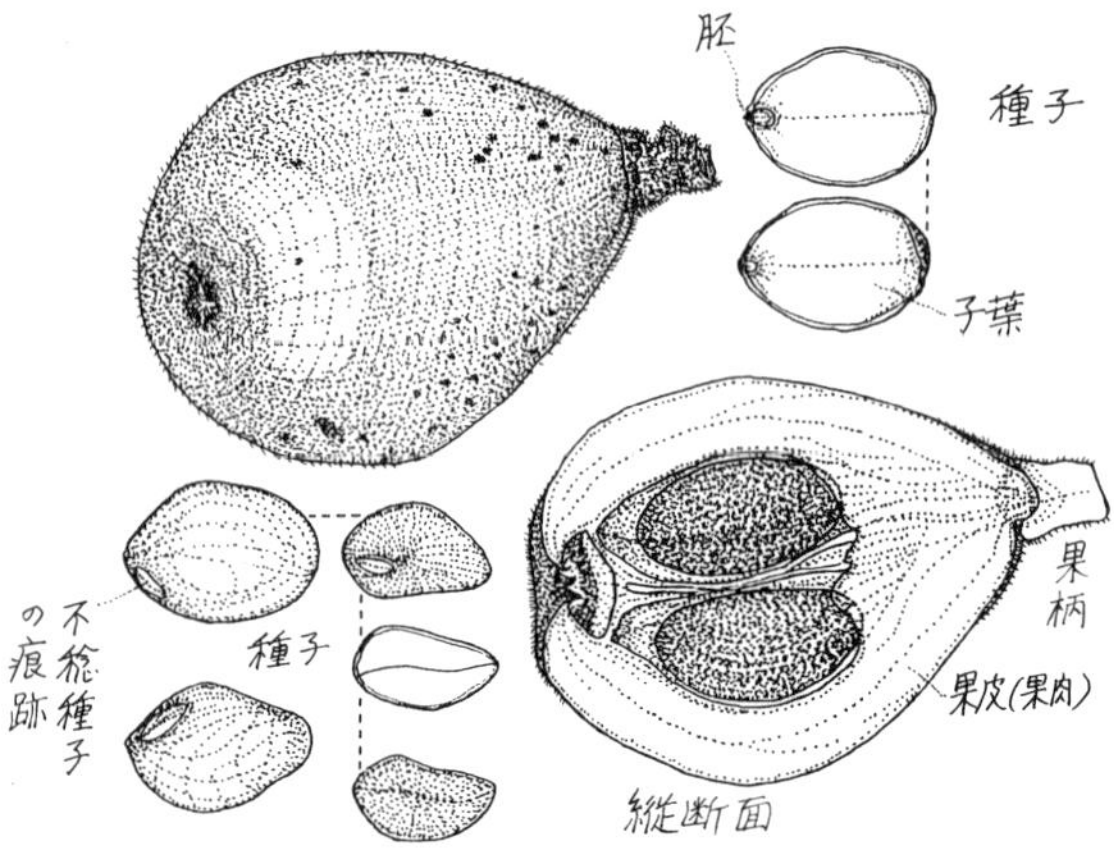

図78　ビワの果実と種子
多肉果のビワにも、不稔種子（未発達の胚珠）がみられる。
胚＝幼根＋胚軸＋幼芽

ためか、トチノキの種子を食べません。食べるのは、ネズミ類だけのようです。

ビワの果実も、成熟種子と未発達種子をもっています。ビワは、図78のように、形態的には多肉果《たにくか》（なし果のグループ）ですが、種子の大きさからみて、貯食型散布もしてもらっている、と推測されます。

つまり、種子や果実の大型化は、数を減らして、運搬を便利にし、タネの表面積を減らして壁を厚くし、ナッツ食者に好まれ、選択されて、樹種が生き残る戦略のように考えられます。

それでは、堅果《けんか》であるミズナラのタネ（ドングリ）と、殻果《かくか》であるオニグルミのタネとについて、貯食と地下子葉性の関係を検討してみましょう。

ミズナラの堅果の貯食と地下子葉性

ミズナラ、コナラ、カシワなどのコナラ類では、タネが堅果そのままであり、代表的なナッツであって、ドングリ（団栗）と呼ばれます。これらは、無胚乳種子《むはいにゅうしゅし》を含んでいます（図22参照）。

これらの堅果は、大きく、重く、翼がなく、フルーツ型の果肉もないので、すでに述べたように風散布も被食型散布《ひしょくがたさんぷ》も期待できません。重力による落下・下方への移動、水流や海流などによる散布も考えられますが、その短い距離、下方への移動、土埋《どまい》の可能性、そのほかの発芽条件を検討すると、堅果は、動物による貯食型散布に頼らざるをえません。

ミズナラの堅果を貯食する動物、およびそれらの貯蔵方式は、北海道にかぎると、エゾリス（分散貯蔵のみ）、シマリス（巣穴貯蔵と分散貯蔵）、エゾアカネズミ（巣穴貯蔵と分散貯蔵）、ミヤマカケス（分散貯蔵のみ）、ほかです（図65参照）。

ちなみに、北アメリカには、ドングリゲラ（ドングリキツツキ）がいて、樹幹《じゅかん》の小孔にコナラ類の堅果を貯えます（グティエレツほか、一九七八）。しかし、樹幹に貯えられた堅果は、乾燥してしまうし、落ちても覆土《ふくど》されにくいので、発芽条件が整いません。それゆえ、このケースでは、貯食ではなく、単なる食糧の貯蔵にすぎません。

上胚軸休眠

さて、ミズナラの堅果は、地面に落下したものを拾っても、枝からじかに採取したものでも、ビニール袋に入れておくと、袋の中に水蒸気が溜まってきます。堅果が休眠しないで、呼吸しているからであり、机上に置くと、たやすく乾燥して、枯死します。それで、取り播きするのですが、不思議なことに、秋には根だけが伸び、地上部（上胚軸）は春まで伸びません。この現象は、上胚軸休眠《じょうはいじくきゅうみん》と呼ばれています。落ち葉の下で根を出しているドングリをみかけることがあります（図64参照）。

ちなみに、根を秋に伸ばす理由としては、第一に、堅果が転がらないように「生きた杭」の役割をする。第二に、乾燥しないように、越冬中も根から地下の「水分を吸う」、などが考えられてきました。しかし、私は、春になって根を伸ばすより、本葉のもち上げが早く、光合成が早くスタートでき、いちばん大事な一年目の成長量を大きくできる、ということがその理由だろう、と考えています。このことは、春播きの堅果と比較すれば、きわめて明らかであって、北海道の場合には、ほぼ半月のちがいがあります。すなわち、取り播きなら、五月中旬から下旬に本葉を展開できます。しかし、雪解け後の春播きでは、播いてから一週間あまり後に発根し、本葉がもち上がってくるのは六月上旬になってしまいます。この半月は、ほぼ四ヶ月間ある光合成期間の約八分の一にすぎませんが、夏至のころの、日照時間のもっとも長い季節の半月ですから、ミズナラの一年生苗木のサイズに、たいへん大きく影響します。

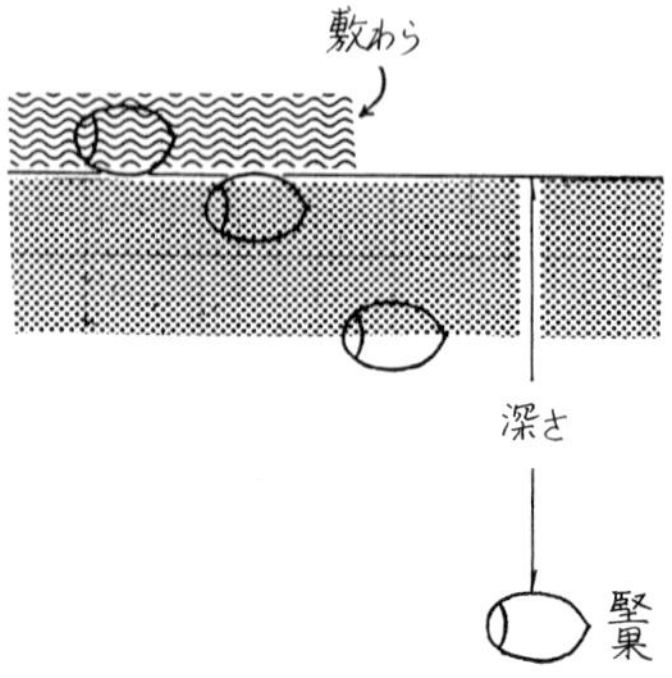

図79　ミズナラの堅果の深さ別の播種試験

播種の深さ別試験

ドングリは、地下子葉性の発芽ですから、子葉が地下に止まり、直接に、本葉が地上に展開します。そこで、私は、まず第一に、苗木づくりでよいものを育成するには、点播《てんま》きされるタネの深さは、どのくらいが適切であるか、第二に、動物の貯食により、地下に埋められた場合、どのくらいの深さまでなら発芽が可能であるのか、苗畑において、取り播きにより、深さ別の播種試験をしてみました。

播種の深さは、地上、地下〇センチメートルから一〇センチメートルとし、全体に敷きわらを施しました（図79）。敷きわらは、苗床の乾燥防止および地上のドングリが動物によってもち去られないように、防止策を兼ねています。


春になって、ほぼ、深さに応じて、順々にマッチ棒のような上胚軸が地上に現れ、つぎつぎに本葉を展開しました（図80）。

深播きで、発芽が確認されないものは、苗畑から掘り出して観察し、発根も発芽もしたのに、深すぎて地上まで上胚軸をもち上げられなかったことが明らかでした（図67参照）。

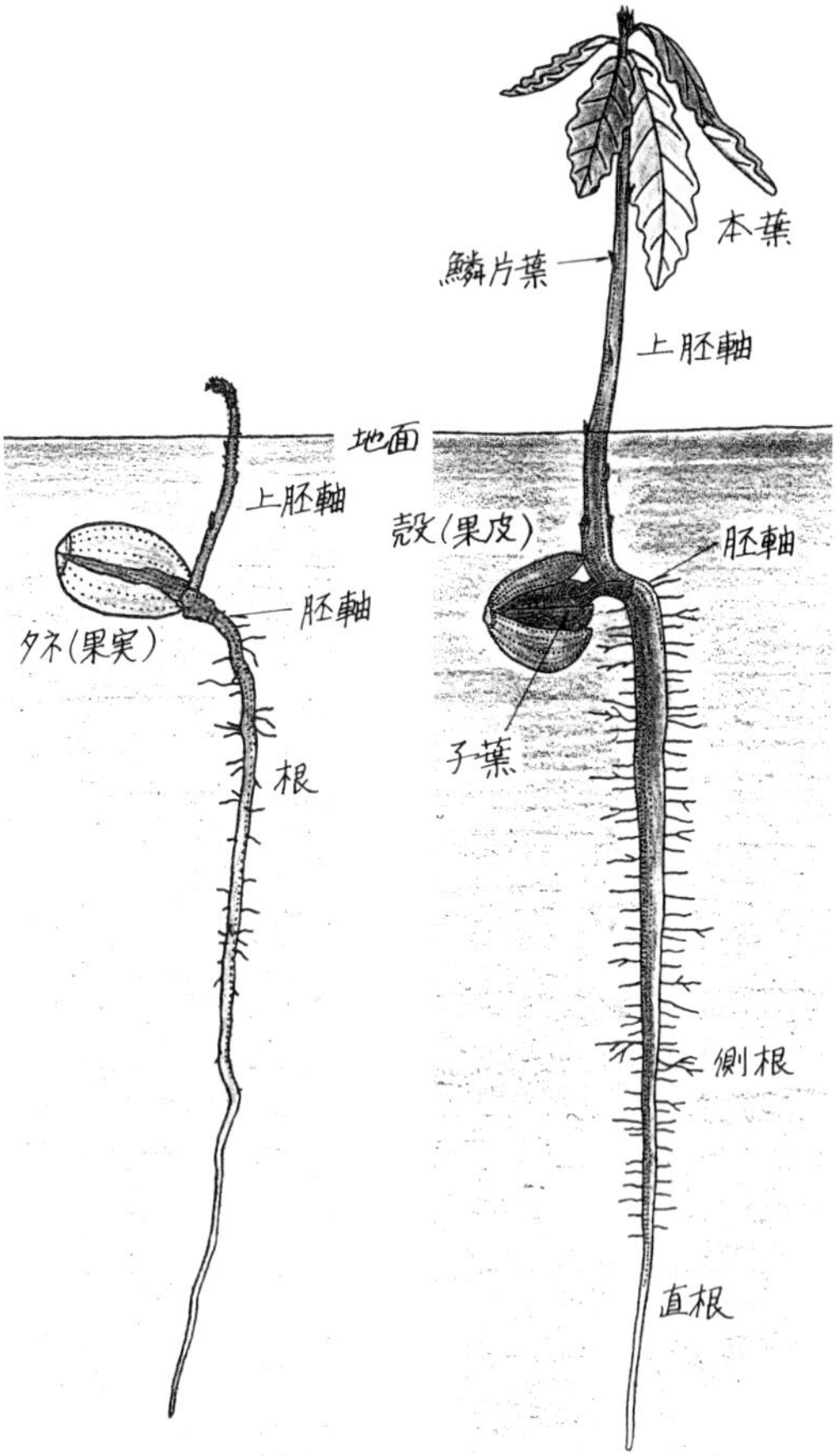

図80　ミズナラの地下子葉性の発芽
子葉が地下に止まり、上胚軸の頂端には本葉が展開する。

そして、その年の秋に測定した数値を、表6に示しました。

浅播きと深播きのちがいは、まことに明らかです。浅播きであれば、根の発達も良好で、上胚軸が早く、容易に地上に出て本葉を展開できますし、本葉そのものが大きく、地上高くつきます。タネの貯蔵栄養分によって伸ばしうる上胚軸の長さが、ほぼ一定であるからなのです。早い発芽は早い光合成を可能にし、二次伸長も可能にしますから、一年生苗木の成長量が大きくなります。苗畑実験では、深さ三センチメートル前後の点播きが、苗木としてもっとも適当な形態を示し、サイズも申し分ありませんでした。

他方、深播きでは、通気性・透水性の問題から、根が発達しにくく、上胚軸に不定根が発生するほどでした。上胚軸は、地上に出にくく、出ても遅く、小さい本葉を、地上低く展開することになりました。深播きのため、発芽に栄養分の多くが消費されてしまった、と考えられます。深さが一〇センチメートルくらいが、発芽の限界です。そして、光合成期間が短いので、二次伸長もほとんどなく、一年生苗木の成長量が小さいままに、苗木という商

表6　ミズナラの深さ別播種実験における1年生苗木の成長量

深さ (cm)	発芽率 (%)	地上高 (cm)	二次伸長量 (cm)	二次伸長率 (%)	上胚軸長 (cm)	不定根	乾重 (g)
地上	74	13/6-22	5/2-10	78	8	--	8.1
地下 0	74	13/6-24	4/1-10	84	9	--	8.5
1	67	9/4-19	4/1- 9	61	6	--	9.0
2	74	10/3-22	4/1- 9	70	8	--	7.5
3	63	8/2-14	4/1- 9	71	7	--	8.0
4	54	9/2-16	4/1-10	74	9	○	8.6
5	78	9/3-19	5/1-11	69	9	○	5.8
7	41	8/3-14	4/1- 8	59	11	○	4.7
10	17	5/1-11	4/1-11	33	11	○	3.7

発芽率は、各区とも54粒のうち、地上に出たものの比率。地上高と二次伸長量は、平均／最低－最高。乾重は、着葉した苗木を、地下15cmで根切りして計測。

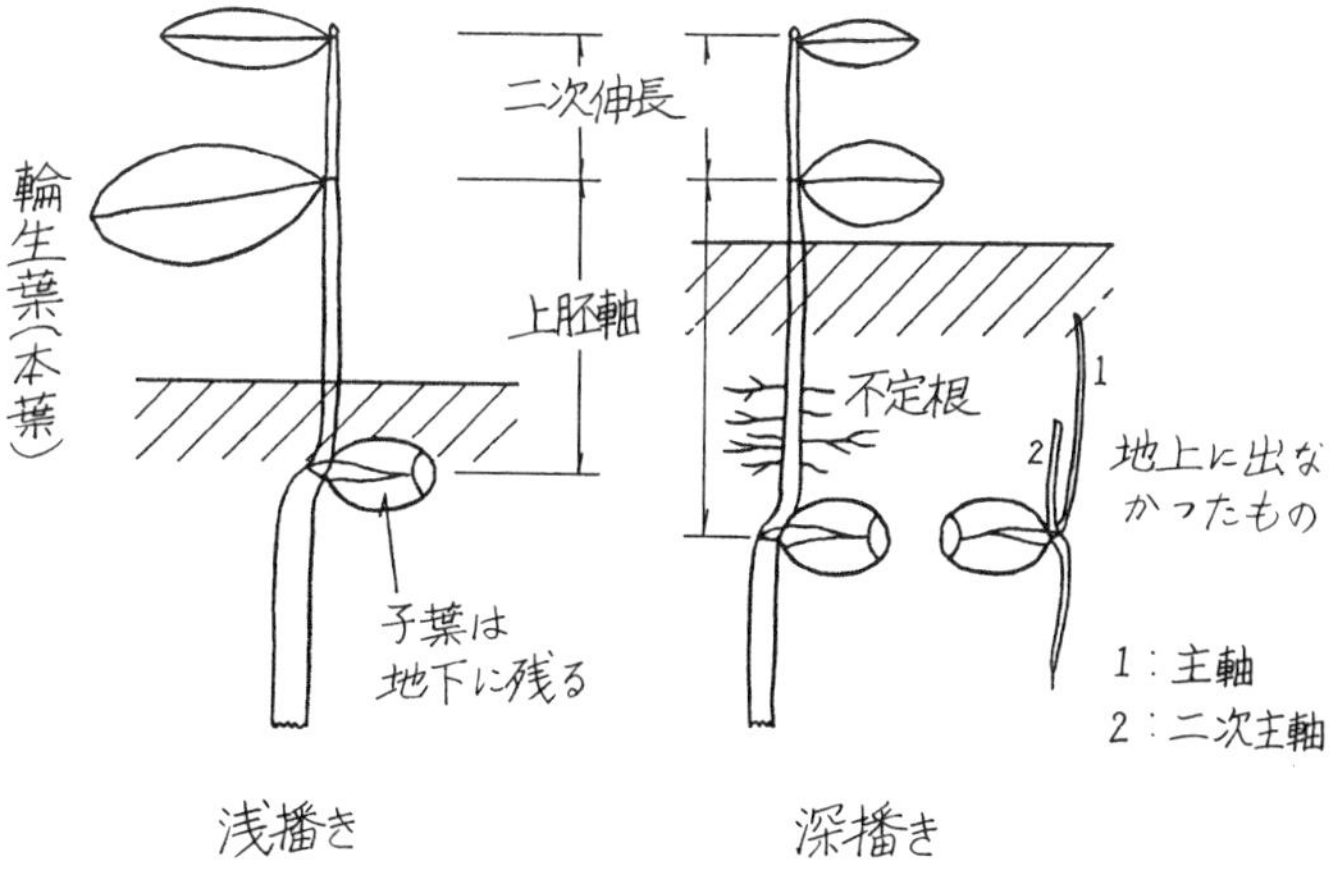

図81　ミズナラの深さ別播種試験からの、芽生えの形態のちがい（模式図）
上胚軸の長さは、ほぼ一定であり、タネが深く埋められると、苗高（地上高）が小さくなる。

品としては不満足なものに終わりました（図81）。

こうしてみると、ある程度の深さに埋められてもよいように、地下子葉性に適応《てきおう》進化したタネであり、上胚軸休眠まで進んだタネであるといっても、ミズナラの場合には、深さに限界があることが判明しました。

蛇足ながら、ミズナラの育苗では、まず第一に、長すぎる直根《ちょっこん》の取り扱いにくさ、第二に、床替えによる成長の遅滞が問題でした。私は、播種実験やミズナラ造林を通じて、苗畑技能員とともに、図82のような、根切り据え置き方式を開発して、それまで三年間（二回ずつの根切りと床替え）を要した苗木生産を、二年間でできるように改良しました。そのため、育苗年数が三分の二となり、床替えも不要になって、労働力も削減でき、生産コストを大幅に下げることができました。

堅果の大粒化

タネは、地史的には、微小なものから大きなものへ、風散布から動物散布へと、形態的な進化が生じてきた、と推測されます。その好例として、ブナ目の木本類があります。ブナ目は、ブナ科とカバノキ科に大別されますが、いずれの種においても、散布されるタネが堅果であって、果実そのものであり、無胚乳で、総苞《そうほう》に包まれて成熟します。

カバノキ科では、ハンノキ属やシラカンバ属のように、タネが微小なものは、翼果であって、翼の大小にかかわらず、風散布されます。そして、クマシデ属やアサダ属のように、タネがもう少し大きいものは、小堅果であって、総苞ごと風散布されます。ただ、動物による貯食型の散布の可能性も否定はできません（図38参照）。さらに、ハシバミ属のように、タネが大きいものは、貯食型の動物散布です。

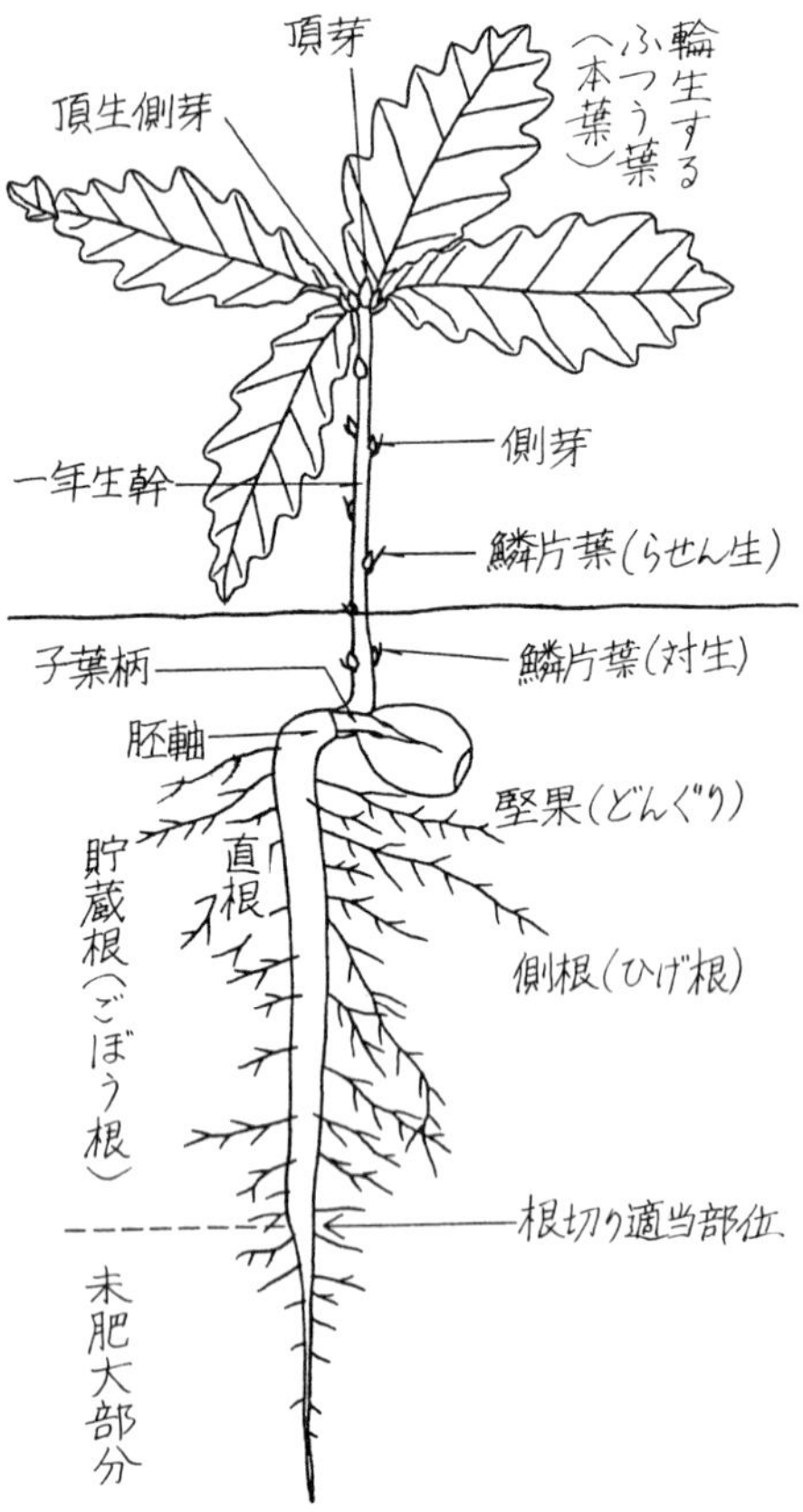

図82　ミズナラの１年生苗の各部分の用語
根切り・据え置き方式の育苗では、貯蔵根を切らないように、地下15cmあたりで根切りし、そのまま据え置いて、床替えしない。

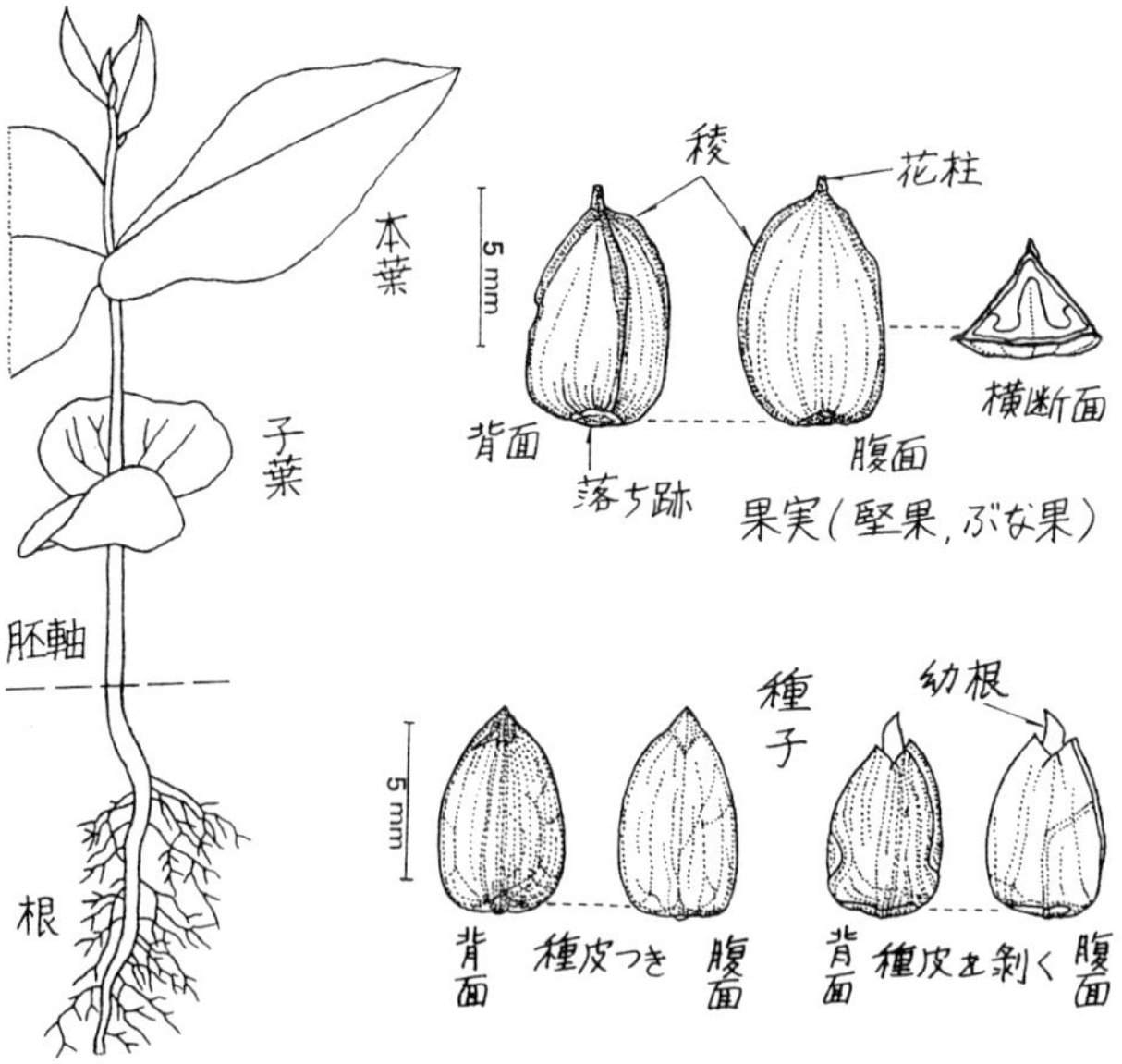

図83　ブナの堅果、種子、実生
ブナ（ブナ科ブナ属）は、地上子葉性であり、散孔材である。同じブナ科でも、コナラ属の種は、地下子葉性であり、環孔材である。

他方、ブナ科では、ブナ属、クリ属、コナラ属など、いずれもタネが大きく、貯食型の動物散布です。一つの総苞に包まれている堅果は、ブナ属が二個、クリ属が三個、コナラ属が一個です。ちなみに、ブナの総苞はそのまま総苞と呼ばれますが、クリのそれはイガと呼ばれ、コナラのそれは殻斗《かくと》（皿、帽子）と呼ばれます。

また、同じブナ科に属していても、ブナ属は旧式の、地上子葉性の発芽をし（図83）、散孔材《さんこうざい》です。他方、クリ属とコナラ属は、もちろん新式の、地下子葉性の発芽をし、環孔材《かんこうざい》です。

図84に、ブナ目の形態的・生態的な系統進化を要約しておきました。

双子入り堅果

なお、タネの大型化に関係して、クリ、ミズナラなどでは、多種子入り堅果が見出されます。一個の

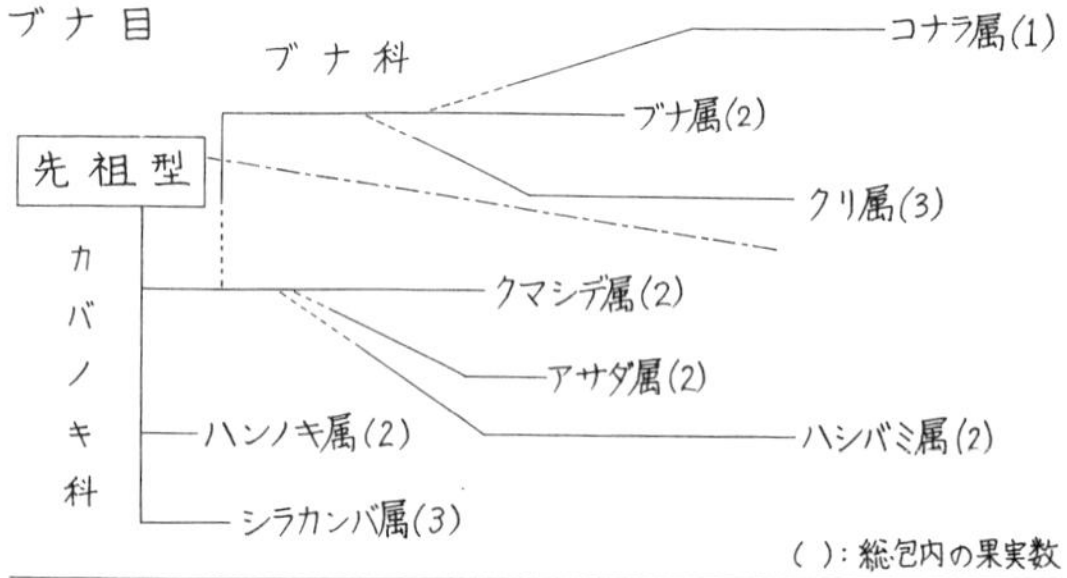

花序（果序）	球果状の尾状	尾状	頭状	
果実数／果序	きわめて多数	多数	少数	
総包	鱗片状	葉状・袋状	革質・袋状	盃状
果実	有翼，小	無翼，中	無翼，大	
種子	無胚乳			
発芽	地上子葉性		地下子葉性	

図84　風散布から貯食型散布への小進化の観点からみた、ブナ目における１果序の果実数の減少と１果の大型化（推定；図1、8、38、83、88参照）。

堅果の中に一個の種子が入っていれば正常ですが、二個以上の種子が入っている場合があるのです。発生的に、ミズナラでは、一子房の中には六個の胚珠が入っていて、正常では一胚珠のみが成熟種子になります。しかし、ときには、二胚珠以上が成熟種子となるのです。この現象は、上述のツバキ、トチノキ、ビワなどの成熟種子と未発達種子の関係（図76-78）とは、いくらか異なります。これらのさく果や多肉果では、散布に際して、種子がタネですから、それぞれフリーになります。しかし、クリ、ドングリでは、堅果がタネですから、種子はフリーになれません。

ちなみに、クリの栽培家は、二個の場合を双子、三個の場合を三つ子と呼びます。双子や三つ子は、商品価値がありません。なぜなら、食用ナッツとして、渋皮《しぶかわ》と呼ばれる種皮を剥くとき、種子間の内側にある渋皮を剥けないのです。剥けても、一粒当たりの種子、食用になる果肉は子葉ですが、この食用部は小さく、形も悪いのです。そして、育苗についても、双子堅果は厄介者です。双子の場合、一個のタネから二本の苗木ができます（図85）。しかし、多くの場合に、これら二本のうち、片方が大きく、

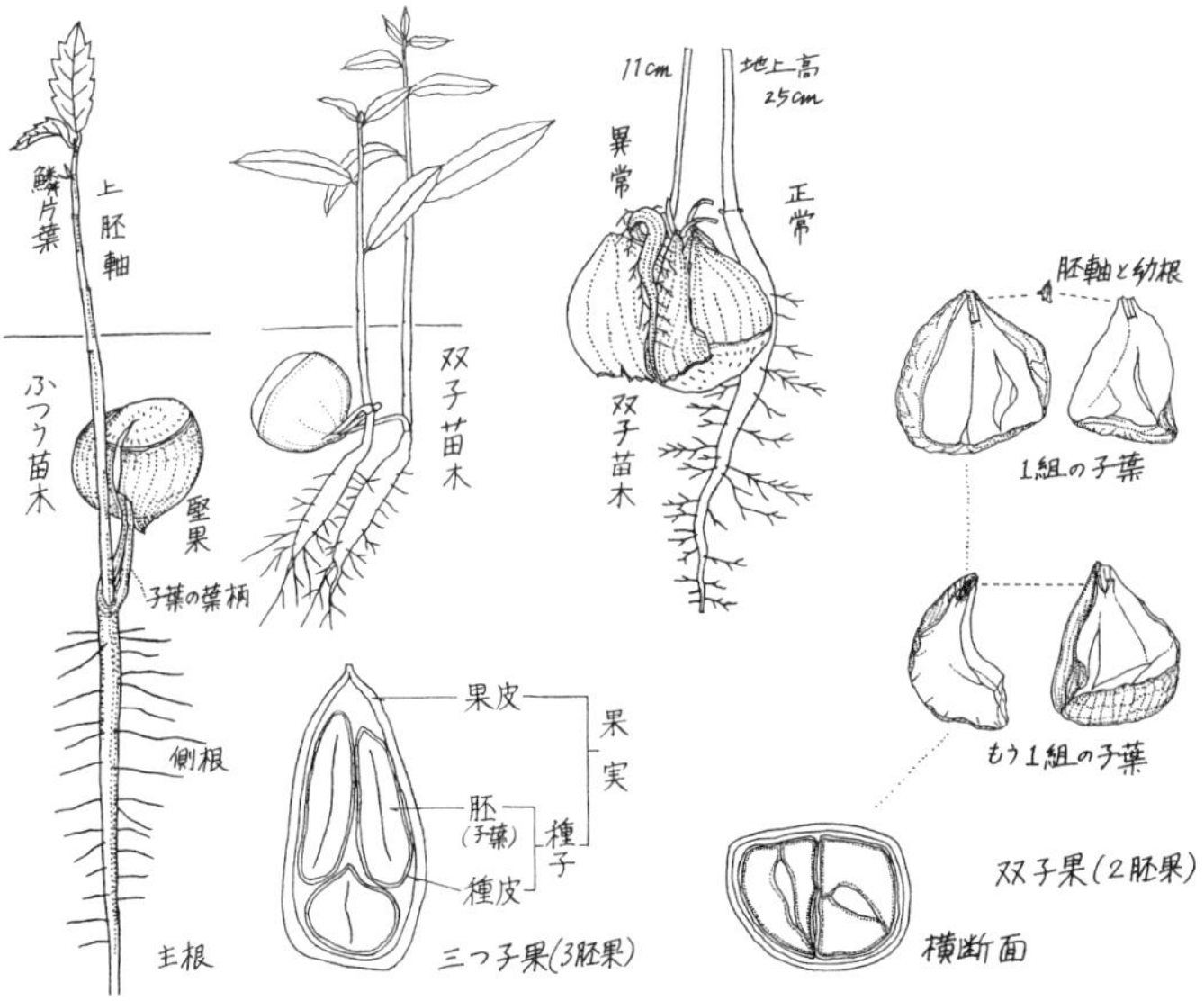

図85　クリのふつう苗木、堅果、双子果、三つ子果、双子苗木
ふつう苗木に比して、双子苗木はサイズが劣るし、異常な形態の苗木にもなる。

もう片方が小さい傾向にあります。苗木として、無傷で分けることができますが、一果一種子からの苗木に比較して、サイズが小さめです。

ミズナラでも、ときには、双子苗木が見出されます。そして、地下のドングリがみえないので、二股苗木とみまちがう場合もあります。双子苗木は二本に分離できます。しかし、二股苗木は、図86に示し

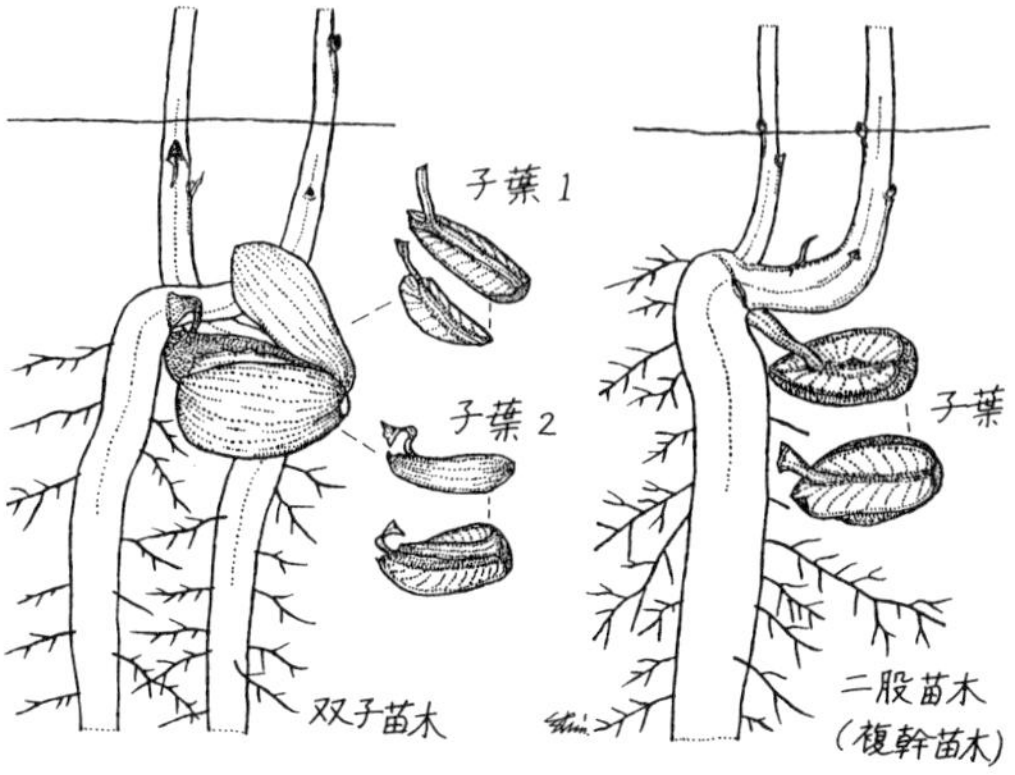

図86　ミズナラの双子苗木と二股苗木
双子苗木は1果2胚に由来し、二股苗木は頂芽異常からの萌芽性に由来する。

たように、本葉食いなど病虫獣害による頂芽《ちょうが》異常《いじょう》で、側芽《そくが》ないし、子葉柄の腋芽《えきが》から萌芽《ほうが》した二娘幹ですから、分離できません。

タネから親木になるまでの生き残り

以上のように、ミズナラのような堅果類は、大粒化し、好食され、地下子葉性を獲得して、ときに上胚軸休眠方式にも進み、多種子堅果から一種子堅果にも進化して、動物の貯食型散布に適応してきたのです。

それでは、親木から生産されたタネが、つぎの親木になるまでの生存率は、どれくらいなのでしょうか？　タネの散布、冬越し、成長の全期間を通じて、動物に採食され、これには、その場での採食、果皮剥き、深埋め、葉食い、枝食い、樹皮食いほかがありますが、虫害や病害をのぞいても、タネを再生産するための生き残りは、まことにわずかであって、

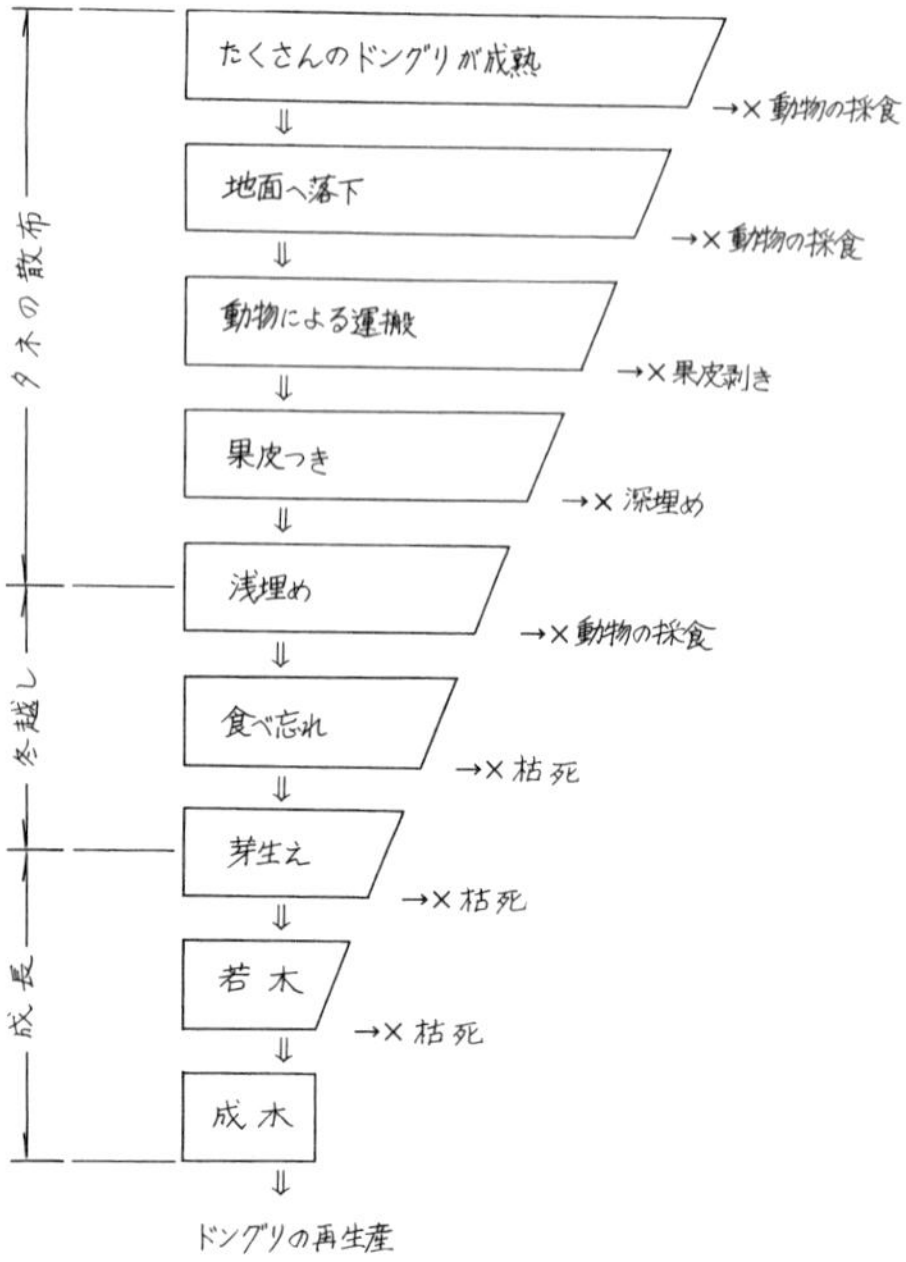

図87　発芽から成木にいたる可能性
ミズナラのタネ（ドングリ）の発芽から、成長、成木にいたるまでの、生存の可能性：タネが成木（タネの生産者）になる確率はきわめて小さい。

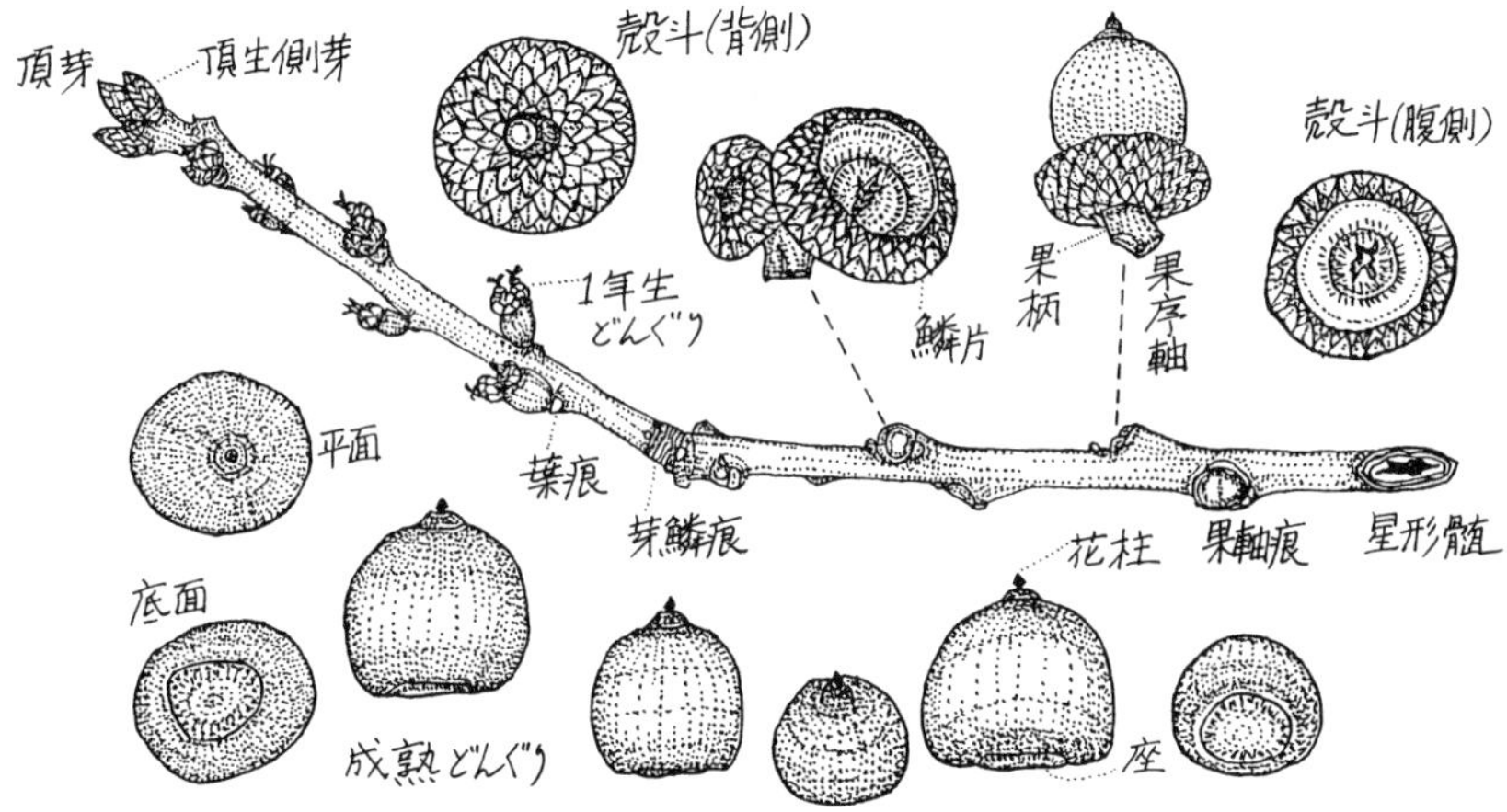

図88　開花から結実まで２成長期間を要するアカナラのドングリ
一年生枝には１年生堅果がつき、小枝（二年生）には成熟堅果がつく。一年生枝の微小な堅果をみれば、来年の豊凶を判断できる。

百万分の一にもならないでしょう（図87）。

それでも、樹木は、一回に無数のタネを生産しますし、同時に寿命がたいへん長いので、毎年あるいは隔年に、数年に一度の場合もありますが、タネを散布し続けて、子孫を残してゆけるのです。

蛇足ながら、コナラ類の堅果は、春に開花し、秋に結実する場合が多いのですが、ときに、二年間（二成長期間）を要するグループもあります。一年生枝には一年生の微小な堅果がつき、二年生の小枝には成熟した堅果がつくのです。図88は、北アメリカ産のアカナラです。わが国のコナラ類でも、クヌギ、アベマキなどが一年果と二年果をつけます。それゆえ、一年果の有無によって来年の豊凶が予測できます。

オニグルミの殻果の貯食と地下子葉性

ミズナラの堅果に続いて、オニグルミの殻果についても、貯食と地下子葉性の関係をみてみましょう。

オニグルミは、わが国に自生する樹種であり、殻果をならせます。中の実（子葉）を食べるには、たいへん硬い殻を割らなければなりません。それで「鬼殻胡桃」の名前がついているのでしょう。これに対して、ナッツ缶のウォールナッツは、ペルシアグルミの栽培品種であり、殻が薄くて割りやすいので、テウチグルミ（手打ち胡桃）とか、カミグルミ（紙胡桃）とか呼ばれます（図17、93、96参照）。

クルミ類の殻果の散布方式は、その大きさ・重さから、動物散布が主体にちがいありません。もちろん、重力、水流もありましょう。水流は、海岸にまで殻が流されていることから、可能性がありますが、上流への散布が期待できません。海流による散布も、殻の丈夫さから、可能性がありますが、上陸地の環境は、生育の適地ではありません。ちなみに、オニグルミが、谷沿い、川沿いに生育する理由は、水流による散布のほかに、冬芽が裸芽のため、乾燥に弱いことが挙げられます。そのため、尾根筋には生育できません。そして、海岸線は、風が強く塩分があるので、オニグルミの生育には不適地である、といえます。ミズナラ、カシワのように、芽鱗《がりん》が多数あるものが、耐乾性に富むのです。

殻果の特徴

オニグルミは秋になると、枝先に穂状の大きな果序《か》《じょ》をつけ、一穂に一〇個くらいの果実をならせます（図89）。これは、偽果《ぎか》の一種であり、苞《ほう》と外側の果皮《かひ》があわさった半多肉質の外皮に包まれ、その中に殻（内側の果皮）がありますので、殻果《かくか》あるいはくるみ果と呼ばれます。そして、その内側に、脂肪質の分厚い子葉《しよう》があり、胚乳《はいにゅう》はありません。食べられる部分、いわゆる果肉は大部分が子葉であり、よく観れば、胚軸《はいじく》や幼根《ようこん》もあります（図90）。

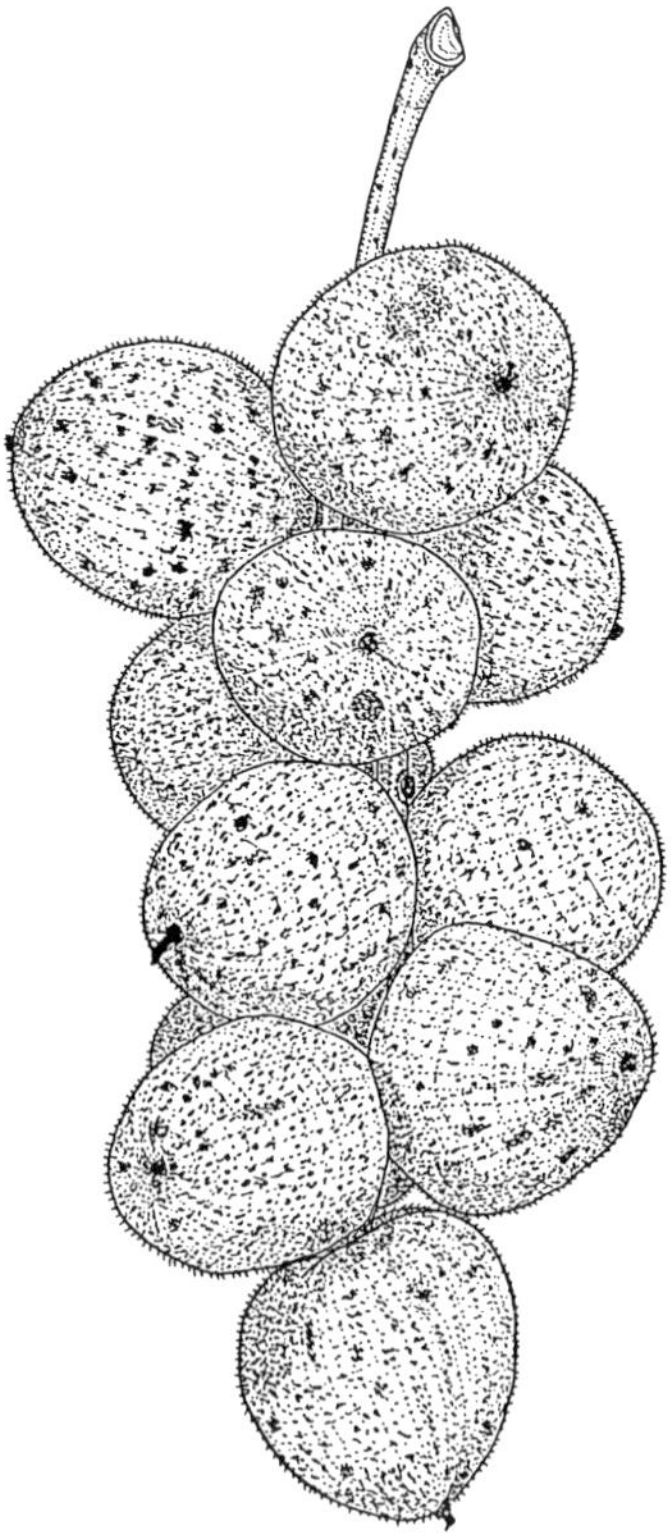

図89　オニグルミの穂状果序
オニグルミは、枝先に、大粒の殻果のついた大きい果房を垂下させる。

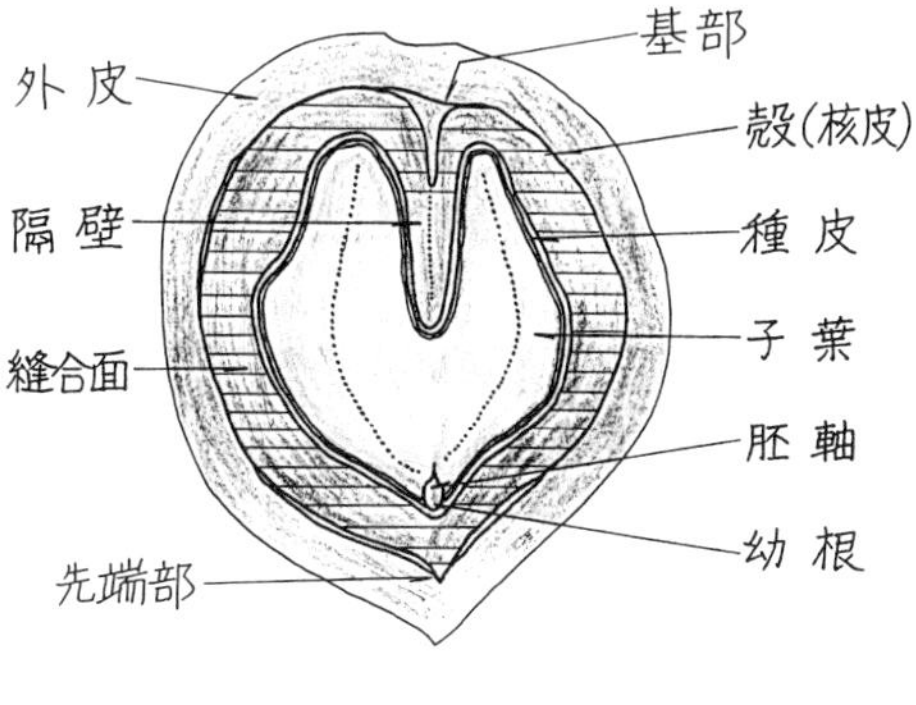

図90　オニグルミの殻果の各部分の名前
外皮が、苞と果皮とからなるので、厳密には、くるみ果は偽果である。

貯えられた栄養分は、脂肪質であり、カロリーが高く、しかも大粒ですから、ナッツ食の動物には、たいへんなご馳走です。しかも、殻が丈夫で、乾燥に耐え、胚が休眠性に富むので、一冬どころか、二〜三冬の貯蔵にさえ適しています。

他方、ナラ類の堅果は、既述のように(図8参照)、クルミの殻果より、やや小粒で、でんぷん質ですから、ナッツ食者には、ご馳走というより、常食でありましょう。しかも、堅果《けんか》と呼ばれますが、鬼皮《おにがわ》と呼ばれる果皮はあまり丈夫でなく、乾燥に耐えませんから、一冬の貯蔵しかできまでん。地下に貯えられた堅果は、休眠性がないので、春に発芽しなければ、夏までに腐ってしまいます。

そのせいでしょう。エゾアカネズミの飼育実験では、殻果と堅果を与えると、ミズナラの堅果を後にし、というよりも、見向きもせず、まずオニグルミの殻果を選んで、時間をかけて、硬い殻をガリガリ削ってから、ご馳走の果肉を食べました。

エゾアカネズミの食痕

図91は、エゾアカネズミがかじったオニグルミの殻果です。いちばん分厚い稜《りょう》が縫合線《ほうごうせん》にあたりますが、その箇所をかじって、円く穴を空け、中身を食べたのです。もっと薄い部分をかじれば良さそうですが、中に隔壁《かくへき》があり、かえって中身を食べにくくなるのです。この隔壁のために、一個の殻果には、二つの穴が空けられます。そして、かじり穴の縁には、下顎《したあご》の歯(下顎切歯)で削った痕跡があります。また、その縁沿いには、上顎《うわあご》の切歯が殻を固定した痕跡が残っています。

アカネズミ類の下顎切歯は、特に鋭く、硬い殻を削るのですが、顎よりずっと大きい殻果をかじるのですから、ご馳走には目がない、といわざるをえません。殻の内側にも、鋭い歯跡が残っています(図92)。

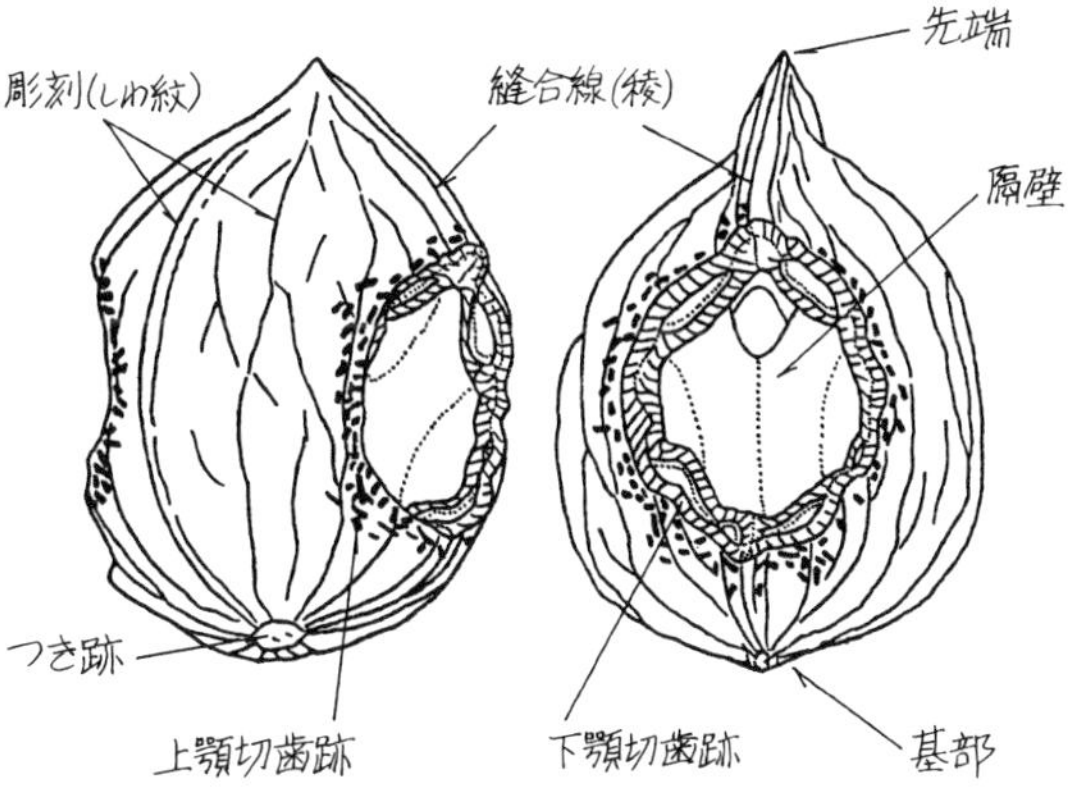

図91　エゾアカネズミによるオニグルミの殻果の食痕
硬い縫合線（稜）をかじり、両側から脂質に富む子葉を食べる。

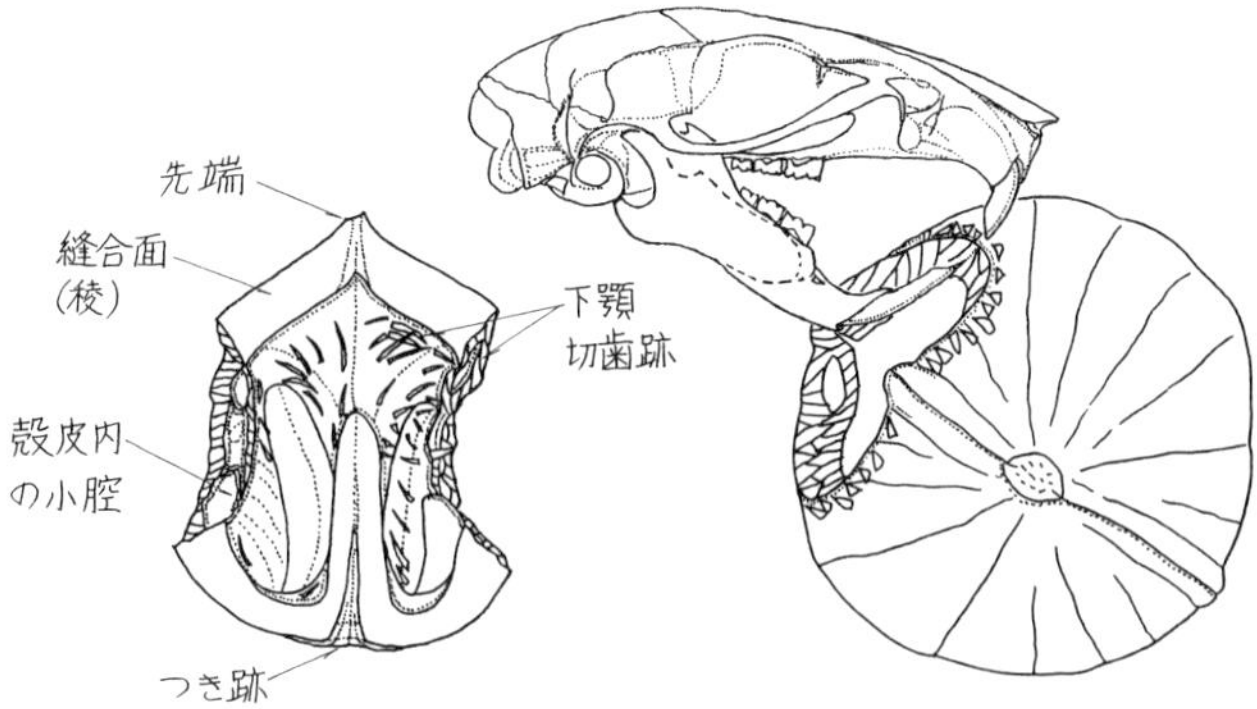

図92　エゾアカネズミの下顎切歯の働きと殻の内側の歯跡
上顎切歯は押さえ役であり、下顎切歯が硬い殻をかじる。

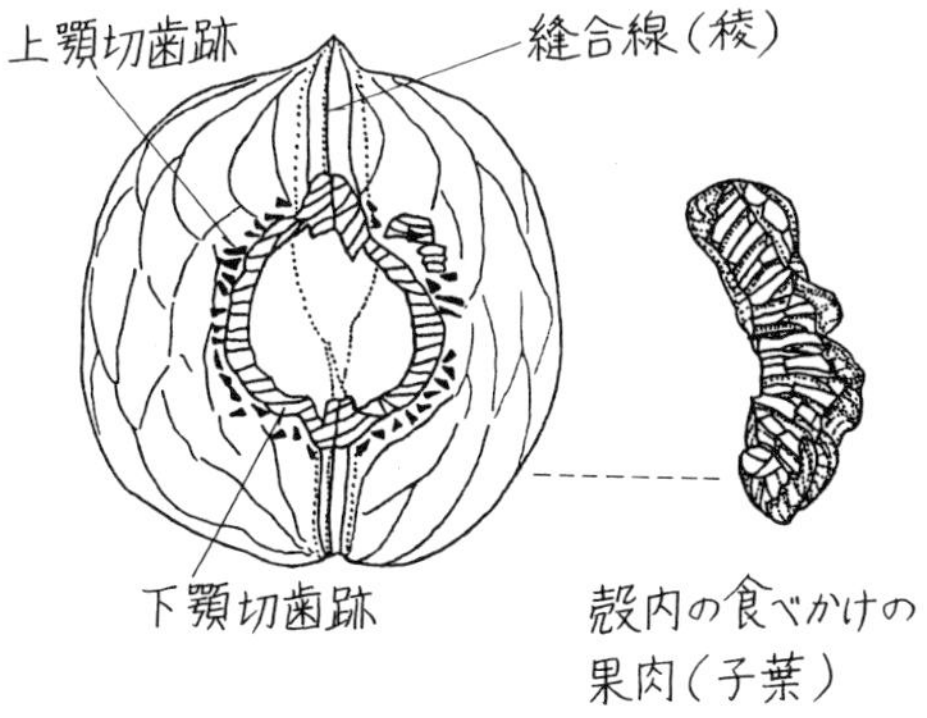

図93　エゾアカネズミがテウチグルミの殻果につけた食痕
「手打ち胡桃」の名の由来になった薄い殻でも、オニグルミと同じように、律儀に円い穴を明ける。

エゾアカネズミは律儀な性格のようで、薄い殻のテウチグルミに対しても、硬い殻のオニグルミに対するすると同じように、殻を円く削って中身を食べます（図93）。

余談ですが、わが家で、庭に敷く砂利を買ったときのことです。降ろされた砂利山に、二つ割れの殻果とともに、二つ穴明きの殻果もみつかりました。その川の上流には、アカネズミが棲んでいて、オニグルミを食べているのでしょう。また、砂利の大部分が砂岩質でしたが、蛇紋岩《じゃもんがん》や珪岩《けいがん》も混じっていたので、おそらく、夕張川から運ばれてきたのだろう、と推測しました。

ついでに、雑食性のカラス類は、ネズミのような鋭利な切歯がありませんし、ホシガラスのような鋭いくちばしもありません。そこで、河口の護岸コンクリートに、流下してきたオニグルミの殻果を空中から落として割り、中身を突ついて食べることがあります。注意してみると、ときどき、その割れ殻があります。

エゾリスの食痕

くるみ果が好きなナッツ食者には、エゾリスもいます。エゾアカネズミが夜行性で、研究者以外には観察の機会がないのに比べると、エゾリスは、昼行性なので素人でも観察が容易です。

エゾリスによるオニグルミの殻果の食痕は、エゾアカネズミとはまったく異なっています。隔壁があるために、やはり、エゾリスも稜の部分をかじるのですが、穴を空けるのではなく、稜そのものを、あるいは稜に沿った部分を、ぐるりと回してかじり、適当なところで、パチンと割るのです。落ちている食痕を観ると、その下顎切歯跡は、全周にはなく、全周の四分の三くらいです（図94）。ただし、四分の四、ときには四分の五も食痕があり、若い未熟者

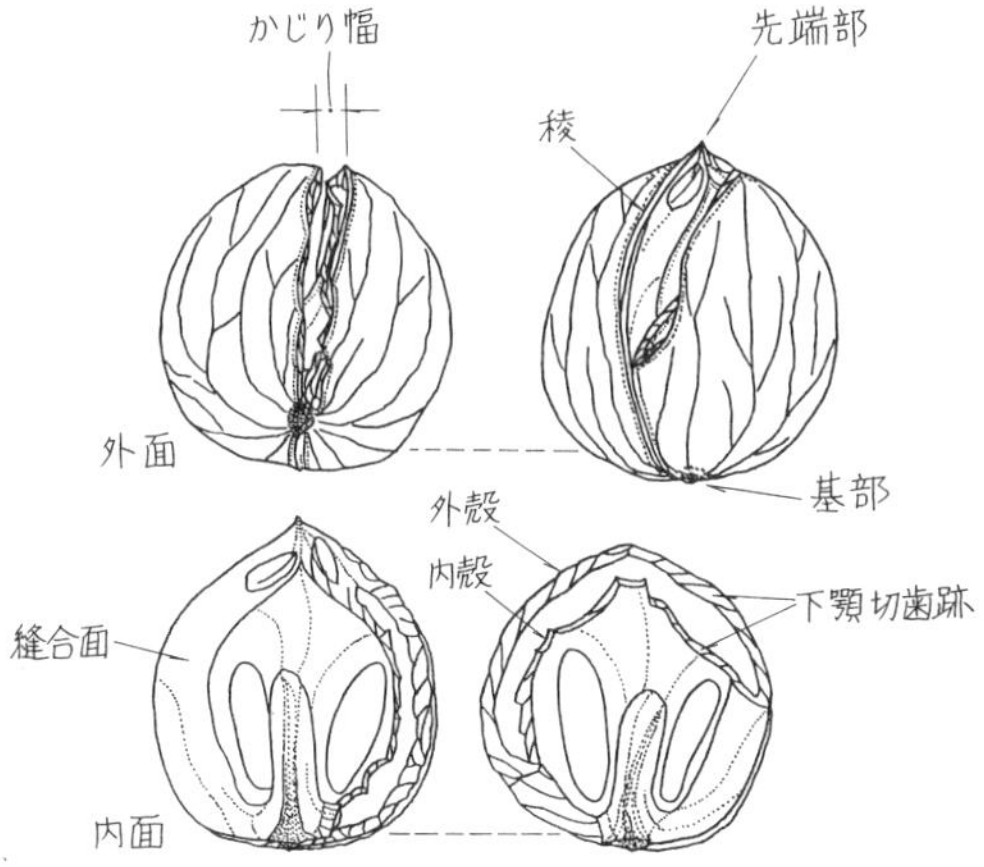

図94　エゾリスによるオニグルミの殻果の食痕
硬い縫合線に沿ってかじり、1周しないで、パチンと割る。

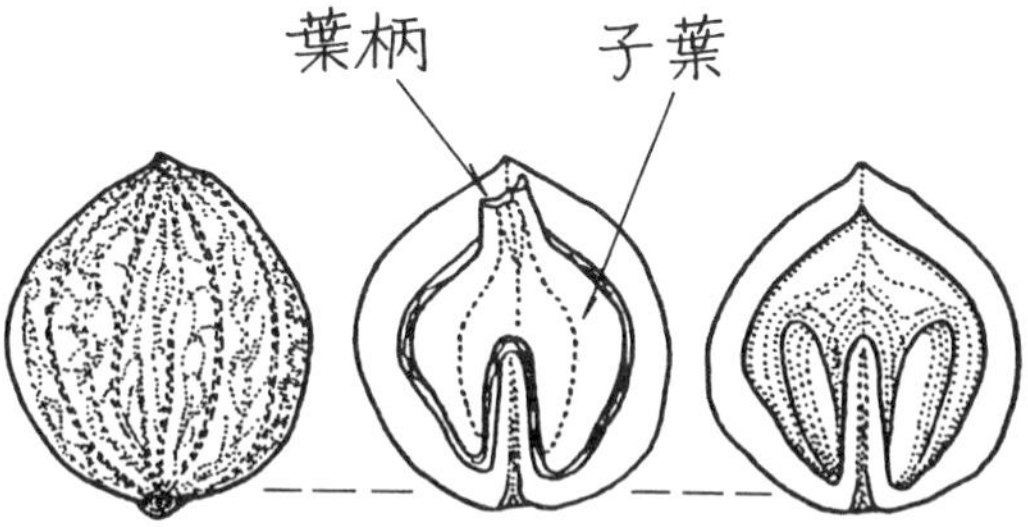

図95　発芽して2つに割れたオニグルミの殻果
発芽した後の殻には、エゾリスの食痕がない。

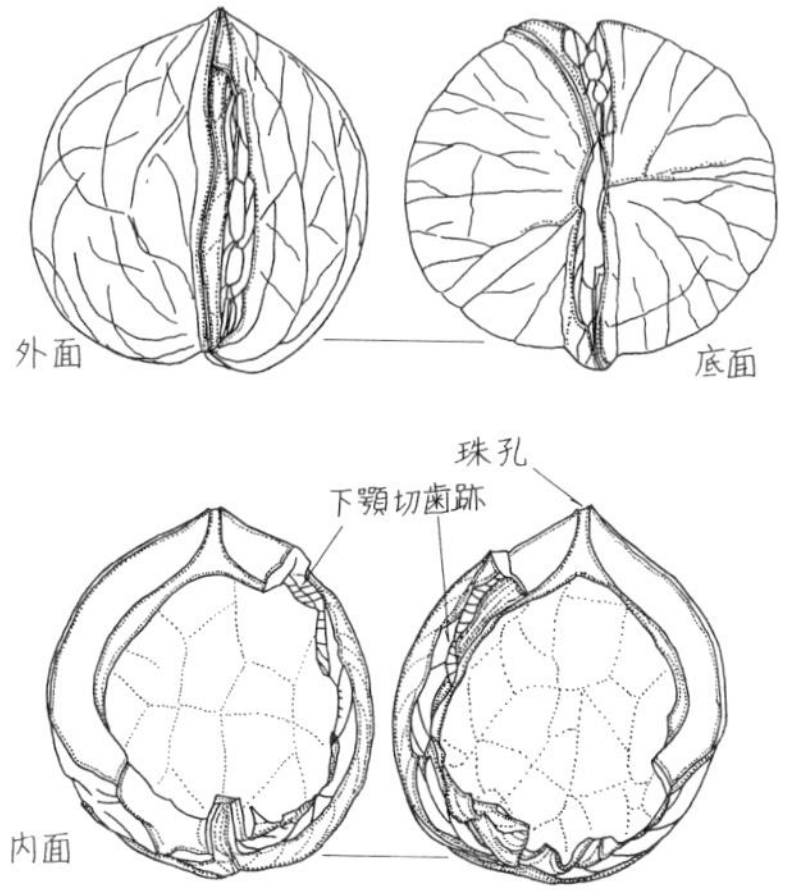

図96　エゾリスがテウチグルミにつけた食痕
薄い殻なので、半周くらいかじって、パチンと割る。

の食べ方である、と推測できるものもあります。エゾアカネズミの律儀な穴の空け方に比べると、エゾリスはごく短い時間で二つ割りしますから、たいへん要領がよい、といえます。

なお、二つ割れの殻果があって、食痕がない場合には、発芽した後の殻果である、とみなされます。図95や図99、100に示したように、発芽に際して、殻果は、縫合線から二つに割れるからです。

北海道立林業試験場の胡桃《くるみ》園では、秋日和に、野生のエゾリスが、テウチグルミを食べにやってきました。そして、枝から殻果を採り、外皮を剥いて、殻をかじり、中身を食べ、食べ殻を捨てました。テウチグルミは、隔壁が弱いので、どこをかじってもよさそうですが、やはり、エゾリスも、稜に沿って下顎切歯を入れ、殻が薄いので、全周の四分の二くらいでパチンと割るのですが、中には四分の一で割られたものもありました。エゾリスは、たいへん要領がよいのです（図96）。

割られて落ちた食べ殻を拾い、貝合わせのように、胡桃の殻合わせをしたことがあります。苗木の成長量の調査をしながら、かわいい泥棒をみて、

秋日和栗鼠が胡桃を割りし音

という、一時をすごしたものでした。

昔、ある雑誌に、私が投稿したドングリの文に、編集者が推薦した画家が描いたリスの絵が載りました。そのリスには、明らかに親指がありました！ほんとうに、がっかりしました。エゾリスの手（前足）を観ると、親指がありません（図97）。そこには、痕跡のようなものがあります。そして、親指がない方が、ナッツを保持するのに都合がよい、と考えられています。

地下子葉性の発芽

小川沿いに、オニグルミが生育し、その根元付近

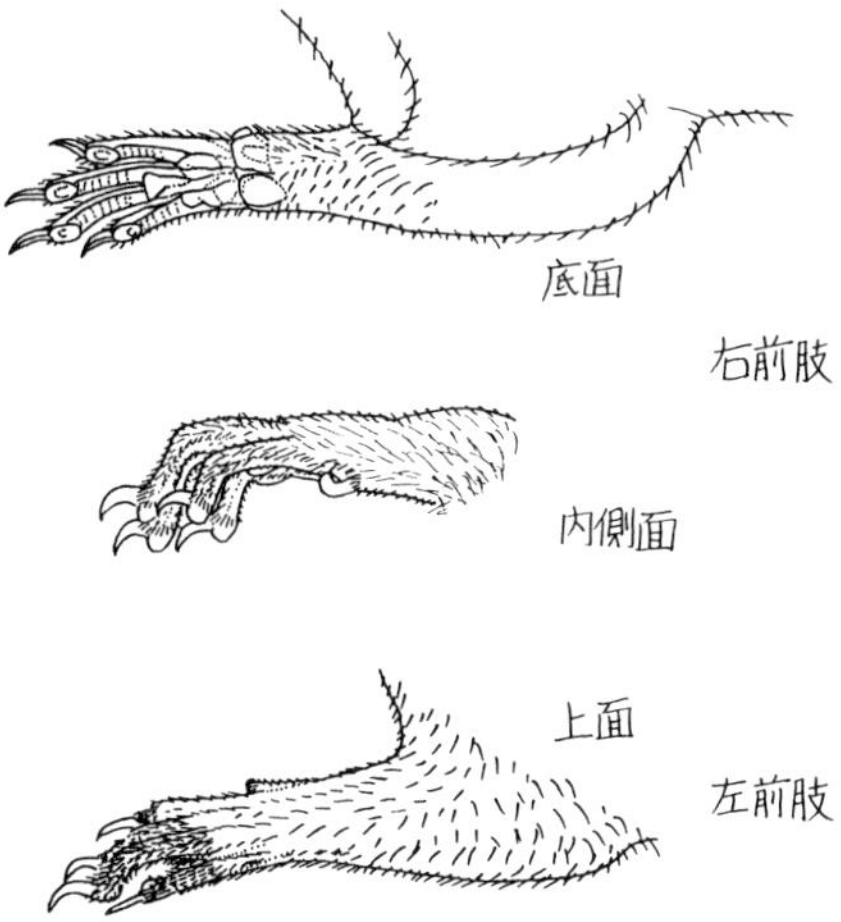

図97　エゾリスの前肢
第１指（親指）が、ほとんど退化している。これが、餌を保持するのに役立つといわれる。

に、穴空きの殻が見出されました。ここにエゾアカネズミが棲んでいるぞ、ということで、春先に、数人で巣穴を掘ったことがありました。タバコ呑みが、煙を穴に吹き込むと、いく筋もの煙が上がり、出入り口がいくつもあることが判明しました。巣穴にはたくさんの殻果が貯蔵され、古いものと新しいものとが区別できました。貯蔵庫の深さは、地下三〇センチメートルほどでした（図98）。

新しい殻果はもちろん、古い殻果も、中身は腐っていませんでした。殻が丈夫で、脂肪質であり、地温が低いので、休眠性が維持されてきた、と考えられました。また、エゾアカネズミは、なり年に大量に貯えておき、不なり年に備えていることも推測できました。

オニグルミは、たいへん大粒のナッツですから、発芽は地下子葉性《ちかしようせい》である、と推測できました。苗畑に播いてみると、やはり、子葉は殻とともに、地下

図98　エゾアカネズミの巣穴（発掘からの模式図）
オニグルミの殻果は、数年間の巣穴貯蔵でも、休眠している。ミズナラの堅果（ドングリ）は、1冬をすぎると、発芽しないものは腐朽する。

に止まったままで、太いマッチ棒のような上胚軸《じょうはいじく》が、蛇が鎌首をもち上げるように、地上に出てきました（図99）。アカネズミには大労働の、リスも手こずる、堅い殻は、見事に二つに割れていました。この殻を割る力は、ラッカセイの胚軸の事例のように（図23参照）、内側からの胚軸と根、そして上胚軸の膨らみ圧でしょうか？

発芽したオニグルミの殻果の内部をみると、図100のようです。胚軸は短く、上胚軸が長く伸び、子葉の栄養分が、子葉柄を通じて、上胚軸と根に運ばれてゆきます。地下子葉性の発達にともない、子葉は、地上に出ての最初の光合成を止め、地下に止まる、単なる栄養の貯蔵庫に変態したのです。

なお、鱗片葉《りんぺんよう》は、その腋に、芽（側芽《そくが》）をもっていて、それがロングバッド、つまり「長《なが》生《い》きの芽《め》」と呼ばれ、樹皮上に存在する、長年にわたる休眠芽として、開葉しないで存在し、本葉や幹や頂芽に異常が生じると、ただちに芽吹いて、娘幹を形成します。これが、萌芽性です。子葉の腋にも芽があり、同様に、萌芽性を発揮します。この点は、ミズナラも同様です（図82、86参照）。これに対して、イタヤカエデのような地上子葉性では、子葉の下方には芽がないので、発芽時に子葉が食べられれば、枯死してしまいます（図74参照）。

ただし、自然界には例外もあります。トチノキは、地下子葉性で、しかも鱗片葉がなく、したがって、それにともなう側芽もないのですが、驚くべきたく

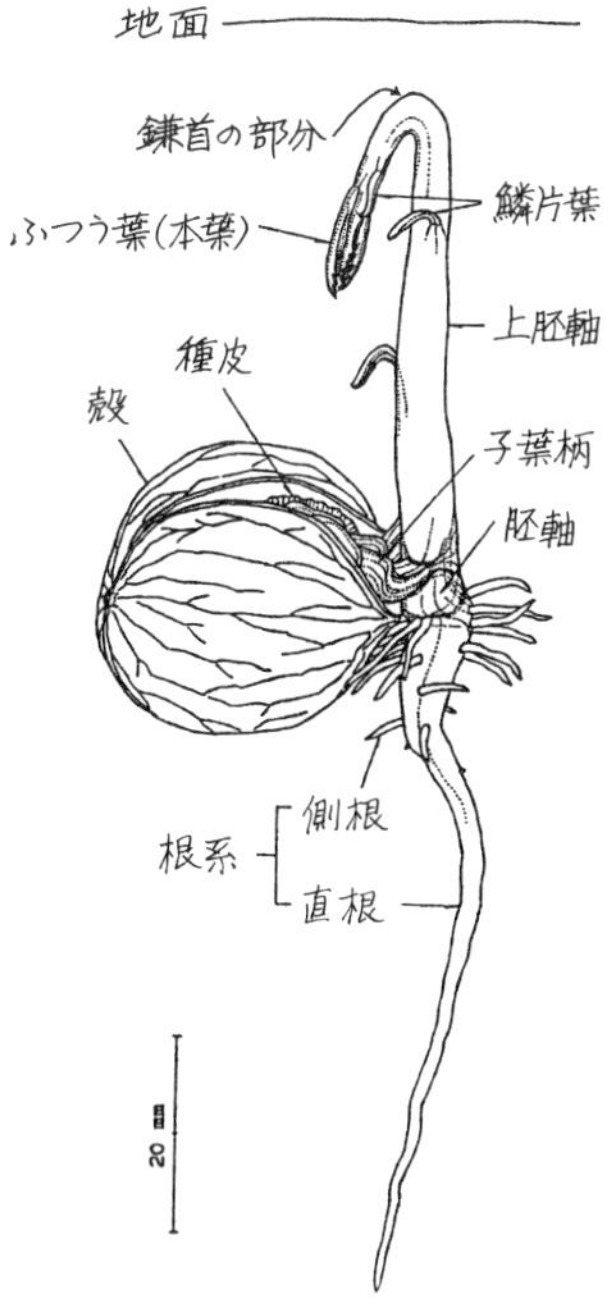

図99　オニグルミの地下子葉性の発芽
胚軸が伸びずに、上胚軸が蛇の鎌首状に地上へ向かう。

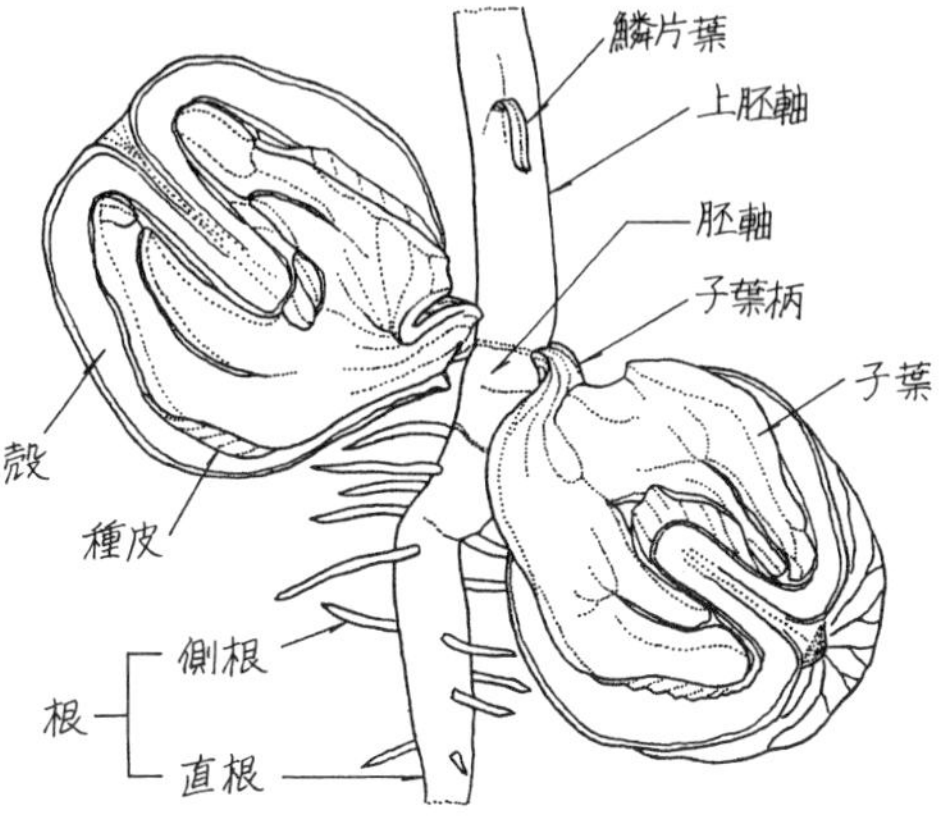

図100　オニグルミの発芽した殻果の内部（殻を開いた状態）
果実（くるみ果、偽果）としては、殻の外側に多肉質の外皮（ハスク）がある。

ましさをもっていて、本葉や頂芽に異常が生じると、一年生幹である茎の傷口に、癒合組織《ゆごうそしき》としてのカルスが形成され、不定芽《ふていが》も形成されて、娘幹が発生します。

地下子葉性では、地下に止まった種子（子葉ないし胚乳）が、発芽や本葉展開直後の異常に備えて、萌芽のための栄養分を残していることも、萌芽性に関係している、と考えられます。そして、多くの樹種では、鱗片葉をもち、頂芽異常に対して、定芽起源の萌芽性を発揮します。他方、トチノキでは、鱗片葉をもたないけれども、頂芽異常に対して、不定芽を形成し、萌芽性に準じた性質を発揮するのです。

播種の深さ別実験

オニグルミの芽生えは、タネがどのくらい深くまで埋められても地上に出てこられるのでしょうか？エゾアカネズミの深い巣穴（貯蔵庫）からでも、上胚軸が土の粒子を押しのけて地上に出るためのエネルギーが、タネに秘められているのでしょうか？これらの疑問を解くために、苗畑で播種実験をおこないました。タネは、エゾアカネズミが巣穴に貯蔵していた、先ほど述べた新旧の殻果でした。ただし、古いタネは、新しいタネより発芽率が劣りました。点播《てんま》きの深さは、タネの大きさの約二・五倍の七

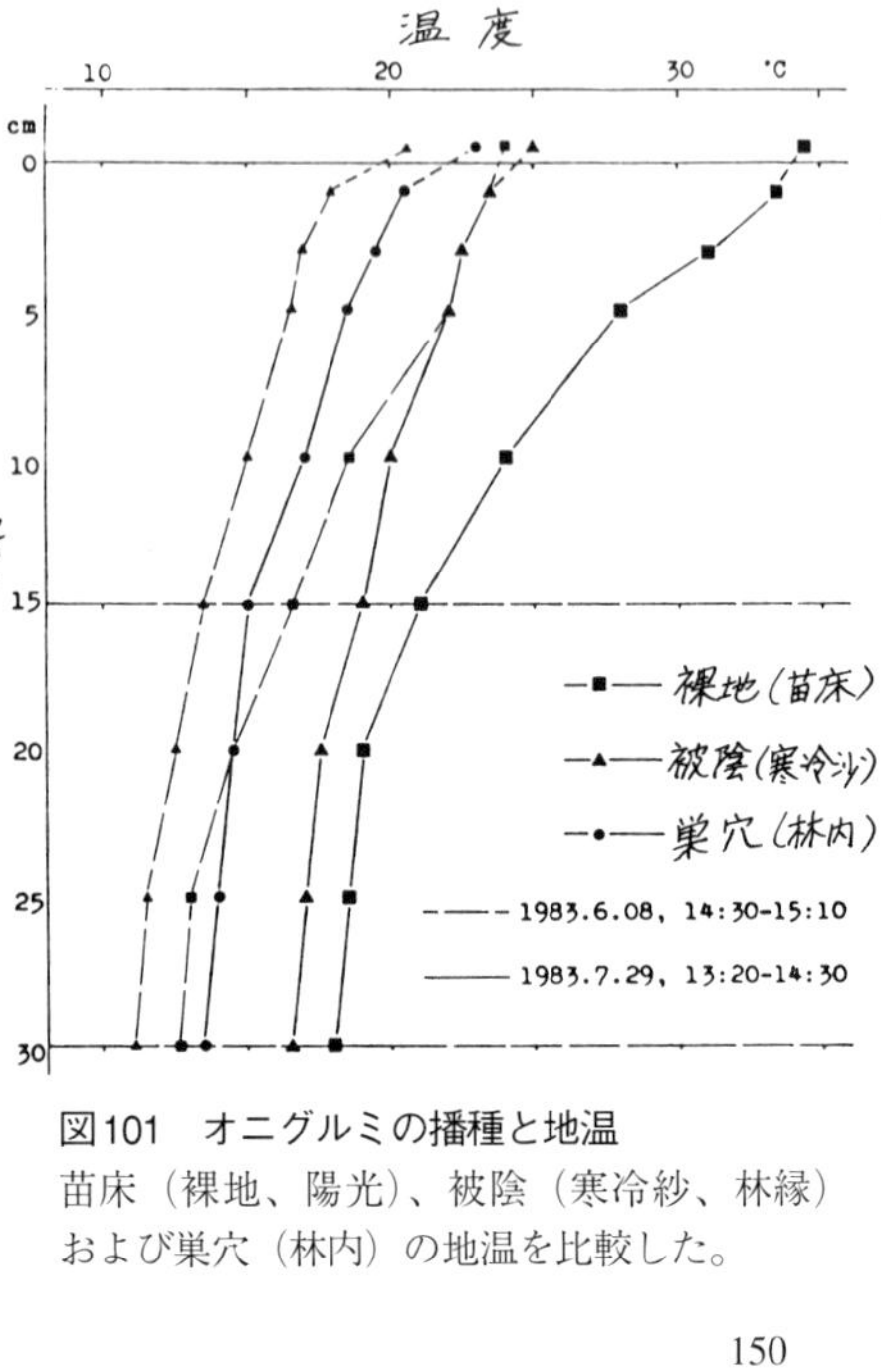

図101　オニグルミの播種と地温
苗床（裸地、陽光）、被陰（寒冷紗、林縁）および巣穴（林内）の地温を比較した。

センチからはじめて、一〇センチ、一五センチと三センチ刻みに深くし、最深を二九センチにしました。

発芽には、地温の上昇も関係していると考えられましたので、裸地、被陰《ひいん》、巣穴の三ヶ所の温度を測定しました。裸地は、苗床にわら掛けしないままであって、地表に陽光が注ぐ状態です。被陰は、林内の日陰をつくり出すために、苗床に寒冷紗《かんれいしゃ》を掛けて、陽光を弱めた状態です。巣穴は、上述の巣穴の近くの地下の状態です。その結果、やはり、裸地では地温が上昇しやすく、深くにまで影響が及びました。一方、被陰や巣穴では、地温が上昇しにくいことが、結果としてわかりました（図101）。

発芽して、地上に上胚軸が現れた芽生えは、浅埋めでは、発芽率が高く、早く現れ、成長期間が長かったので、その結果、一年生苗木は地上高が大きく、茎（一年生幹で、これは上胚軸とほぼ同じ）が太く、根系が大きい、良好な形態になりました。他方、深埋めでは、発芽率が低く、遅く現れ、その結果、一年生苗木は地上高が小さく、茎が細く、根系が小さい、不良な状態になりました。表7に結果を示しましたが、発芽率の良否の境界は、深さ二〇センチメートル前後のようです。

それにしても、オニグルミでは、播く深さが三〇センチメートルでも発芽が可能なことに驚かされました。ミズナラでは、深さ一〇

表7　播種の深さによるオニグルミの１年生実生の発芽率と成長量

深さ（cm）	発芽率*（%）	苗高**（cm）	上胚軸の長さ***（cm）	播種数
7/ 5-10	80	25/13-34	31/22-39	15粒
10/ 8-12	88	28/20-40	44/30-52	8粒
15/13-16	75	22/18-26	37/33-41	8粒
18/16-22	50	17/12-28	35/28-45	8粒
26	13	26	52	8粒
29/ 28,30	25	13/ 9,7	42/39,45	8粒

＊＝翌春に活がする可能性もある。＊＊＝地上部の長さ。＊＊＊＝播種の深さ＋苗高

センチメートル前後が発芽の限界でしたから（図67および表6参照）、同じく地下子葉性発芽であるとはいえ、オニグルミの方がはるかに貯食型散布に適応している、ということになります。

オニグルミのタネの浅埋めと深埋めを、一年生苗木で比較してみると、図102のようです。浅埋めでは、根系が大きく、特に側根が発達しているので、このまま苗床に据え置かれても、掘り取られて山出し（移植）されても、二年目以降の旺盛な成長が約束されています。他方、深埋めでは、根系の発達が弱く、上胚軸にも側根《そっこん》が出ています。これは、不定根《ふていこん》が発生しているのであって、本来の根系にとっては、地下の水分が過剰であり、酸素が不足していることを意味している、といえます。つまり、本来の根系の発達をあきらめて、地表近くの適潤で酸素が多い場所に、新しい根系をつくり直した、ということです。

図81に示したように、ミズナラでもそうでしたが、地下子葉性の発芽においては、上胚軸の長さは、埋められた深さにあまり関係がなく、ほぼ一定ですから、浅埋めの方が、大きい地上高となり、つまり、よい苗木を生産できるわけです。

こうした深さ別の播種実験により、私の仮説、つまり、オニグルミは、地下子葉性の発芽をし、タネがたいへん大粒であり、脂肪質の子葉であって、休眠性があるので、食べ残されて、地温が上がれば、地下深くに貯えられた古い殼果にも、発芽のチャンスがめぐってくる、ということが確かめられました。

3　束生、数の力で子葉をもち上げる

裸子《らし》植物の針葉樹類は、一般的に、風散布によっ

て、種子を親木から遠くの場所へ散布します。そのために、風に飛ばされやすいように、種子には翼がついています（図28、30参照）。

ただし、すでに述べたように、裸子植物においても、イチョウ、イチイ、ハイイヌガヤ、イヌマキほかでは、タネが多肉質で、風散布ではなく、動物による被食《ひしょく》型散布のグループがあります（図24、25、26、27参照）。これらは、非球果《ひきゅうか》型ないしは球果《きゅうか》型ですが、いずれも、丸呑みされるものは種子です。

そして、針葉樹類には、球果ごと呑みこまれ、種

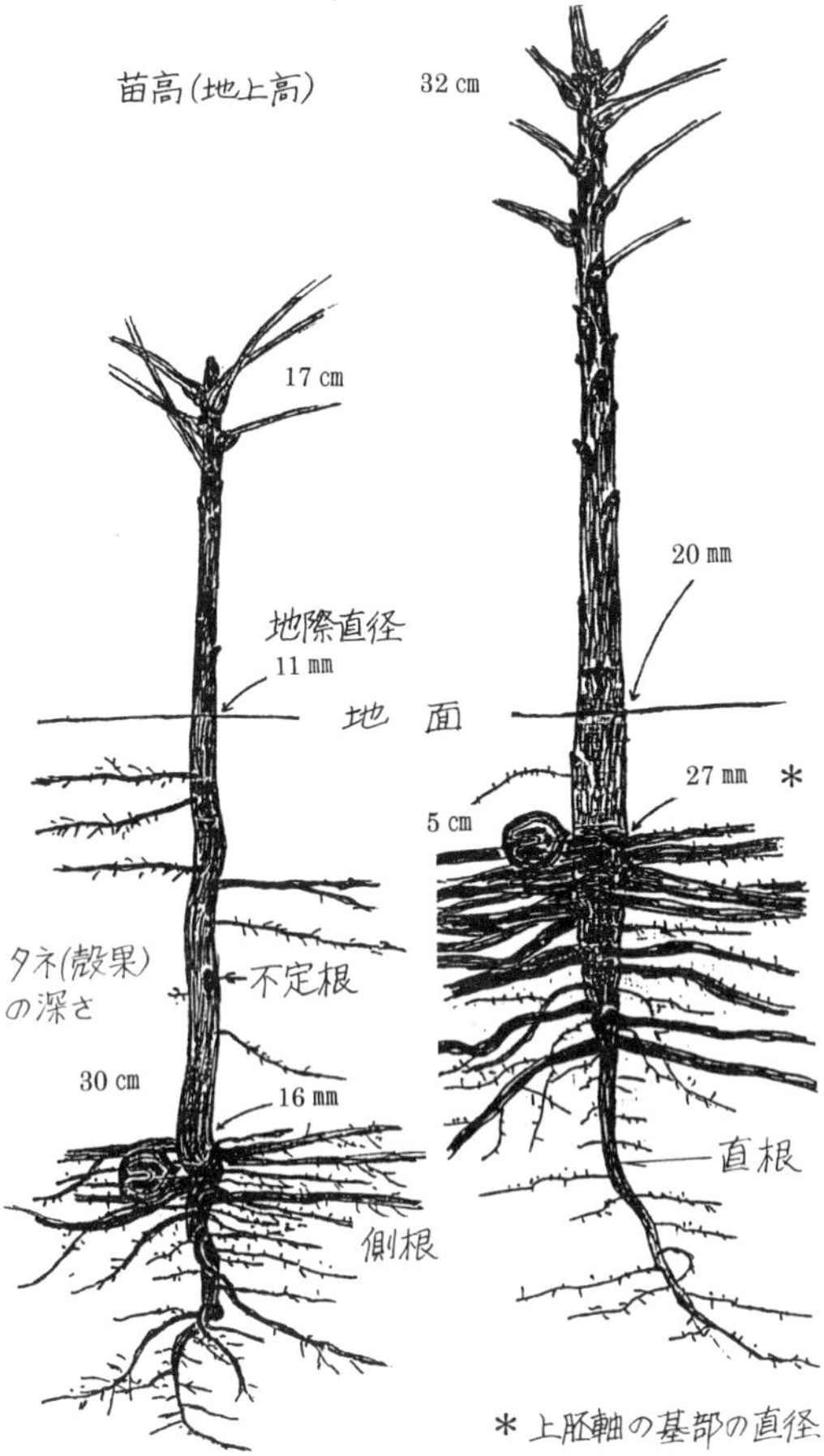

図102　オニグルミの浅埋めと深埋めに由来する芽生えの形態（見取り図）
深さ5cm前後が、最良の苗木を得られる。深さ30cmでも発芽してくるが、苗木は貧弱である。

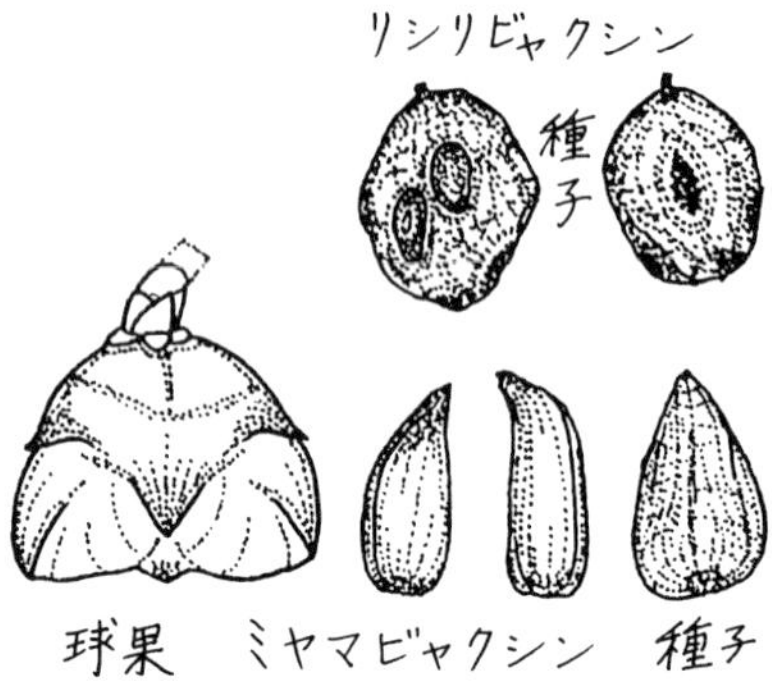

図103　ヒノキ科の多肉球果と種子
ふつうの球果（乾球果）からの種子には翼があるが（図30参照）、被食型の多肉球果の種子には翼がない。

子を散布してもらうグループもあります。ミヤマビャクシン（ビャクシン属）、リシリビャクシン（ネズミサシ属なので、リシリネズの名前が相応《ふさわ》しい）などの多肉球果がそれです。球果の種鱗《しゅりん》が多肉質になり、種子に翼がなくなっています（図103）。そして、これらは、低木なので、広葉樹の低木類と同様に（図18、35、57、62、69ほか参照）、風散布に期待できず、被食型散布へ適応してきたのでしょう。

さらに、マツ科マツ属のゴヨウマツ亜属には、無《む》翼《よく》種子マツ類も存在しています。ちなみに、ニヨウマツ亜属のマツ類では、すべてが有翼《ゆうよく》種子です。有翼マツ類と袂《たもと》を分かち、風散布を止めて、動物散布に適応してきたのです（図104）。それで、ここでは、無翼種子と動物散布の貯食《ちょしょく》型散布との関係をみてゆきましょう。

裸子植物における地下子葉性への適応の限界

裸子植物は、風散布型のマツ類、スギ類、ヒノキ類では、また、被食型散布のイチイ、ハイイヌガヤ、イヌマキ、ミヤマビャクシンほかでも、地上子葉性《ちじょうしようせい》の発芽をします。発芽に際しては、二枚以上の、多数の子葉を地上にもち上げます。

このことは、無翼種子マツ類でも同様です。図105に示されるように、有翼種子のモンタナマツ（ニヨウマツ亜属のアルプス産の低木）およびチョウセン

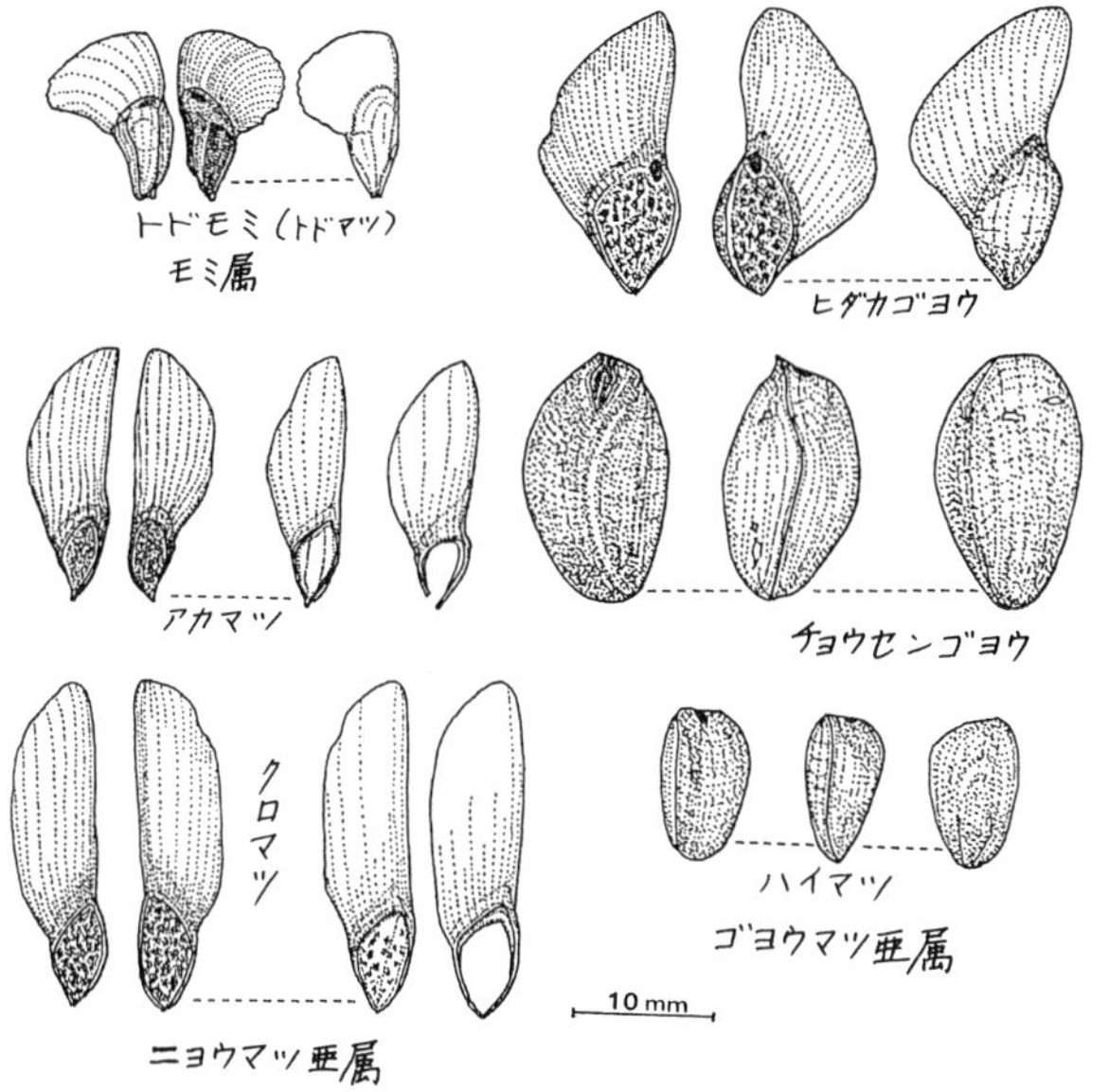

図104　マツ科の有翼種子と無翼種子
有翼であっても、動物による貯食型散布が期待できる。

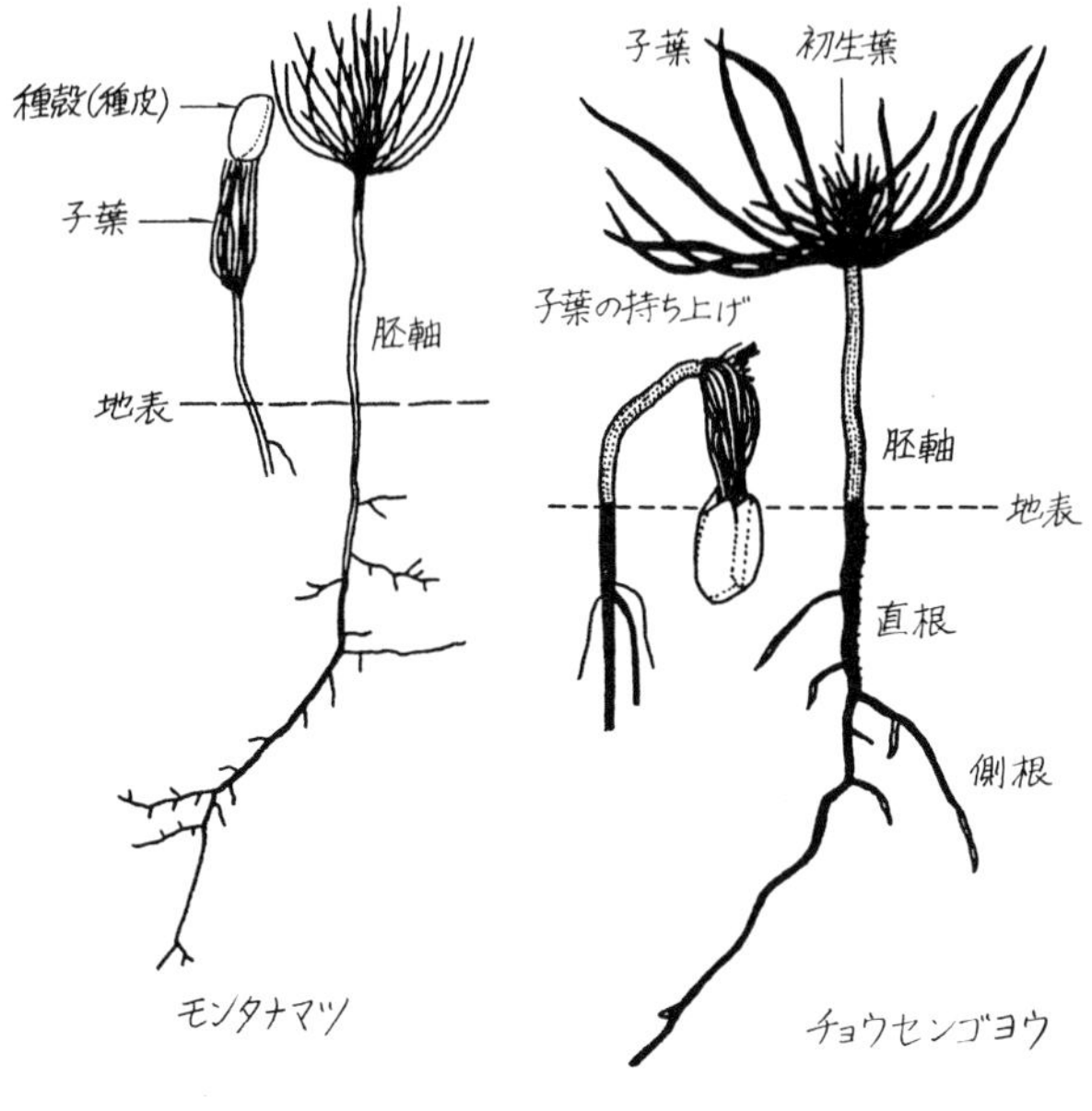

図105　モンタナマツおよびチョウセンゴヨウの発芽
針葉樹類は、地上子葉性であり、発芽に際して、胚軸が鎌首状に伸びて、子葉を地上にもち上げる。

ゴヨウ（ゴヨウマツ亜属の、東北アジア産の高木）は、発芽に際し、ともに地上子葉性です。これらは、胚軸《はいじく》が種子、この場合は種殻《しゅかく》で、外種皮《がいしゅひ》と内種皮《ないしゅひ》を合わせたもので、これを地上にもち上げ、種殻を捨てて、多数の子葉を広げ、最初の光合成がスタートします。その後、初生葉《しょせいよう》（一次葉）が展開し、十分な光合成が進めば、本葉《ほんば》（二次葉＝マツ葉）も展開してきます。

小さいモンタナマツの種殻なら、地上に出ることが容易かもしれません。けれども、大きいチョウセンゴヨウの種殻が土粒子から引き抜かれるには、胚軸への負担が重く、かなり困難があります。それゆえ、もっと大きい種子になると、地上子葉性が困難になります。地下子葉性《ちかしようせい》へ進むしかありません。しかし、マツ類では、針葉樹類全体でも、地下子葉性は報告されていません。

では、どうして、地下子葉性への進化がないのでしょうか？ 私の仮説では、つぎのようになります。

裸子植物は、古い植物であり、大部分の樹種が風散布であり、有翼で、種子が小さいのです。それでも、一部の樹種が、多肉果《たにくか》型になり、被食型散布に適応（小進化）してきました。さらに、ごく一部の樹種が、無翼になり、種子を大きくし、ナッツ型になって、貯食型散布にも適応してきました。地史において、後から登場してきた、つまり、被子《ひし》植物よりもやや遅れて登場してきた、利口な哺乳

表8　裸子植物のタネと種と散布する力

球果タイプ			タネ	種	散布する力
球果	乾球果	乾種子	広翼種子	クロマツ	風（＋動物）
			狭翼種子	キタゴヨウ	風＋動物（貯食型）
			無翼種子	ハイマツ	動物（貯食型）
	多肉球果		多肉球果	ハイネズ	動物（被食型）
非球果	多肉種子		仮種皮つき種子	イチイ	動物（被食型）
			多肉外種皮つき種子	イチョウ	動物（被食型＋貯食型）

類および鳥類を、裸子植物の一部が利用するようになったのです（表8）。

有翼種子から無翼種子への適応は、翼の退化であり、それほど困難ではありません。そして、乾種子から多肉果型種子への適応は、また、乾球果《かんきゅうか》から多肉球果への適応は、爬虫類による散布に対しても、いくらか有効であったのではないでしょうか？　裸子植物の、種子の散布戦略にみられる、こうした小進化が、新しい哺乳類や鳥類にも受け入れられた、あるいは引き継がれた、とも考えられます。

けれども、地史的にみて、新しい動物たちをタネ散布に利用したとしても、進化の勢いが衰えかけていた、古い裸子植物にとって、地上子葉性から地下子葉性への適応は、すでに困難になっていたのではないか、と考えられます。そして、このことが、種子のサイズの大型化を制約した、とも考えられます。

他方、やや後から、あるいは、ほぼ同時に、この地球上に出現した哺乳類および鳥類を、種子散布のはじめから、被子植物は、まだ発展途上であって、進化の勢いを十分にもっていたので、利用することができた、と考えられます（表1、図51参照）。地下子葉性を獲得すれば、タネないし種子の大型化は、きわめて容易であるからです。

なお、おそらく、唯一の例外として、図106のように、イチョウの地下子葉性があります。既述のように（図24参照）、イチョウの衰退は、外種皮の臭さが爬虫類には平気でも、哺乳類や鳥類に嫌われて、被食型の種子散布がうまくゆかなくなった、と推測されました。しかし、地下子葉性の発芽をするとなると、貯食型の種子散布を考えないわけにはゆかなくなりました。爬虫類にも、貯食するグループがいたのでしょうか？

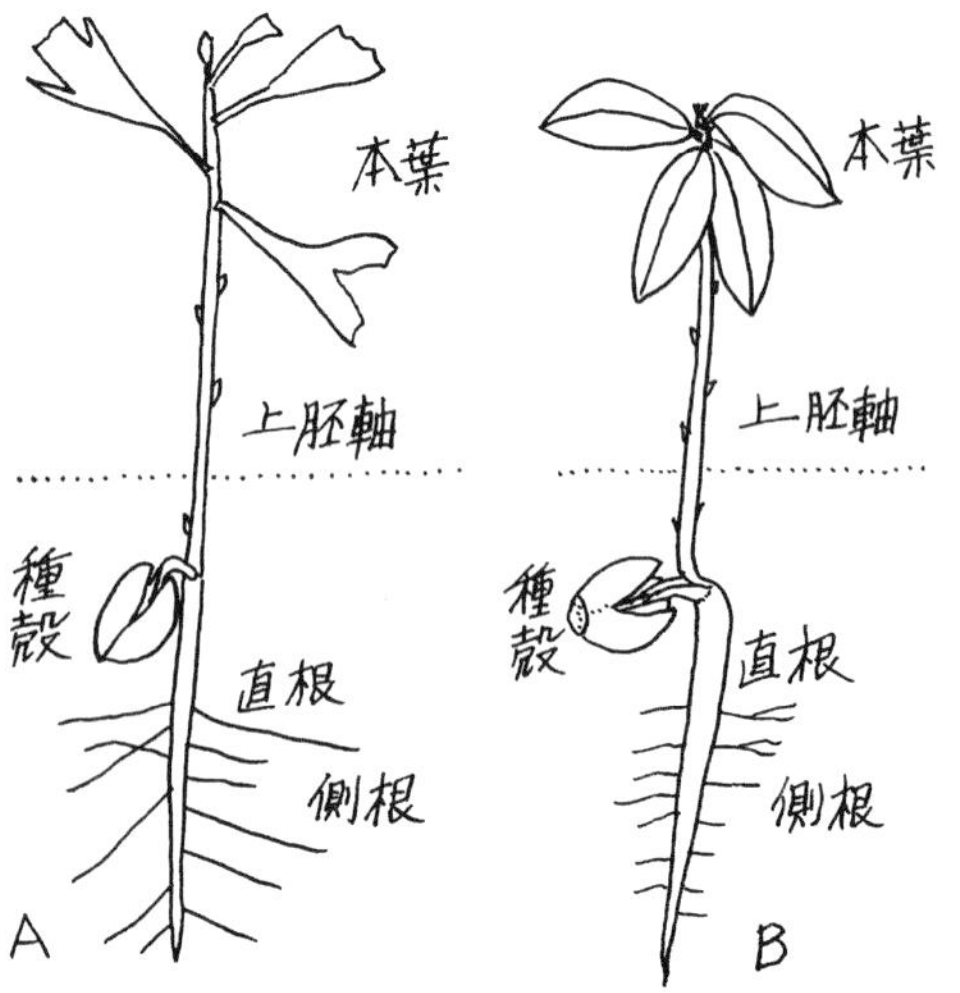

図106　裸子植物と被子植物における地下子葉性発芽の類似
A：イチョウ（上原敬二『樹木大図説　1』1959より作成）、B：ミズナラ（図74、80参照）。イチョウの種殻は外種皮の内層であり、ミズナラの種殻は果皮である。

ハイマツの束生

ハイマツは、匍匐《ほふく》型の低木であり、高山帯において、きびしい寒さおよび短い成長期間に耐えて、生育しています。それで、高山帯とハイマツ帯は、ほぼ同意です。このハイマツは、成熟した球果が枝から離れやすく、種子が無翼で、動物に貯食され、しばしば束生し、伏条繁殖《ふくじょうはんしょく》して、大群落をつくることがあります。

ここでは、ハイマツの束生《そくせい》がもつ意義を考えてみましょう。

ハイマツの球果と種子

ハイマツは、東北アジアの寒冷地域に広く分布し、ゴヨウマツ亜属のセンブラゴヨウ節センブラゴヨウ亜節に分類されています。同じ亜節には、チョウセンゴヨウ（東北アジアに分布し、ハイマツより南および低地に生育する）、センブラゴヨウ（アルプス

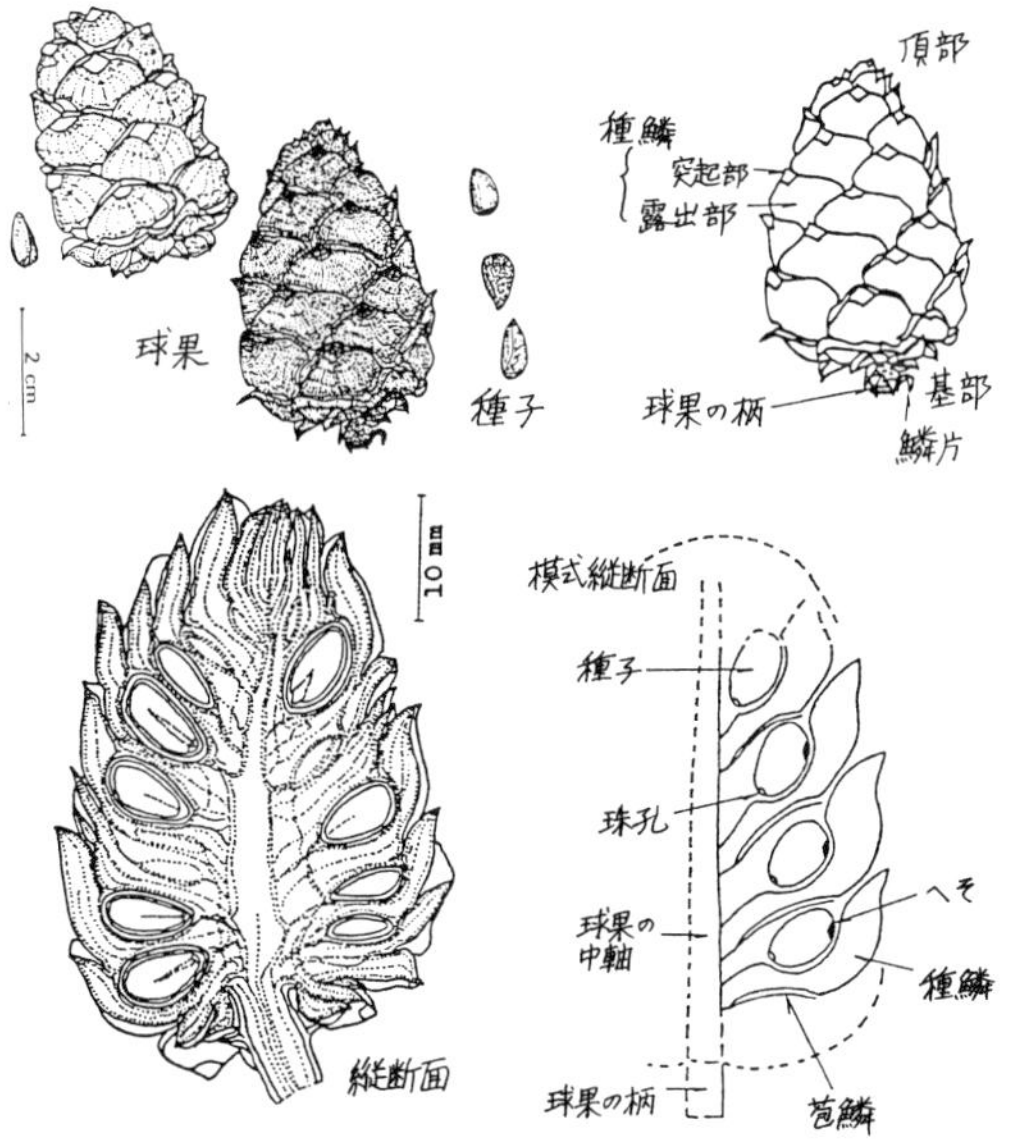

図107　ハイマツの球果と種子
無翼種子であり、球果の柄と枝とは容易に剥離する。球果は、枝から採取され、作業場で種鱗が壊され、種子が貯蔵場所へ運ばれる。

山脈に分布）、そして、シロカワゴヨウ（ロッキー山脈に分布）が知られています。この亜節は、英語では、ストーンパインであって、硬い殻《から》をもつ、無翼の種子をつけるゴヨウマツ類を意味します。これらの種子は、パインナッツとして、胚乳《はいにゅう》、および胚《はい》が食用になります。

さて、ハイマツの球果および種子は、図107に示しておきました。

ヒトでさえ、パインナッツとして好んで食べるのですから、野生動物にとっても、ハイマツの種子は重要な食糧です。ハイマツ帯を歩くと、動物にかじられた、あるいは突つかれた、つまり食痕のある球果（種鱗《しゅりん》）や種子が、ときどき見出されます。それらを、図108に示しました。また、図29も参照してください。

ハイマツの種子を食糧としている代表的な動物は、北海道では、高山帯から亜高山帯に生息するホ

表9　ハイマツ種子の貯食型種子散布者とそれらの貯食行動

種	貯蔵場所	貯食タイプ	貯蔵の深さ
ホシガラス	斜面の上部、裸地、礫地	カッシ*	浅埋め
シマリス	藪の下、岩の下、岩陰	巣穴と分散**	深～浅埋め

＊1穴に数十個ずつの分散型
＊＊越冬用の巣穴貯蔵と、春先用の1～数個の分散貯蔵

シガラスおよびシマリスの二種です。そして、この二種は、貯食もしています（表9）。もちろん、ヒグマ、キタキツネ、ギンザンマシコなどにとっても、すばらしい食糧ではありますが、これらは食べるだけです。

束生する実生

高山帯を歩くと、ときどき、ハイマツの実生《みしょう》や幼木の束生が見出されます。そして、ハイマツの実生といえば束生がふつうであり、単生《たんせい》する実生はむしろ稀です。束生とは、一つの穴から二本以上の実生が発芽してくることです。つまり、一つの穴に二個以上の種子が埋まっていたことを意味します。

図109に、一四本の実生の束生を示しました。実際には、束のようにかたまって成長しているのですが、便宜的に、展開させて一本ずつが描かれています。発芽に際し、それぞれの実生は、胚軸を長く伸ばし、種殻を地上にもち上げ、子葉を広げて、光合成を開始し、初生葉を展開しています。

なお、発芽に際しては、そして、実生段階では、これら一四本がかたまって、気象害、生物による食害や被陰《ひいん》に対処できます。特に、ほかの植物による被陰については、団結して対決できます。これは種間競争に当たるといえます。このことは、束生ならではの強みです。けれども、光を求めて、いずれ、実生間での生き残り競争が始まります。これは、種内競争といえるでしょう。

ホシガラス――ハイマツ種子の散布者

ハイマツ種子の散布者として、その散布距離から

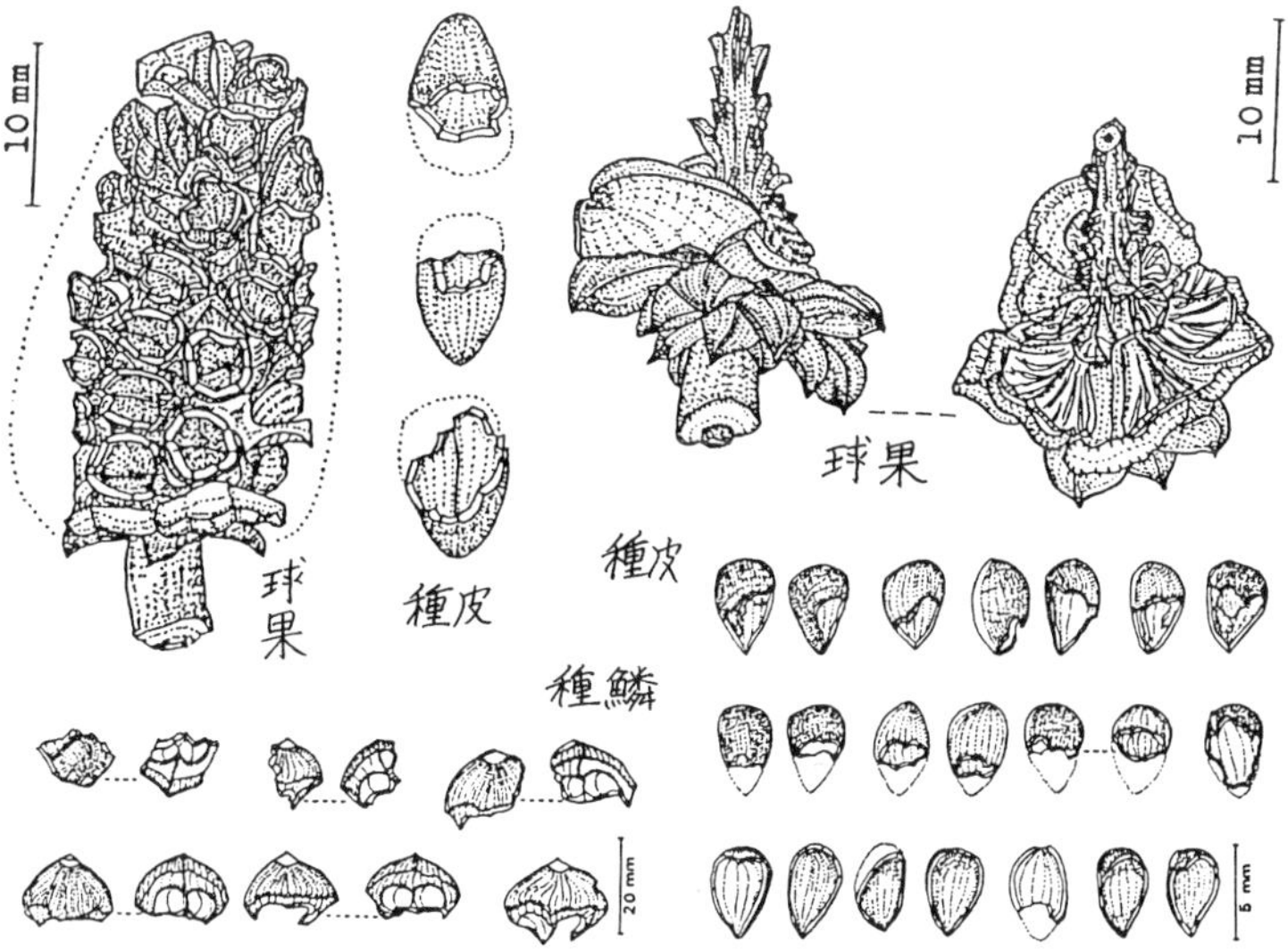

図108　動物にかじられたハイマツの球果（の種鱗）と種子（の種皮）
シマリスはかじる、ホシガラスは突つく、ヒグマはかみつぶす、と食べ方もさまざま。

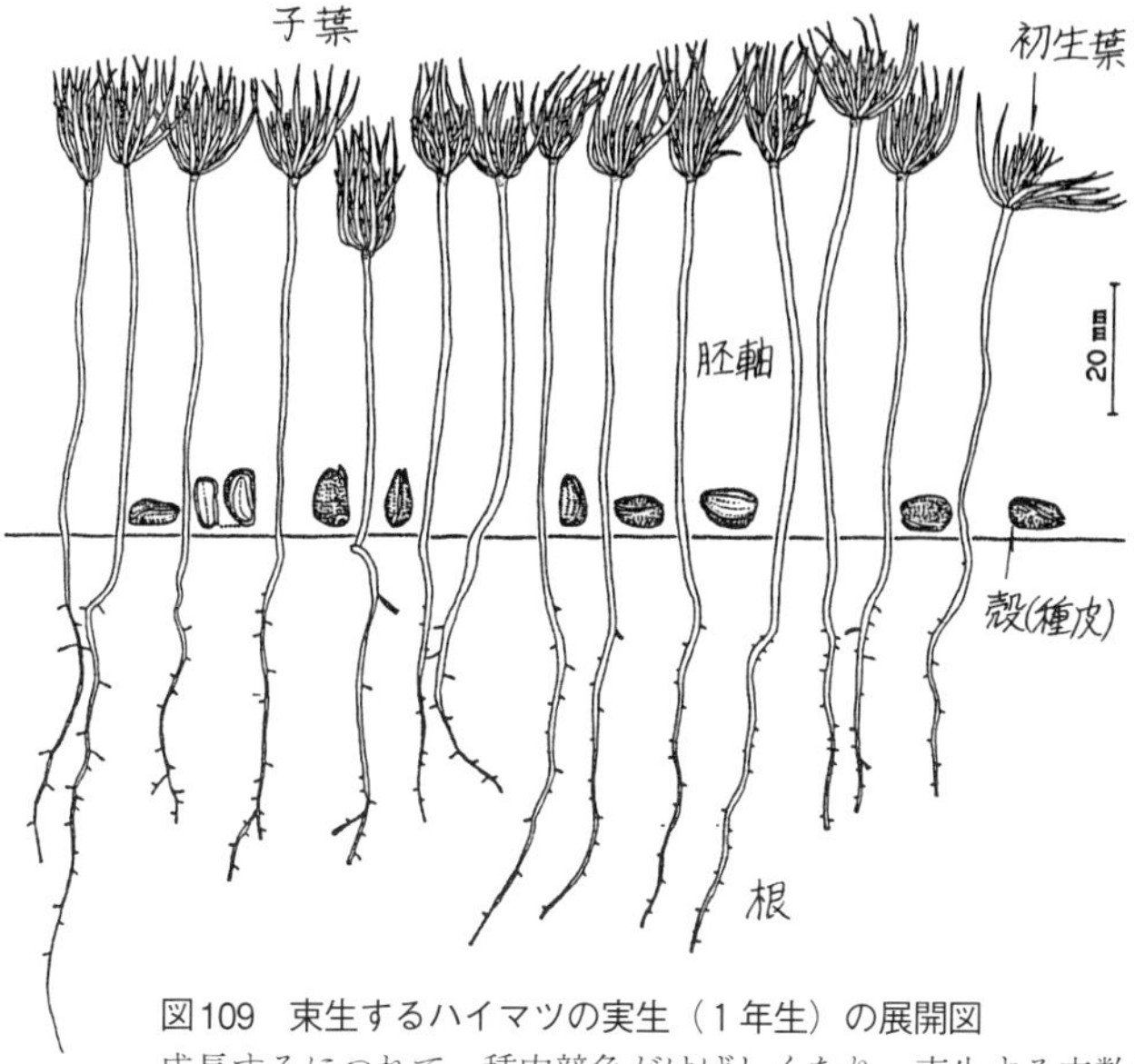

図109　束生するハイマツの実生（1年生）の展開図
成長するにつれて、種内競争がはげしくなり、束生する本数が減少してゆく。

みて、ホシガラスはもっとも重要な動物です。ホシガラスによる無翼種子マツ類の種子散布は、世界的に知られていて、アルプス山脈では、センブラゴヨウとヨーロッパホシガラスの関係（マッテス、一九八二）が、北アメリカでは、シロカワゴヨウとカナダホシガラスの関係（ランナー、一九九六）が、それぞれ詳しく報告されています。

そして、ホシガラスは、ハイマツのみか、日高山脈の南端のアポイ岳では、キタゴヨウの種子を食糧とし、貯食もしています（林田、一九八五）。また、ハイマツが不作の年には、ホシガラスが秋早くに山を降りて、都市公園に植栽されたチョウセンゴヨウの球果を突つくそうです。私たちも、十勝のピシカチナイ山で、北限のキタゴヨウの種子散布者として、ホシガラスとエゾリスを観察しています。

さらに、北アメリカでは、ホシガラスだけでなく、マツカケス類も、エデュリスマツ類という無翼種子マツ類（ゴヨウマツ亜属、パラセンブラマツ節、センブロイデス亜節）を散布しています（ランナー、一九八一、一九九六）。そして、ホシガラスにしても、マツカケスにしても、繁殖の成否は、無翼種子マツ類の豊凶（なり年周期）と密に関係しています。

種子を散布するに際して、研究者たちの観察によると、ホシガラスは、ハイマツの樹冠《じゅかん》から球果をもぎ取り、口にくわえて仕事場（パーチ）まで運び、そこで球果の種鱗を突き壊して種子を取り出し、呑みこみ（のど袋に入れ）、ふたたび飛んで、貯蔵場所（カッシ）につくと、十数個から数十個を一つの穴に埋めるのです。そのために、束生が生じることになります。

ハイマツとしては、種子が熟すまでは球果を緑色に保ち、種子が熟すと、緑色の樹冠上に、熟した赤褐色の球果を目立たせ、ホシガラスを呼ぶのです。これをディスプレイ効果といいます。また、球果がたやすくもぎ取られるように、球果軸と枝とのあいだには、剥がれやすい離層《りそう》を形成するのです。そして、無翼であることは、有翼の場合よりも、ホシガラスが種子を呑みこむ手間を省くことになります(図29、104、107参照)。

表10　ハイマツの実生の観察地

束生実生の観察地	標高	母樹群の下限	束生数	観察年月
十勝岳のトムラウシ側	900m	十勝岳 1000m	>10本	1974. 9
利尻島の姫沼	100m	利尻岳 500m	>10本	1981. 7
勇駒別(旭岳温泉) 1	1000m	旭岳 1400m	3本	1981. 8
2	990m		1本	&
3	950m		7本	1982.10
知床峠付近 1	675m	羅臼岳 665m	~10本	1981. 9
2	580m		~13本	&
3	400m		~ 7本	1982. 9
羊蹄山	1870m	羊蹄山 1700(?)	~ 8本	1982. 9
イワオヌプリ(ニセコ山系)	750m	イワオヌプリ 750m	~ 5本	1982.10

貯蔵場所

ホシガラスの種子の隠し場所、カッシは、高山帯の裸地、礫地《れきち》、匍匐低木や小草本類のカーペット、小崩壊地などにあるのですが、束生する実生が存在することで、そこがカッシであったことを知ることができます。

また、高山帯にかぎらず、亜高山帯や中山帯にまで、実生の束生が見出されます。私が、北海道の各地で観察したハイマツの実生は、表10に示しました。実生数は、十数本まででした。そして、母樹群の垂直分布の下限から下方へ、一〇〇~五〇〇メートルくらいまでに、ハイマツの実生が見出されました。この標高差は、斜め距離に換算するなら、おおよそ二〇〇~一〇〇〇メートルにもなります。この散布距離は、シマリスではなく、やはり、翼をもつホシガラスによるものである、とみなされます。

知床半島では、ハイマツ帯がたいへん広く分布し、羅臼《らうす》岳の標高一六六一メートルから中山帯の標高五〇〇メートルよりいくらか下方にまで分布していて、垂直分布の約三分の二を占めています。そして、ここに建設された知床横断道路の法面《のりめん》には、ハイマツの実生の束生が見出されます(図110)。

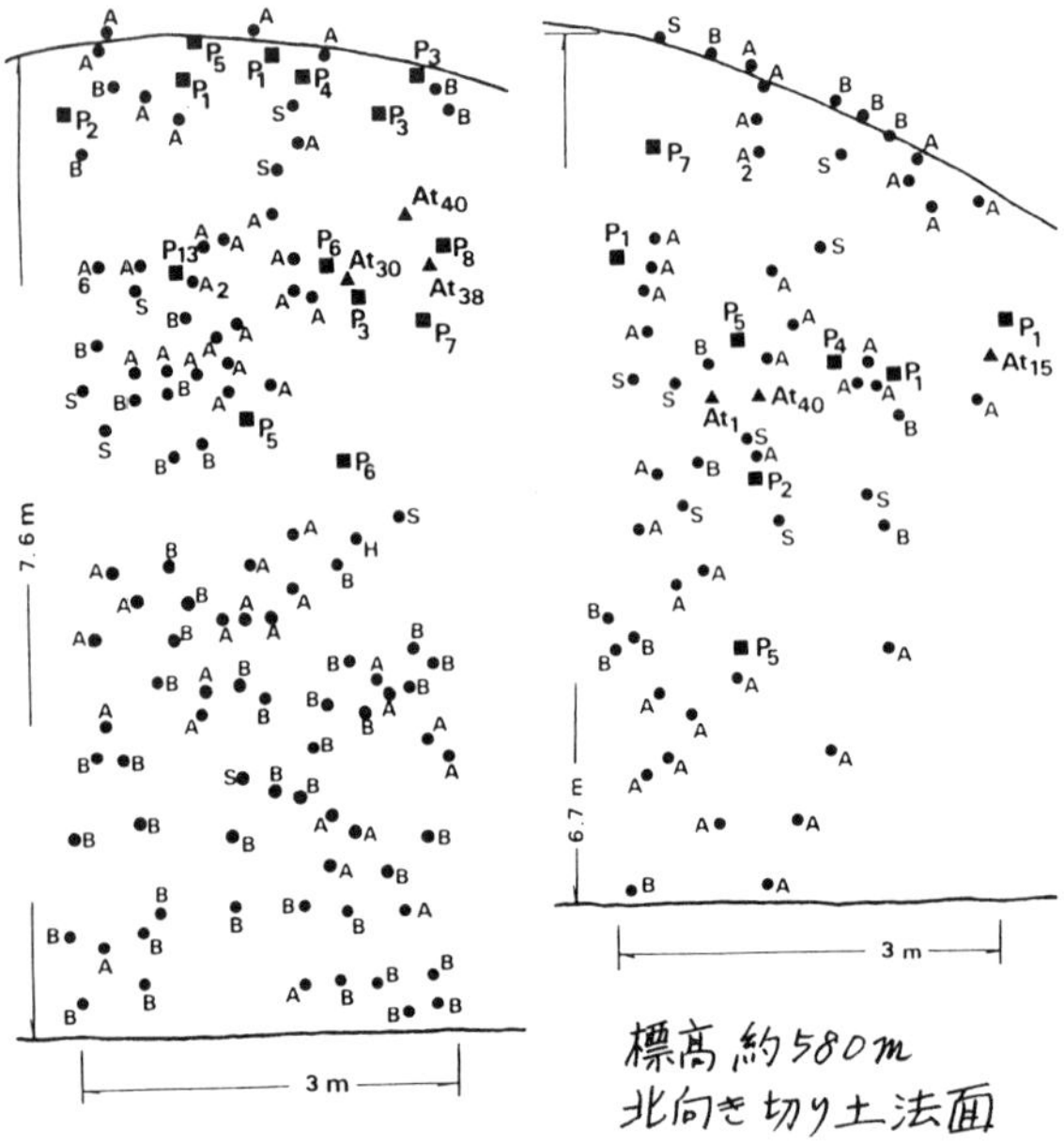

図110　知床横断道路の法面上部に束生して生育するハイマツ、トドモミ、ミネカエデの実生の位置図
A:トドモミ、At:ミネカエデ、B:ダケカンバ、H:ノリウツギ、P:ハイマツ、S:エゾノバッコヤナギ、数字の1～40は束生数

道路法面に生育するハイマツの実生は、全面に存在するのではなく、上部にかぎられています。このことは、ホシガラスが知恵者であって、積雪が薄い、積雪が滑落しやすい場所にのみ、種子を埋める性質をもっていることを暗示しています。つまり、この部分なら、冬季の掘り出しが容易であり、雪解けが最も早い場所でもあるからです。

ハイマツ種子の代用食

ところで、よくみると、図110には、トドモミ（トドマツ）およびミネカエデの実生も存在します。ミネカエデは束生です。この翼果は、ハイマツ種子より小粒ですが、翼さえなければ、ナッツに似ています。おそらく、ホシガラスがまとめて埋めたので、束生したのでしょう。小粒な分だけ、四〇本もの束生が生じたのでしょう。

他方、トドモミは、法面上部にのみ束生があり、

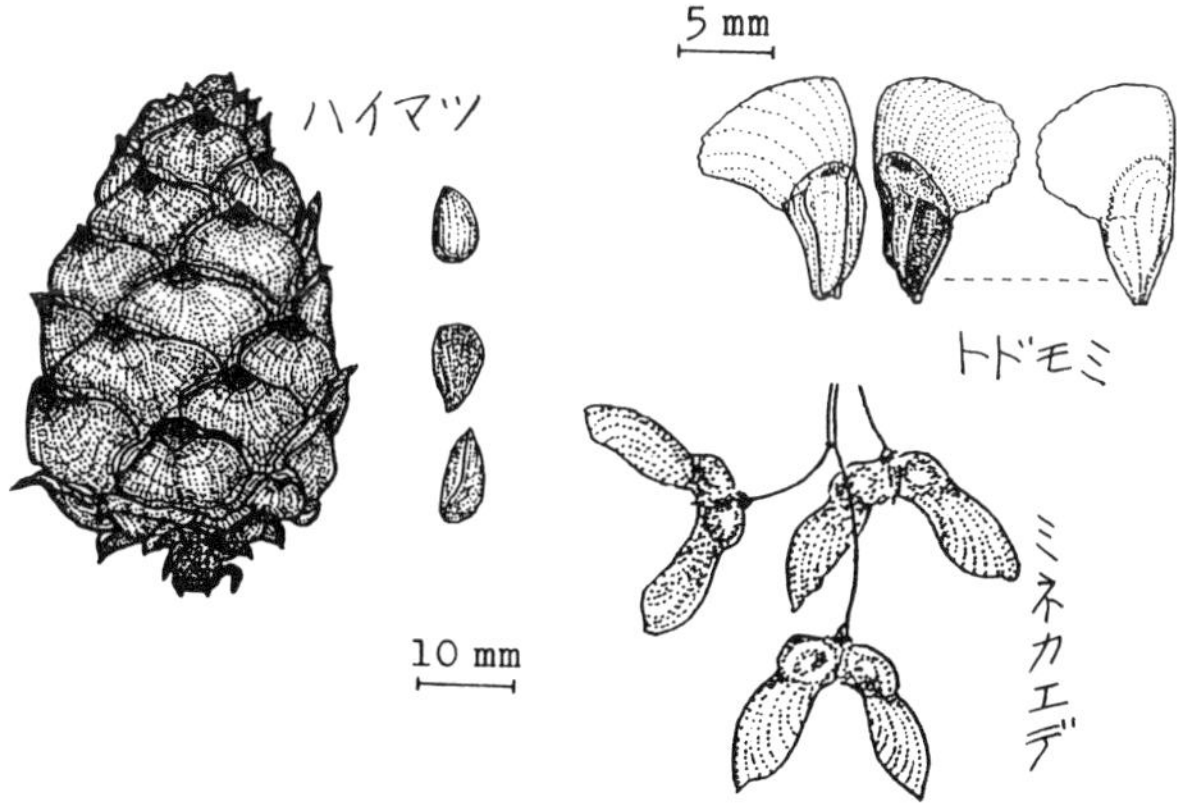

図111　ハイマツの球果と種子、トドモミの種子およびミネカエデの翼果
ハイマツ種子の不作・凶作の場合には、トドモミの種子およびミネカエデの翼果が代用食として貯食されるのである。

中部から下部の実生は単生です。このことは、上部の実生はホシガラスによって埋められた種子から発芽したものであるが、法面の中部から下部に単生する実生は、母樹から風散布されたものである、ということを暗示しています。つまり、法面の中部から下部では、積雪が深く、上方からの積雪の移動もあって、春遅くまで雪が消えないからです。

図111に、ハイマツの種子、トドモミの種子、そしてミネカエデの翼果を示しました。ハイマツに比べ、後の二つは、ナッツとしてはやや小粒ですが、ハイマツの不作年には代用食にはなりえます。

それゆえ、偶然的な動物散布に入れるべきかもしれませんが、有翼種子や翼果であっても、風散布とはかぎらず、代用食として、貯食型の動物散布もありうる、ということになります。知床半島の亜高山帯から中山帯における、木本類のタネと種子散布者の関係を、表11に示しました。ダケカンバの微小な

表11　木本類のタネ（果実ないし種子）の形と散布者

種	生活形	タネ	長さ**（mm）	風散布の距離（m）	種子散布者
トドモミ＊	高木	有翼種子	6-7	< 100	風（＋動物）
ダケカンバ	高木	翼果	3-2	< 1000	風
ミネカエデ	低木	翼果	5-7	< 100	風（＋動物）
ミズナラ	高木	無翼堅果	20-30	< 10	動物
ハイマツ	低木	無翼種子	8-11	< 10	動物

＊＝トドマツ、＊＊＝翼をのぞいた長さ

翼果は、風散布に適していますが、さすがに、動物散布はされないようです。

2章の3で、すでに述べたように、トドモミが遅足《おそあし》の旅人《たびびと》であり、風散布では一年に二メートルの移住速度であったとみなされます（図45参照）。けれども、このように、動物散布を考えると、ホシガラスでも、一〇〇〇メートルくらい遠方へ散布できますから、一〇〇〇メートルを五〇年間で割ると、一年間当たり約二〇メートルという、トドモミについては、一〇倍もの移住速度さえ可能性があることになります。換言するなら、重い種子ほど、風散布より動物散布の方が、遠くまで移住できるということでしょう。

ハイマツの播種の苗畑実験

観察だけでは、推測が大きすぎることになりますから、私は実験をしてみました。束生について、ホシガラスを真似て、一つの穴に二〇粒播きをしてみたのです。このとき、同時に、ミズナラおよびオニグルミの苗畑実験と同様に、覆土《ふくど》の深さのちがいによる発芽率も観察しました。

単粒区と二〇粒区

一穴二〇粒は、ホシガラスの貯蔵所の束生に近い数値です。そして、比較のために、一穴一粒（単粒）も試みました。その状況は、図112のようでした。

ハイマツの種子は、乾燥状態なら、種皮が丈夫で、数年の寿命（休眠性）があります。しかし、湿った地下では、一成長期しか寿命がなく、発芽できない

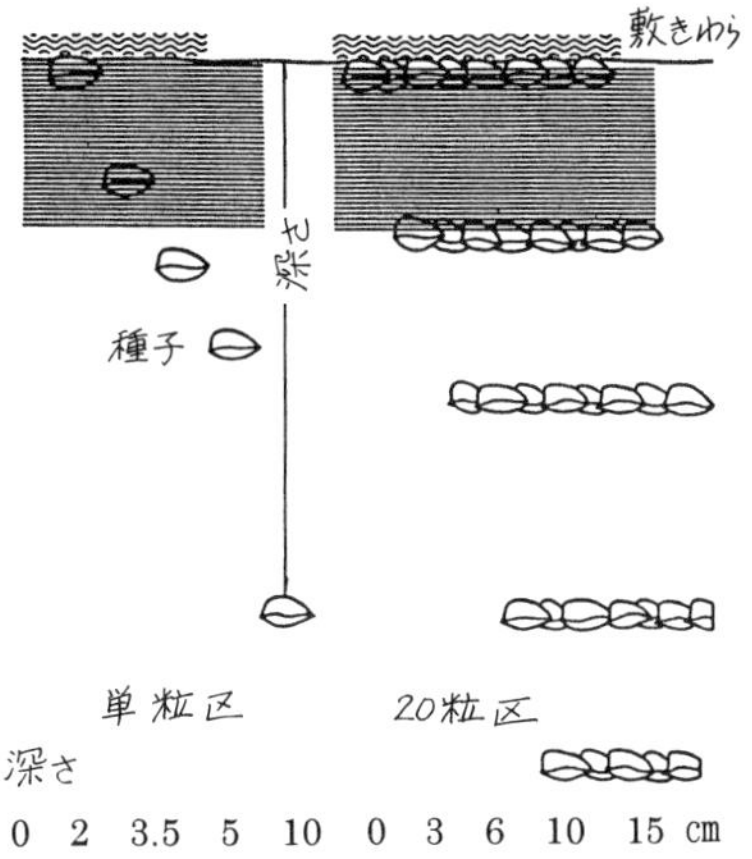

図112　ハイマツの単粒播き（単生）と20粒播き（束生）の深さ別播種実験

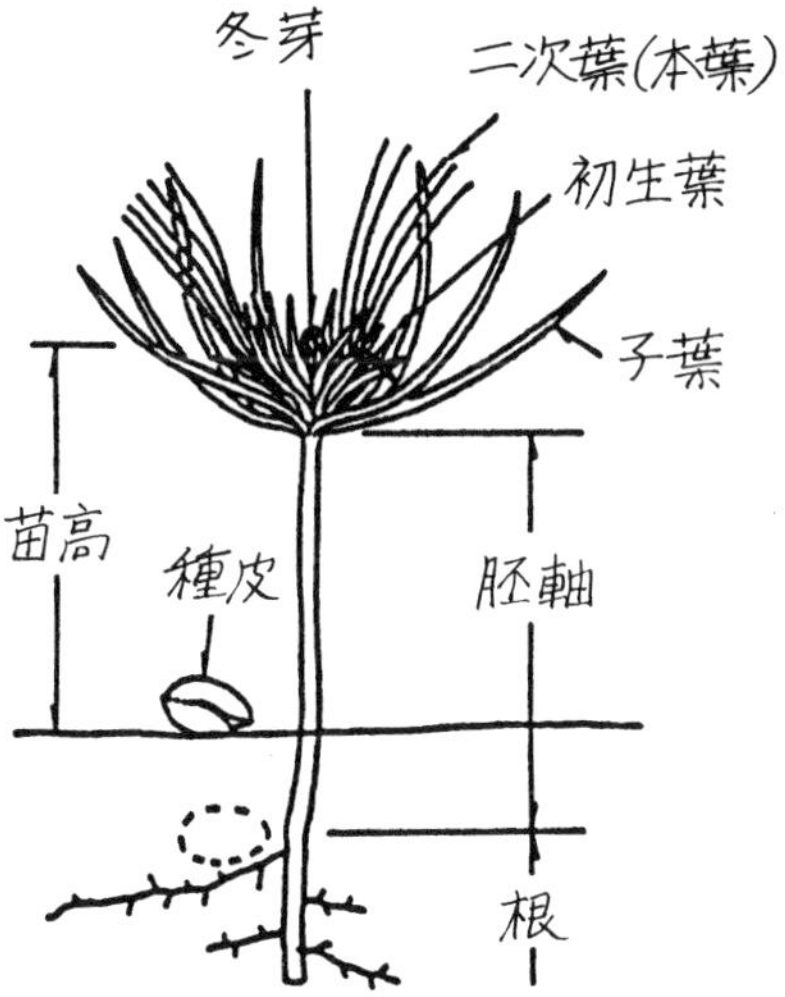

図113　ハイマツの実生（1年生の芽生え）の各部分の用語

と腐ってしまいます。

その発芽は、まず、発根し、直根《ちょっこん》が地下に深く伸び、胚軸が伸びて、種皮《しゅひ》と子葉《しよう》をもち上げ、種皮を落とし、子葉を展開、初生葉を伸ばし、冬芽《ふゆめ》を形成し、いくらか二次葉（本葉）を展開する、となります。子葉だけの実生は、胚乳の栄養で発芽しただけですから、越冬や翌春からの成長が困難です。子葉の光合成により、初生葉が出た実生は、冬芽が充実すれば、越冬も、翌春からの成長も可能です。子葉および初生葉の光合成により、二次葉が出た実生は、旺盛な個体であり、翌春からの成長も旺盛であるといえます（図113および、図29、105参照）。

実験の結果は、表12のようになりました。

単粒区では、深さが三・五センチメートルくらいまではよい発芽率、よい生存率でしたが、それより深いと、極端に成績が悪くなり、深さが五センチより下方では、まったく発芽できませんでした。

表12　ハイマツの深さ別播種実験の結果

深さ*（cm）	20粒／穴** 発芽率	20粒／穴** 生存率	1粒／穴 発芽率	1粒／穴 生存率
0	64	48	85	70
0.5	85	60	80	45
1	96	79	85	65
1.5	93	71	90	70
2	83	56	80	55
2.5	91	78	60	35
3	89	67	60	55
3.5	92	85	70	65
4	64	49	15	10
4.5	79	61	0	5***
5	63	47	0	0
6	78	58	0	0
7	10	1	0	0
8	7	0	0	0
9	13	5	0	0
10	12	0	0	0
12.5	0	0	0	0
15	0	0	0	0

＊＝わら敷きあり、＊＊＝カッシに模して、＊＊＊＝遅れて地上に出てきた。
発芽率：1982年5月27日調査、生存率：1982年10月19日調査

二〇粒区では、深さが六センチまでは束生して、よい発芽率、よい生存率でしたが、それより深いと成績が悪くなりました。しかし、率は低くても、深さ一〇センチまでは発芽が可能でした。

この結果は、単粒埋めでは、深くなると、胚軸が種皮と子葉をもちあげられないことを、そして、二〇粒埋めでは、胚軸が束になって土粒子の抵抗にも負けずに、種皮と子葉とを地上へもち上げることができることを暗示します。つまり、束生の意義として、二〇粒の団結力が、地上子葉性の弱点を補って、地下子葉性のミズナラなみに、深さ一〇センチまでの深埋めに対応できる、ということになります（図109参照）。

球果ごと埋める

高山帯の小裸地には、しばしば、ハイマツの束生がみられます。この束生する実生は、貯食動物ないし崩土によって、球果ごと埋められたのではないか？という質問が、生態学の大家から発せられたことがあります（図107参照）。

けれども、球果ごと苗床に埋めてみたら、すべての球果で、発芽が不成功に終わりました。一～二個の胚軸から子葉が顔を出したり、鎌首のままの胚軸が現れたりしましたが、途中で枯れて、苗木にはなりませんでした。そこで、球果を掘り出したところ、図114のようになっていました。

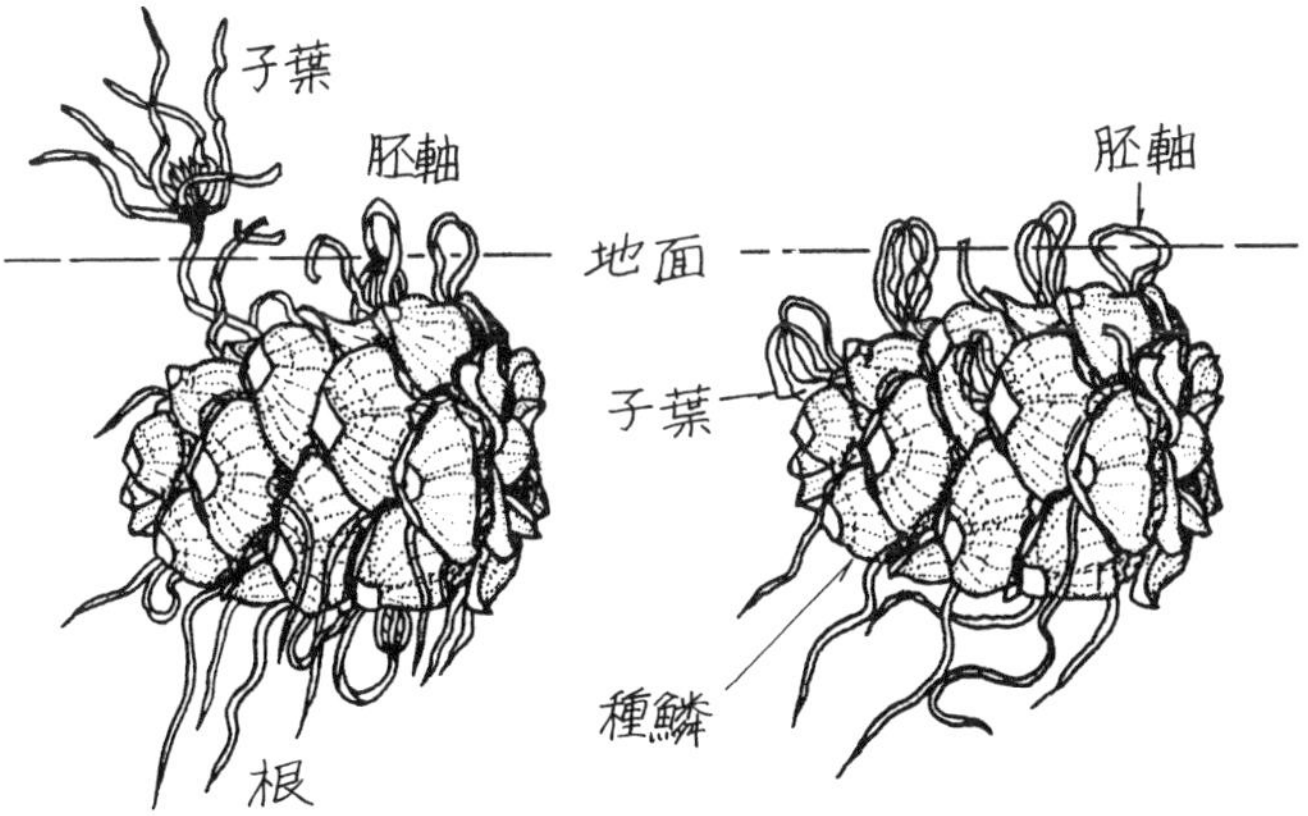

図114　ハイマツ種子を球果ごと地下に埋めた場合の発芽不良
束生は、動物による多数の種子の貯蔵に由来するのであり、球果ごと埋められても発芽が成功しない。

発芽のためには、根を伸ばさなければなりません。そして、子葉を地上にもち上げなければなりません。しかし、地下では、土が湿っているので、球果の種鱗が開きません。種鱗が開かないと、種子が縫合線《ほうごうせん》から割れても、種皮の隙間、それに種鱗の隙間という、二重の狭き門が災いして、根も胚軸と子葉もうまく出てこられないのです。

それゆえ、束生するハイマツの実生、幼木、若木は、すべてが動物による貯食と関係しているのです。そして、チョウセンゴヨウでも、ヒダカゴヨウ（キタゴヨウ）でも、同様であるといえます。

束生と自然淘汰

ハイマツの実生の束生は、ホシガラスによる種子隠し、一穴に数十個の種子を埋めることによって成り立ちます。この束生は、上述のように、高山帯のようなきびしい気象条件下に生き残りやすい、他種との競合＝種間競争に負けにくい、成長の過程で種内競争が生じ、数が減っていく、種子が深埋めされても、数の力で発芽できる、球果ごと埋められたのではない、などの特徴があります。

さらに、束生に関しては、つぎのような興味深い観察もあります。また、束生に似た苗木の植栽方法もあります。

風散布型と動物貯食散布型とのちがい

ハイマツの束生は、各地で観察されていますが、個体の成長および加齢によって、数が減ってゆきます。光を求めての種内競争により、伸びが小さく、光不足になった劣勢個体がつぎつぎに枯死してゆくのです。

一年生個体では、単生がほとんどありません。しかし、加齢にともない、七年生くらいから束生する個体数が急激に減り、一〇年生をすぎると、一～二本になる傾向にあります（渡辺、一九九四、渡辺ほか、一九九七）。発芽直後には、生き残りのためには束生数が多い方が有利です。しかし、大きくなれば、束生数が少ない方が、光合成の純生産量の観点からも、合理的であるといえます。

また、渡辺ほか（一九九〇）によると、風散布型のリギダマツ（ニヨウマツ亜属）と動物散布型のチョウセンゴヨウ（ゴヨウマツ亜属）の巣植《すう》え試験では、リギダマツが種内競争において優劣がつきにくいのに対して、チョウセンゴヨウは優劣がつきやすい傾向にあります。このことは、チョウセンゴヨウが、ハイマツと同様に、束生からスタートする種特性を有することを暗示しています。他方、リギダマツは、風散布され、単生からスタートするので、こうした種特性をもたないため、種内競争が長引くのでしょう。

密植─寄せ植え、巣植えおよび束植え

自然界における束生と似た植えつけ方法に、寄せ植え、巣植え、束植《たばう》えなどがあります。寄せ植えおよび巣植えは、造林地内に点々と苗木を密に、一穴一本ですが、数本を近づけて、小群として植えつけるのです。苗木を混ませて植えて、下刈りを減らし、光を求めて上へ上へと伸ばす、初期成長を促進する手法です。

また、束植えは、寒乾風、豪雪、種間競争などの、きびしい自然環境に対応させた育林手法です。一つの植え穴に複数（二～一〇本）の苗木をいっしょに植えつけます。

こうした点的な密植は、初期には有効ですが、加齢やサイズの増大とともに、欠点も生じてきます。種内競争が激しくなってきても、自然淘汰が進まず、各個体が劣勢化しても生き残り、幹が反ったり、個体の純生産量が減退し、林木としての価値が下がってしまうからです。上述のリギダマツの巣植えのように、普通の植栽方式よりも、早めの間引きが必要になります。

トドモミ（トドマツ）、アカエゾトウヒ（アカエゾマツ）の束植えでも、初期には群の効果で成長が順調であり、幹や根の癒合もあって、砂丘林づくり・崩壊斜面の緑化ほかの、防災林には、巣植えよりも有効です。しかし、加齢にともない、自然淘汰が進まないので、一植え穴の全個体が劣勢化して、成長が衰えます。私も参加した、道南の雪崩《なだれ》防止林造成においては、束植えトドモミの加齢による劣勢化が明らかでしたが、部分的に人為淘汰して、一植え穴一本に間引いた個体は、その後も旺盛な成長を継続しています。また、造林地でも、トドモミでは、束植えのままでは、幹が癒合して、芯が多数ある、商品価値のない木材が生産されてしまいます。

つまり、束生や巣植えは、植えつけの初期には有

効であるが、その後放置したままでは、かえって好ましくない結果が生じる、ということです。それゆえ、経済行為としての造林地における巣植えが、今日ではほとんどおこなわれなくなったのでしょう。

しかし、渡辺ほか（一九九〇）の指摘のように、自然界においても束生する樹種、これは貯食型動物散布に由来するものですが、この樹種であれば、加齢による本数の自然淘汰がありますから、巣植えは、造林的にも有効である、といえましょう。チョウセンゴヨウ、ゴヨウマツ（母種のヒメコマツおよび変種のキタゴヨウ）などには、巣植えないし束植えが推奨されます。

広葉樹類でも、ミズナラ、イタヤカエデなどでは、数本から十数本の束生が観察されますが、こうした樹種も、束植えが有効かもしれません。

貯食型散布に適応した無翼種子マツ類

以上のように、無翼種子をつけるマツ類は、束生とも関係して、貯食型動物散布に適応してきました。それらは、すべてがゴヨウマツ亜属であり、センブラマツ節のセンブラゴヨウ亜節（ストーンパイン類）の四種、チョウセンゴヨウ、センブラゴヨウ、シロカワゴヨウ、ハイマツ、ストローブゴヨウ亜節（ホワイトパイン類）のゴヨウマツ、フレキシリスゴヨウ、そして、バラセンブラマツ節のセンブロイデスマツ亜節（ピンヨンパイン類）のエデュリスマツ、ヒトツバマツほかです。

ニヨウマツ類（亜属）は、種子本体に比較して大きい翼をもっています。風を利用して、昔ながらの散布方法を墨守《ぼくしゅ》しています。これに対して、ゴヨウマツ類（亜属）は、有翼のものも数多くありますが、一部の種では、翼を小さくし、あるいはなくし、反対に、種子を大きくして、動物を利用するようにな

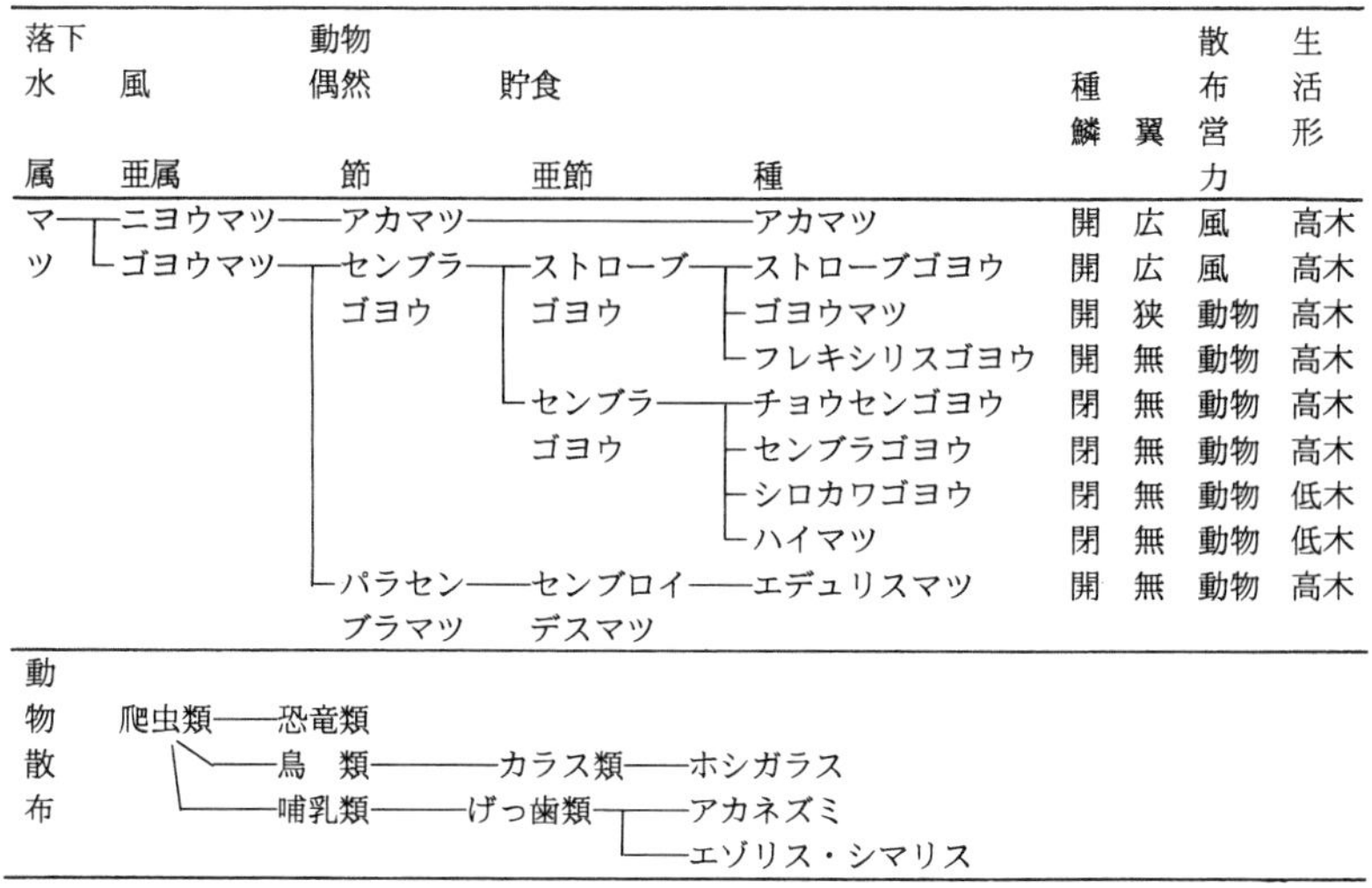

図115　動物散布に適応したセンブラゴヨウ亜節ほかの無翼種子マツ類の進化（仮説）

りました。

また、ニヨウマツ類では、ほとんどの種が、風散布され、陽樹で、裸地にいっせいに侵入し、先駆林《せんくりん》を形成します。ゴヨウマツ類にも、有翼で、風散布型の種が数多くあります。これに対して、ゴヨウマツ類でも、動物散布型の種には、耐陰性《たいいんせい》のある陰樹《いんじゅ》もあります。これらは、陽樹林の林床《りんしょう》に、動物によって種子が埋められ、耐陰性によって生き続け、先駆樹の枯死をまって、林冠層《りんかんそう》に進出し、後継林を形成するのです。

ストーンパイン類は、主としておもにホシガラス類によって、ときには、エゾリス、シマリスなどによっても、貯食型の散布をされます（ランナー、一九九六、マッテス、一九八二、斎藤、一九八三f、ほか）。また、ピンヨンパイン類は、主としてマツカケス類によって、貯食型の散布をされます（ランナー、一九九六）。

これらをまとめると、図115のようになります（図104、108、109、ほか参照）。

4　なり年および不なり年

木の実の生産は、野生の樹木の場合には、ふつう、なり年（豊作年）と不なり年（不作年、凶作年）とが交互になっています。これが隔年結実《かくねんけつじつ》です。どうして、一年おきに豊作になるのでしょうか？

なり年の周期

なり年とは、たくさんのタネがなり、貯食する動物が秋にも、越冬中にも、春にも食べて、なお、食べ忘れがあり、翌春の発芽がうまくゆくことを意味します。また、不なり年とは、その逆で、少しのタネがなっても、翌春の発芽までには食べ尽くされてしまうことを意味します。

ミズナラのなり年・不なり年

ミズナラの苗木づくりをほぼ八年間、道北の苗畑で研究してきたときに、タネ採りが順調な年と不順な年があることを知らされました。数万本単位の苗木養成ですから、重さが一粒三グラムのドングリでは、少なくとも三〇キログラムが必要になります。こうした大量のタネ採取ですから、研究者がおこなうような一枝、一本の木、一林分《りんぶん》における豊凶の周期ではなく、樹種の個体差や林分の差、さらには小地域差まで、問題外になってしまいます。

ミズナラの場合、海岸林を造成するための苗木養成が目的でしたから、主として、天然生海岸林の、風衝樹形《ふうしょうじゅけい》で、背丈の低い母樹群から、枝からも、落下したばかりの地面からも、ドングリを採取しました。

その結果は、表13に示しましたが、多少のばらつきはあっても、ほぼ一年おきに豊作になっています。

なり年には、道北一帯で、どの地域においても、ほぼ豊作であり、ドングリが大きく、健全率が高く、二胚果（双子果）も多い傾向にありました。逆に、不なり年には、道北一帯が不作・凶作であり、ドングリも小さく、虫害率がきわめて高く、タネとしては採取できない傾向にありました。

ハイマツのなり年・不なり年

つぎに、ハイマツの場合です。ハイマツは、高山帯にあり、苗木生産にかかわりがありませんでしたので、登山や環境影響調査などにおいて、なり年の周期を調べたのです。それゆえ、ミズナラのような大規模なタネ採取と比較しにくいのですが、おおよその傾向がわかりました。

毎年の種子採取ないし観察がなくても、ハイマツの幹や枝には、ホシガラスに採取されやすいように離層《りそう》ができて、球果が枝から剥がれやすいようになっているため、球果の落下痕が残っています（図107、108参照）。これを追跡すると、なり年の周期が判明

表13　ミズナラ，カシワおよびイタヤカエデのなり年・不なり年（北海道北部の海岸林）

種	場所	1970	71	72	73	74	75	76	77
ミズナラ*	稚内市抜海	−	−	−	◎	○	×	×	−
	天塩町北川口	−	○	×	○	○	×	○	△
	浜頓別町豊牛	−	○	△	○	×	○	△	−
	枝幸町川尻	○	×	○	○	×	◎	×	−
	中川町内	−	○	×	−	−	○	△	△
カシワ*	天塩町浜更岸	−	○	−	○	○	△	○	△
	小平町花岡	−	○	×	◎	△	−	−	−
イタヤカエデ**	稚内市抜海	−	−	−	○	△	×	×	−
	天塩町北川口	−	○	−	○	△	○	△	△
	遠別町丸松	−	○	−	○	△	○	×	△
	羽幌町焼尻島	−	○	−	○	−	△	−	-
	中川町内	−	○	×	○	△	○	×	△

採取量は，観察という程度ではなく，数万本の苗木を育成する数量である
*貯食型動物散布，**風散布（＋貯食型動物散布）
－：採取に行かなかった（不なりの見込み，あるいは遠方なので），
×：不なり年，△：少なり年，○：なり年，◎：大なり年

表14　ハイマツのなり年・不なり年（知床半島の稜線にあるクマの平）

No.	1976	77	78	79	80	81	82	83	84	85*
1	ー	×	×	○	×	○	○	×	×	○
2	ー	ー	×	○	×	○	○	×	×	○
3	×	○	×	○	○	○	○	×	×	×
4	×	○	×	○	○	×	○	×	×	○
5	×	○	×	○	×	○	○	○	×	○
6	×	○	×	○	×	○	○	○	×	○
7	ー	×	×	○	×	×	○	○	×	○
8	×	○	×	○	×	×	○	×	×	○
9	×	○	×	○	×	×	○	×	×	○
10	ー	×	×	○	○	○	×	○	×	○
11	×	×	×	○	×	○	×	×	×	○
12	ー	ー	×	×	×	×	○	×	×	○
13	ー	ー	×	×	×	○	×	×	×	○
14	×	×	○	×	×	×	○	×	×	○
15	×	×	○	×	×	×	○	×	×	○
16	×	×	○	○	○	×	○	×	×	○
17	×	×	○	×	○	×	○	×	×	○
18	ー	ー	×	×	○	○	○	×	×	○
19	ー	×	○	×	○	○	×	×	×	○
20	○	○	○	×	×	×	○	×	×	○
総合	×	△	△	○	△	○	○	△	×	◎

なり年・不なり年は，球果のつき跡の有無・数から確認できる
*一年生球果からの推測，ー：不明，×：不なり年，△：少なり年，○：なり年，◎：大なり年

します。一〇年くらい前までのようすを、容易に知ることができます。なお、ハイマツは球花から成熟球果になるまで二年を要するために、一年生の幹や枝に、翌秋に成熟する一年目の小球果がなっているので、翌年の豊凶を予測できます。

その結果は、表14に示しました。やはり、多少のばらつきはあっても、ほぼ一年おきに豊作となっています。

ミズナラにしても、ハイマツにしても、貯食型のタネをつける樹種の大部分は、ほぼ隔年結実です。大胆にいえば、西暦で、なり年は奇数年であり、偶数年が不なり年です。

しかも、驚いたことに、多肉果をつける樹種の大部分も、やはり、隔年結実です。このことは、野生のものに限定されず、栽培される果樹にも、ほぼ該当します。カキが例としてよく知られていますし、ミカン、リンゴ、サクランボなどにも隔年結実があります。安くて美味しい年が、なり年です。高くて美味しさがいま一つの年が、不なり年です。

さらに、風散布型の樹種の多く、カエデ類、カンバ類、ハンノキ類、トネリコ類ほかについても、隔年結実の傾向があります。このように、広葉樹類の大部分の樹種において、果実・種子の生産に、なり年・不なり年が、あたかも相談したかのように連動しているのは、たいへん不思議なことです。

針葉樹類では、花でも、なり年・不なり年がわか

ります。たとえば、スギの花粉の量です。花粉の多い年、つまり、花粉症になりやすい年には、スギの球果・種子が大量に生産される年です。マツ類、モミ類、トウヒ類などでも、なり年・不なり年があります。ただし、針葉樹類では、隔年結実ではなく、数年に一度の場合が多い傾向にあります。そのため、林業では、苗木用の種子を確保するために、種子貯蔵庫をもち、数年に一度の大なり年に、たくさんの種子を採取し、並なり年・不なり年にも、この種子を用いて苗木づくりをしています。

果実食者と害虫

木の実は、子孫を残すため、子孫の発芽および初期成長のために、十分な栄養を貯えています。それゆえ、フルーツ食者にとっても、ナッツ食者にとっても、ヒトにとっても同様ですが、十分な餌であり、食糧なのです。このことは、フルーツ害虫およびナッツ害虫にとっても、同様です。

それゆえ、毎年、コンスタントに木の実があると、果実食者も害虫も、コンスタントに個体数を維持し続けることになります。その結果、散布されるべきタネが食い尽くされてしまい、木々が子孫を残すことに支障が生じます。

ところが、隔年結実であれば、こうした支障が解決されます。つまり、なり年の秋から翌年にかけて、果実食者も害虫も、食糧が豊富なので、個体数が増加します。ところが、不なり年の秋から翌年にかけては、食糧が乏しいので、越冬や繁殖が成功しにくくなりますから、果実食者も害虫も、個体数がいちじるしく減少します。

草食動物と肉食動物の個体数の変動、タネとタネ害虫の個体数の変動など、食われる者と食う者との関係については、多くの研究があります。木の実についても、隔年結実を考えると、食う者は、食われる者の豊凶に大いに影響されているにちがいありません。

ナッツ類と貯食動物との関係は、なり年・不なり年から、容易に考えられます。しかし、被食型のフルーツ類と散布動物との関係は、タネまで食べ尽くされないことから、なり年・不なり年からだけでは説明が困難です。それでも、害虫類を考えれば、不なり年の意義がわかりやすくなります。風散布型のタネについても、散布動物が関係ないのですが、害虫類を考えれば、やはり、隔年結実が重要になるでしょう。

図116は、果実・種子の豊凶年とフルーツ食者・ナッツ食者（および害虫）の個体数ないし生息数の推移を模式化したものです。

おそらく、原始時代から縄文時代には、採取経済ですから、ヒトも、同様に、なり年・不なり年の影響を強く受けたにちがいありません。けれども、自然現象にしたがってばかりいないで、ヒトは農業を始めました。

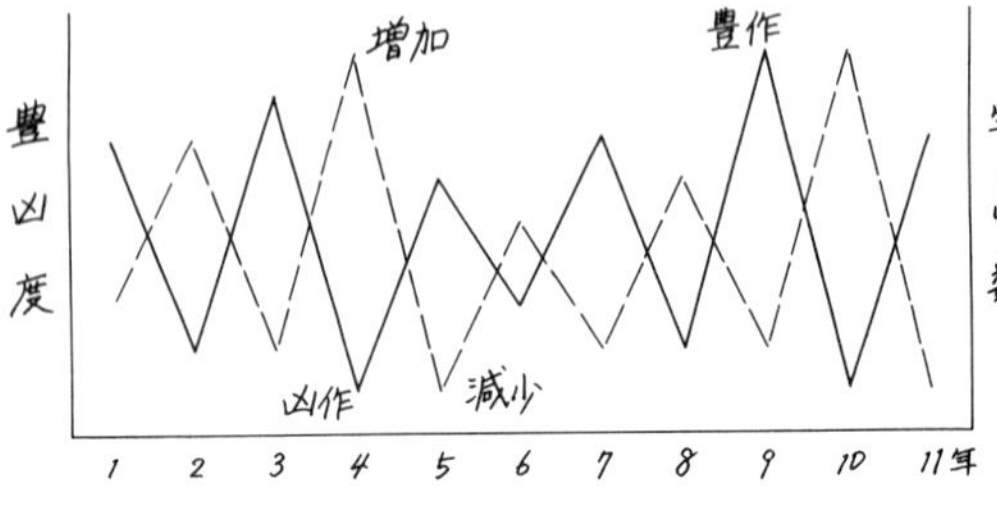

図116　果実・種子の食害と豊凶年の関係（模式図）

不なり年と冷害年

秋に果実がまったく、ないし、ほとんど稔らない年があります。これが、広い意味での不なり年です。

不なり年については、林業では、育苗用の種子を採取する観点から、昔から、いろいろな説が出されてきました。

①天候が不順であると、花が咲いても、結実量が少ない。

②ある年の天候が不順であると、翌年の花芽《はなめ》がつくられにくい。

成長期の天候不順、たとえば、雨天続き、強風続き、積算温度《せきさんおんど》不足、ほかがありますが、こうした天候不順は、受粉・受精の良否、果実・種子の成長に、大きく影響します。また、休眠期の異常低温も、花芽・葉芽《はめ》の越冬に影響します。

③たくさん結実すると、樹木の体力が低下し、翌年の花芽ができにくくなります。これは、栄養失調といえます。

おそらく、体力の低下、樹体に貯えられた栄養分の欠乏が、花芽の形成を抑制し、体力の回復が花芽の形成を促進するのではないか、と考えられます。このことに関して、ソメイヨシノはほとんど結実しないし、八重咲きのサクラ類は結実しないので、毎年、満開になります。そして、哺乳類や鳥類では、一般的に、栄養失調になると、繁殖しなくなります。

上述の①および②は、冷害年と考えられます。そして、③は、隔年結実における狭い意味での不なり年と考えてよいでしょう。私は、④として、先に述べた果実食者と害虫の説を加える必要がある、と考えています（図116参照）。

それでは、狭義の不なり年と冷害年を検討してみましょう。

狭義の不なり年には、まったく開花しないか、ごくわずかしか開花しないのです。そのために、その年が高温で、積算温度が十分であっても、受粉・受精がないので、つまり、元がないので、果実や種子が生産されないのです。それゆえ、不なり年には、成長期の気候があまり関係しないとみられます。

ところが、冷害年は、むしろ、なり年に生じるのです。十分に開花し、受粉・受精しても、成長期に低温が続くと、花から果実へ、子房壁《しぼうへき》から果皮《かひ》へ、胚珠《はいしゅ》から種子へと充実していくために必要な積算温度が不足してしまいます。イネのような一年生草本では、種子の充実期に低温が続くと、不作・凶作になります。これが、農業における冷害です。

また、開花期の低温や長雨は、風媒花《ふうばいか》においては花粉の飛散が妨げられ、虫媒花《ちゅうばいか》にとっては、花粉を媒介する昆虫の活躍が不活発になり、受粉・受精を非効率的にしてしまいます。そうすると、結実が困難となりますし、たとえ結実したとしても、不稔《ふねん》種子（不稔粒、しいな）しか生産されません。つまり、元があっても、果実や種子が生産されないか、いちじるしく減産になるのです。これが冷害です。

それで、両者のちがいを要約してみると、

不なり年＝開花しない・開花数がごく少ない→結実しない・わずかしか結実しない
冷害年＝開花した→低温が続いた（積算温度の不足）→わずかしか結実しない

となります。

隔年結実であっても、並なり年・少なり年があったりして、なり年が必ずしも大なり年ではありません。不なり年の周期であっても、並なり年・少なり年になることがあります（表13、14、図116参照）。これらは、冷害年を考えれば、ある程度の説明になる、と考えられます。

果樹栽培では、ふつう、飴《あめ》と鞭《むち》とによって、つまり、施肥《せひ》と剪定《せんてい》とによって、不なり年をなり年に近づけるように調節しています。施肥は「お礼肥え」といわれるように、樹体の栄養分の欠如・不足を補充します。そして、剪定は、成長点を切除し、樹体に危機感を募らせ、つまり、樹体の成長・維持が困難になるので、子孫を残そうとさせ、たくさんの花芽を形成させます。しかし、冷害に関しては、露地栽培では、回避がかなり困難です。それでも、果樹であれば、加温式のハウス栽培でなら、冷害をある程度まで回避することができます。

ちなみに、林業用の採種林では、針葉樹類が主体で、施肥もしますが、それ以上に、根切り（断根）、樹皮の半周剥き、幹切り（断幹）、ほかによって、強制的に樹体に危機感を与え、なり年をつくり出すことがあります。

5章　樹木と散布動物との相互関係

ここまでに述べてきたことをまとめると、おおよそ、つぎのようになりましょう。

くだもの

木の実は、被子《ひし》植物の果実にかぎられますが、広い意味では、すべてがフルーツです。大和言葉では「木の実」です。ただし、例外的に、裸子《らし》植物にもフルーツ型の種子をつけるグループがあります。

そして、木の実のうち、果皮《かひ》が多肉質になり、食用になるものが、形態学でいう多肉果《たにくか》であり、狭義のフルーツなのです。大和言葉では「くだもの」です。

多肉果は、地質学的な、数千万年という長い長い時間をかけて、動物にタネ、種子そのもの、あるいは種子を含む果実の一部を運んでもらうための運賃として、きれいに目立つ、香りのよい、サイズの大きい、美味しい、栄養のある果肉を発達させてきました。タネが親木の下に落ちたのでは、「負の遺産《ふさん》」によって、世代交代《せだいこうたい》が困難になるからなのです。

しかも、動物の消化器官を通過しても、大事な種子本体が消化されないように、消化に耐える丈夫なウォールを発達させてきました。このウォールは、種皮《しゅひ》の硬化ないし内果皮《ないかひ》の核化なのであって、苗畑での育苗における硬実性《こうじつせい》をもたらし、また、自然界における数年から十数年も休眠する埋土《まいど》種子を可能にしたのです。

これらを、ヒトが、数百万年前のサルの時代から採種し、食用にしてきました。それで、ヒトはヴィタミンCを合成できなくなったのです。そして、文明に目覚めた人間は、数千年前から、これらを選び、栽培するようになりました。その後、選抜、交配、突然変異、ほかの手法によって、つぎつぎに品種改良が加えられ、今日のすばらしく美味しい、大きい、きれいな色の「くだもの」が、創り出されてきたのです（図117）。

けれども、考えなければならないことがあります。動物たちが多肉果を選抜・改良してきた、あるいは、木々たちが動物たちを利用するために適応してきた時間は、数千万年です。これに対して、人間が品種改良してきた時間はわずか数千年にすぎません。一万分の一という、きわめて短い時間なのです。長い長い時間をかけて、樹木と散布者の相互進化から、多肉果の元がつくられ、それらを短時間で、文明が改良してきたのです。

それゆえ、「くだもの」の元をつくってくれた動物たちに感謝し、被食《ひしょく》型散布に適応してきた樹木たちに感銘を覚え、美味しいフルーツに改良してくれた先人たちには拍手を送りましょう！

ナッツ

木の実には、上述の狭義のフルーツ（くだもの）だけでなく、ナッツもあります。大和言葉には、残念ながら、ナッツに対応する用語がありません。

ナッツを生じる樹木は、厳密には構造が異なりますが、被子植物にも、裸子《らし》植物にもあります。硬い殻《から》に包まれた、大きい種子がナッツであるからです。

被子植物では、果皮《かひ》ないし種皮《しゅひ》が、硬い殻（ウォール）に変態・特殊化しています。そして、被子植物のナッツ類では、ミズナラの堅果《けんか》、オニグルミの殻果《かくか》、アーモンドの核果《かくか》などにみられるように、無《む》胚乳《はいにゅう》種子が多く、食用の大部分が子葉《しよう》です。

これに対して、裸子植物では、ハイマツ、チョウセンゴヨウなどの種子にみられるように、種皮が硬

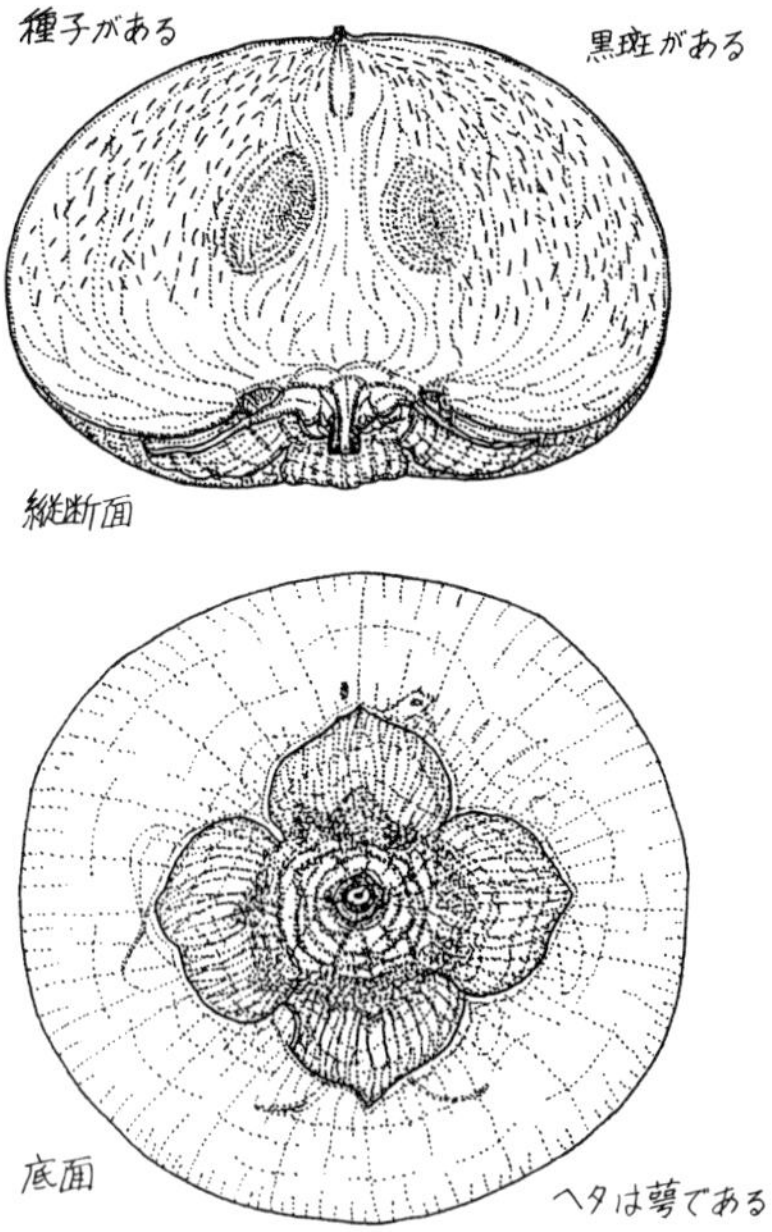

図117　カキの実（液果、甘柿の'富有'）
甘柿は、ふつう、有種子であり、こ（粉、微小な黒斑）が吹く。熟柿になる前に、果肉が硬いうちに食べる。

い殻に変態・特殊化していて、食用の大部分が胚乳です。

ナッツも、フルーツ同様に、地質学的な長い長い時間をかけて、動物にタネを運んで、地下に埋めてもらうために、大粒の、美味しい、栄養のある種子（子葉ないし胚乳）を、発達させてきました。そして「負の遺産」から逃れるとともに、フルーツとちがい、覆土《ふくど》をしてもらう利点がありますが、貯食しない動物による消化や、貯食動物による取り戻し・消化などを逃れた、ごくわずかな率の食べ残しに期待してきたのです。さらに、地下子葉性《ちかしようせい》の発芽や束生《そくせい》という、埋められることへの適応もあります。

貯食する動物（ナッツ食者）は、フルーツ食者とはちがい、特殊化して、ナッツとの関係が深まっています。ナッツ食者では、第一に、硬いウォールをかじるための歯が、あるいは、突つき壊すためのくちばしが発達し、第二に、貯蔵したナッツを取り戻すという、記憶力が発達し、ついには、ナッツの豊凶によって、繁殖まで左右されてきました。

多くの研究者によって知られた、ナッツを生産する樹種とナッツ食者の関係は、おもな組み合わせを取り上げると、つぎのようです。

樹種	動物
ミズナラ	カケス、アカネズミ、エゾリス、シマリス、ほか
オニグルミ	エゾリス、アカネズミ
ハイマツ	ホシガラス、シマリス
チョウセンゴヨウ	エゾリス、アカネズミ、ホシガラス

これらのナッツを、あるいは類縁の樹種のナッツを、ヒトが、数百万年前から採取し、食用にしてきました。そして、数千年前から、人間は、栽培を開始し、地質的なスケールでは、ごく短時間で品種改良を進め、今日のすばらしく美味しい、大きなナッツを生産できるようになったのです（図118）。

ここでも、フルーツの場合と同様に、人間の品種改良のはるか大昔からの、樹木と散布動物との相互進化から生じたナッツについて、考える必要がありましょう。そして、やはり、ナッツの元をつくってくれた動物たちに感謝し、貯食《ちょしょく》型散布に適応してきた樹木たちを賞賛し、美味しいナッツに改良してくれた先人たちには拍手を送りましょう！

動物型のタネ散布樹木と散布者の地史的な関係を、図119に示しました。

果実の栽培

それでは、こうした樹木と動物の相互関係から進化してきた木の実（フルーツ類およびナッツ類）を、人間（栽培家）は、どのように改良してきたのでし

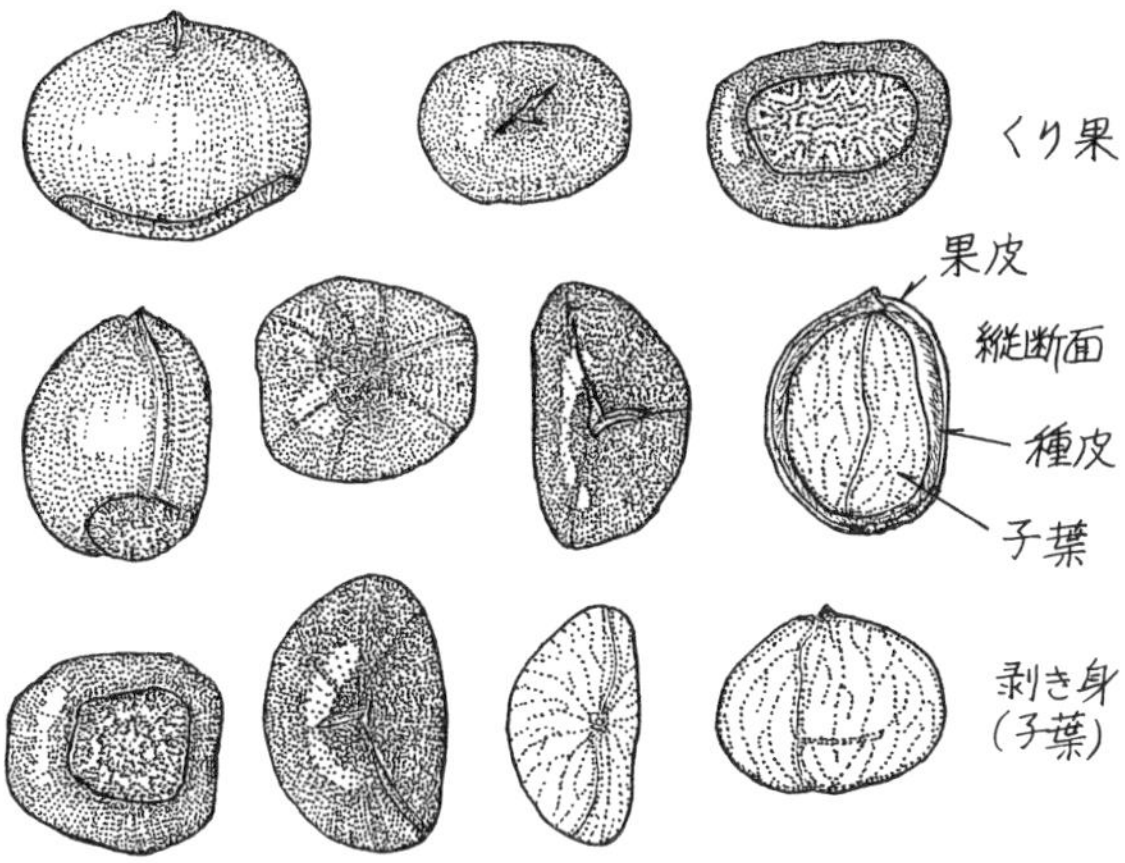

図118　クリの実
チュウゴクグリ（天津甘栗）は、皮剥きが容易であり、実（子葉）を食べやすい。くり果では、ふつう、鬼皮（果皮）を剥き、渋皮（種皮）を剥き、それから食べる。しかし、天津甘栗は、果皮に種皮が付着していて、一度で剥ける。

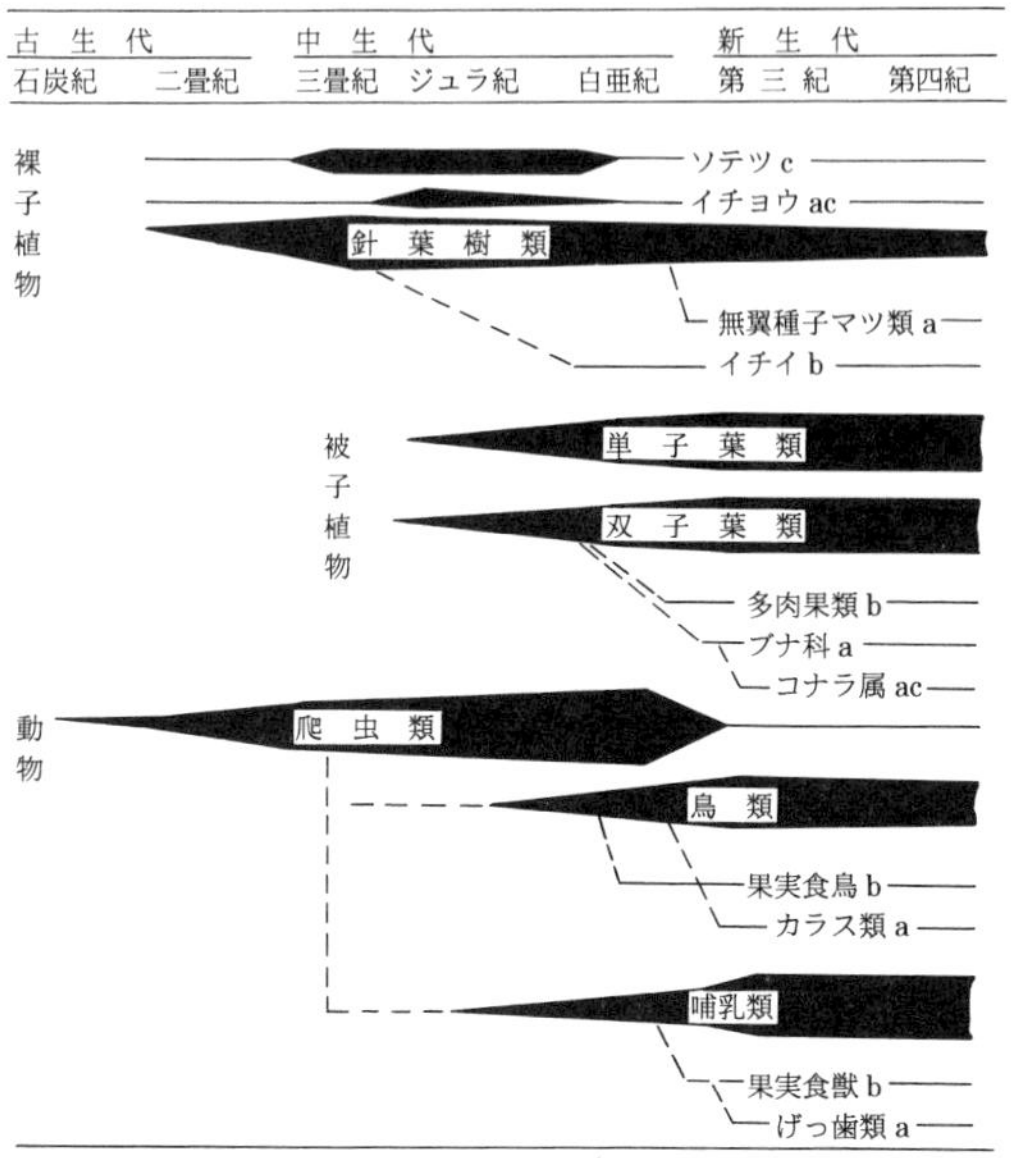

図119　動物散布型樹木と散布者の地史的な関係の模式図（『地学事典』1970より作成、表1および図51、115参照）
a：隠匿貯蔵型（貯食型）、b：消化管通過型（被食型）、c：地下子葉性発芽

ょうか？　簡単に紹介しましょう。

山取り苗木　おそらく、果樹栽培は、野生する木々の苗木を、根つきで掘り取って、住家の近くに植えたことから始まったのでしょう。こうしたものを「山取り苗木」といいます。

タネ播き　根つきで運搬・移植するより、野生の母樹から果実ないし種子を採取し、住家の近くにタネ播きした方が簡単であったかもしれません。

選抜　植えられた多数の果樹の中には、美味しさや数量にちがいがあります。人間に好ましいものだけが選ばれて、その系統が、タネ播きされて、つぎつぎに栽培されてきました。

交配　よりよい性質をもった果樹を創り出すために、よい性質の木の雌しべと、別のよい性質の木の雄しべとが、交配されてきました。種間雑種や種内品種が、創り出されてきたのです。

突然変異　栽培されると、野生の場合とちがって、正常な子孫を残す性質が薄れてしまうのでしょうか？「枝変わり」といわれる場合では、本来の枝につく果実とは異なる、人間により好ましい果実が出現する（突然変異する）場合があります。

接ぎ木　品種改良された系統や突然変異の系統は、果実は美味しくても、果樹そのもの（樹体）が弱い傾向にあります。そうした場合には「接ぎ木」によって、丈夫な台木《だいぎ》に、美味しい果実がなる接ぎ穂を接ぎます。今日では、リンゴ、ミカン、カキ、サクランボ、ほかの果樹の大部分が、接ぎ木で栽培されています。こうした系統の果樹は、もう野生には戻れないのです。

タネなし果実　今日では、タネなし果実も多くなりました。人間の好みが、繁殖できない果樹を産み出してきたのです。接ぎ木でしか、あるいは、バイオテクノロジーでしか、美味しい果実の系統を維持できなくなったのです。こうした果樹にとっては、野生時代の、動物との「もちつもたれつ」という相互関係が、恋しいことでしょう。

緑化における動物散布の役割

近年、開発地における環境緑化が盛んになりました。元の森に近い樹林を復元しよう、という公共事業です。

こうした環境緑化事業には、道路法面《のりめん》の樹林化や道路防雪林づくり、街路樹や並木づくりなどの路傍植栽、河畔林の造成、湖畔林・水没湖畔林の造成、牧場の周囲の樹林帯化（屎尿《しにょう》処理林）、そして、昔からの耕地防風林の整備、海岸林の維持・更新、ほかが含まれています。

たとえば、道路法面の樹林化を例にすると、従来の法面緑化は、芝を生やして終わりでした。自然環境を保全しなくてはならないはずの国立公園域においてさえ、驚くべきことに、外来のイネ科牧草が張りつけられ、あるいは吹きつけられて、法面（道路沿いの人工斜面）を被覆《ひふく》していたのです。換言すれば、帰化植物の侵入基地を、国立公園域に造成していたのです！

さすがに、現在では、自生する樹種や林床《りんしょう》植物による法面の木本緑化が進められつつあり、目標が道路建設前の天然林の復元となっています。しかし、必ずしも、木本緑化が、天然林の復元が成功しているわけではありません。

目標に向かい、下のようなサクセッションが考えられています。

けれども、ここにはいくつかの問題があります。基礎工としての根張りの空間の厚さです。牧草なら、五

風散布樹種（陽性と陰性）　動物散布樹種　風散布と動物散布の陰性樹種
↓　↓　↓　↓　↓　↓　↓　↓　↓　↓
牧草地──→陽性先駆林──→陽陰混交林──→陰性後継林──→目標の自然林

〜一〇センチメートルでもよかったのですが、樹林には三〇〜五〇センチメートルが必要です。また、牧草の繁茂は、光と栄養分の競合において、樹木の種子侵入（着地・発芽・初期成長）をいちじるしく阻害します。

さらに、タネの散布距離内に、母樹群が存在するか否かが重要です。風散布では飛散距離内に母樹群があれば、風向きが影響しますが、タネは法面に供給されてきます。しかし、風散布とちがい、動物散布では、散布動物の存在も不可欠ですし、しかも、散布そのものが偶然的であって、全面的ではありません。

つまり、路傍植栽における樹林化には、つぎのような技術的な改良が必要なのです。

①根張りと空間の厚さを、樹木用に施工する。

②牧草と自生樹木のタネとを混ぜて播く。

③牧草と樹木を分けて植え、前者を斜面に、後者をステップ（小段）の裸地に生育させる。

④目標樹種の植栽によって、母樹群（拡散基地）を造成する。

この②の、牧草と自生樹種のタネの混合播種は、すでにおこなわれ、ある程度の成果が得られています。木本として、草本との初期競合に負けにくいハギ類（ヤマハギ、イタチハギ、ほか）は、混播《こんぱん》に適し、先駆低木林を形成します。しかし、これから目標の高木林へは、なかなか進みません。その理由は、第一に、母樹群が遠く、高木類のタネの自然散布が乏しい、第二に、ハギ類が繁茂して、高木類の実生の成長を阻害する、などでしょう。第二の点については、ハギ類の刈り払いが有効です。

また、③の小段の裸地づくりは、斜面の侵食防止を牧草に任せることで、樹木の種の着地・発芽・初期成長に好ましい条件を与えます。しかし、この手法でも、上述の第一の問題点である高木類の自然散布が乏しいという点を解決することはできません。

この解決方法として、タネ散布の原則としての、母樹群の存在、散布距離、散布する力、なり年、ほかが検討されるべきです。

そうすると、自然回復力にだけ頼るサクセッションではなく、人工斜面であるからには、自然力と人為を合わせたものとしての、④の母樹群の造成が重要であるといえます。苗木植え、タネ播き、あるいは道路工事直前における自生木の再移植、ほかの手法によって、母樹群を点々とつくり上げ、それらが近くのステップ裸地に、毎年毎年、タネ散布してくれることを期待するのです。植えられた木々は、タネの基地としてばかりでなく、止まり木として、あるいは隠れ場所として、鳥類や哺乳類によって、外部からの数多くの樹種のタネ散布を促進することにも役立ちます。

このことは、フルーツ型の被食《ひしょく》散布にも、ナッツ型の貯食《ちょしょく》散布にもいえることであり、野生生物に棲み家を与え、餌を与え、彼らの繁殖場所をも創り出すことになります。そして、環境緑化は、自然林（潜在植生《せんざいしょくせい》）の復元を重要な目標としていますが、フルーツを創り出し、ナッツを創り出してくれた、有名無名の動物たちへの、ささやかな贈り物でもありたいものです。

あとがき

　子供のころ、敗戦直後の農山村に育ち、山野の自然・半自然に囲まれて、私は『シートン動物記』や『ファーブル昆虫記』に親しんだものです。若いころ、特に高校生のときには、山登りを趣味にし、これが一生の仕事にもなったのですが（山官の研究者）、山野の自然の観察を通して、自然のしくみ（理法）に興味をもち続けてきました。換言すれば、感動（！）とその解明意欲（？）とをもち続けることができたともいえます。それから、苗木づくりという実験をも介して、あるいは、多くの先達の成果や仮説に触発されて、樹木サイドからみた動物による種子散布（論）を、ライフワークの一つとして研究してきました。

　本書における私の種子散布に関する成果（仮説）は、①フルーツ類の硬実性《こうじつせい》と被食型《ひしょく》散布の関係、②ナッツ類と貯食型《ちょしょく》散布の関係、③地下子葉性《ちかしようせい》の発芽の必要性、④なり年・不なり年の要因、⑤実生《みしょう》の束生《そくせい》の意義、⑥タネの概念、ほかであるといえます。いずれも、私なりに、科学方法論、歴史観（地史観）、仮説のもち方などを、不完全ながらも学び続けてきた成果である、と思われます。そして、曲がりなりにも、二十余年間を経て、こうして一冊に取りまとめることができたことは、たいへんありがたいことです。

終わりに、この本の執筆にあたり、私は、これまでに、科学の考え方（科学方法論）について、また、植物や動物に関する多くのことがらについて、つぎの方々に教導されてきた、あるいは、助言をいただいてきたことを付記して、深甚なる感謝の意を表したいと思います。

故・井尻正二、故・舘脇　操、故・岡　不二太郎、黒田長久、伊藤浩司、渡辺定元、藤巻裕蔵、菊沢喜八郎、川辺百樹、宮木雅美、中川　元、出羽　寛、鈴木悌司、上田恵介、宇野裕之、山中正実、**R. M. Lanner**、ほかの諸先生ないし諸氏（敬称は省かせていただきました）。

また、この本の出版に際し、たいへん永らく待っていただき、いろいろとお世話いただいた、八坂書房の八坂安守氏、中居恵子氏、ほかのみなさんに、改めて感謝の意を表する。

二〇〇〇年

筆　者

関連書籍のごあんない

表示価格は税別価格です

植物の歳時記
—春・夏／秋・冬

斎藤新一郎著　四六　各一九〇〇円

季節によせ、折りにふれて描き綴った身近な植物たちの素顔。精密なペン画と俳句、季語を添え、四季を彩る植物たちをやさしく紹介。

森林インストラクター
—森の動物・昆虫学のすすめ〔改訂版〕

西口親雄著　A5変形　二〇〇〇円

長年にわたる自然教室などの講師体験から、森林インストラクターに必須の知識をテキスト風に簡潔にまとめたもの。森の生態系のしくみを理解するための動物や昆虫の知識を満載。

森のシナリオ
—写真物語　森の生態系

西口親雄著　A5　二四〇〇円

森と森をすみかとする動物・昆虫と向き合うこと40余年。森を知り尽くした著者が撮り、描いた約300点のカラー写真や絵に軽妙な解説を添えた楽しい森林入門書。

アマチュア森林学のすすめ
—ブナの森への招待　西口親雄著

四六　一九〇〇円

森林には「環境保護」と「木材生産」という二つの役割があるが、本書は話題のブナ林に焦点をあて、アマチュアの視点をくずさずに環境保護と森をいろいろな興味から論じたもの。

森のなんでも研究
—ハンノキ物語・NZ森林紀行　西口親雄

四六　一九〇〇円

虫やキノコ、菌根菌など、落ち葉や生き物の亡きがらを土に返す分解者を登場させ、その役割や森との関係を解説。さらに、ニュージーランドと対比しつつ、日本の自然を語り、森林研究の楽しさを紹介する。

森と樹と蝶と
—日本特産種物語　西口親雄

四六　一九〇〇円

日本に特産する樹と蝶を通して、日本の風土の面白さと豊かさ、優しさを語り、あらためて貴重な樹と蝶とそれを育んだ自然を再発見する。ペン画を多数収録。

著者紹介

斎藤新一郎（さいとう・しんいちろう）

1942年、横浜市生まれ。

北海道大学農学部林学科卒、同大学大学院農学研究科博士課程中退。

1970年から、北海道立林業試験場勤務、道東支場長を経て、退職。

1995年から、専修大学北海道短期大学に勤務し、育林学、砂防工学、環境緑化技術、ほかを講義。2003年、同大学退職。

現在：環境林づくり研究所所長

おもな著書・訳書：

『落葉広葉樹図鑑　－冬の樹木学－』（共立出版、1978年）

『オンコ』（北海道新聞社、1986年）

『みどりの環境づくりの手引』（北海道国土緑化推進委員会、1993年）

『防風林』（R. J. van der リンデ著、北海道立林業試験場、1991年）

『植物の歳時記　春・夏、秋・冬』（八坂書房、2003年）ほか多数。

また、こうやすすむのペンネームで、

『どんぐり』（福音館書店、1983年）

『ピーナッツ なんきんまめ らっかせい』（福音館書店、1987年）

など絵本も多数手がけている。

木と動物の森づくり　樹木の種子散布作戦

2000年 9月25日　初版第1刷発行

2003年 10月20日　初版第2刷発行

著　者　斎藤新一郎

発行者　八坂立人

印刷・製本　壮光舎印刷(株)

発行所　（株）八坂書房

〒101-0064 東京都千代田区猿楽町1-4-11

TEL 03-3293-7975　FAX 03-3293-7977

郵便振替　00150-8-33915

ISBN 4-89694-460-7

索　引

【ア　行】

【カ　行】

【サ　行】

【タ　行】

【ナ　行】

【ハ　行】

【マ　行】

【ヤ　行】

【ラ行・ワ】

参考文献(1)

浅間一男，1975．被子植物の起源．400pp.，三省堂，東京．
バルト，F. G.著・渋谷達明監訳，1997．昆虫と花――共生と共進化．392pp.，八坂書房，東京．
地学団体研究会地学事典編集委員会編，1991．地学事典．1612，平凡社，東京．
畑山　剛，1998．木の実とともに生きた北上山地の農民．林業技術，no.679：27-30.
林　弥栄，1962．野鳥の食餌植物．野鳥，vol.27：324-366.
林田光祐，1984．北大苫小牧演習林におけるチョウセンゴヨウの天然更新(予報)．日林北支講集，no.33：71-73.
林田光祐，1985．アポイ岳におけるキタゴヨウの天然更新．日林北支論集，no.34：65-67.
桧座幸男，1991．高山キツネの食生態．ひがし大雪だより，no.24：7.
井尻正二，1982．進化とはなにか．169pp.，築地書館，東京．
梶浦一郎，1998．美味しい木の実(果実)を求めて．林業技術，no.679：23-26.
唐沢孝一，1978．都市における果実食鳥の食性と種子散布に関する研究．鳥，vol.27：1-20.
川道美枝子・川道武男，1983．シマリスの四季．43pp.，知床博物館，北海道斜里町．
北原　耀，1987-88．海流による植物の分布拡大．北方林業，vol.39：113-118，vol.40：184-185.
清棲幸保，1965．日本鳥類大図鑑．Ⅰ，652pp.，講談社，東京．
小南陽亮，1992．果実食鳥による種子散布の機構とその働き．生物科学，vol.44：65-72.
近藤憲久，1980．小林地におけるエゾアカネズミの個体数，活動量，活動域の季節的変化．哺乳動物学雑誌，vol.8(4)：129-138.
黒田長久，1982．鳥類生態学．641pp.，出版科学総合研究所，東京．［旧版：1967．鳥類の研究――生態．320pp.，新思潮社，東京］．
牧野富太郎，1972．新日本植物図鑑．1060pp.，北隆館，東京．
宮木雅美・宮木都子，1980．森の造林家エゾリス――チョウセンゴヨウの種子を埋める．北方林業，vol.32：205-209.
宮木雅美・菊沢喜八郎，1983．野ネズミによるドングリの運搬と貯蔵．森林保護，no.183：34-36.
森　徳典，1991．北方落葉広葉樹のタネ――取扱いと造林特性．139pp.，北方林業会，札幌．
守山　弘，1992．里山をつくる鳥――鳥によって支えられた農村樹林の種多様性．生物科学，vol.44：73-80.
中村浩志，1986．カケスの貯食行動．アニマ，no.166：34-35.
中村浩志，1998．カケスの森．55pp.，フレーベル館，東京．
西田　誠，1972．たねの生いたち．224pp.，岩波書店，東京．
野口重一，1982-83．イチイの生態に関する研究(1-2)，日林北支講集，no.31：215-217，no.32：163-165.
岡本素治，1976．ブナ科の分類学的研究――実生の形態．大阪市立自然史博物館研報，no.30：11-18.
岡本素治，1992．鳥と多肉果――果実の形態，生長・成熟フェノロジーとヒヨドリの好み；都市公園における観察から．生物科学，vol.44：58-64.
榊原茂樹，1983．イチイ種子の動物による消費と散布．日林北支講集，no.32：166-168.
島田卓哉，1998．野ネズミによるドングリの種子散布．林業技術，no.679：19-22.
新谷　彰・佐藤陽子・雨宮　永・渡辺定元，1997．ハイマツ束生稚樹の加齢に伴う減少．中森研，no.45：145-148.
塚本洋太郎編著，1988-90．園芸植物大事典．Ⅰ-Ⅵ，3674pp.，小学館，東京．
上田恵介，1992．意外な鳥の意外な好み――目立たない“乾果”を誰が食べる？　生物科学，vol.44：

81-88.
上田恵介，1995. 花・鳥・虫のしがらみ進化論――「共進化」を考える．269pp.，築地書館，東京．
上田恵介編著，1999. 種子散布――①鳥が運ぶ種子，②動物たちがつくる森．109pp. & 134pp.，築地書館，東京．
鷲谷いづみ，1998. 芽生えの定着に適した季節と場所を選ぶための発芽戦略．林業技術，no.679：11-14.
鷲谷いづみ・大串隆之編著，1993. 動物と植物の利用しあう関係．286pp.，平凡社，東京．
渡部 裕，1977. エゾリスとチョウセンゴヨウ――植物分布拡大にはたす役割．野ねずみ，no.138：11-13.
渡辺定元，1990. 北海道のブナ――その種特性と分布．北海道の自然，no.29：1-6.
渡辺定元，1994. 植物社会学．450pp.，東京大学出版会，東京．
渡辺定元・金　鐘元・程　龍鎬，1990. チョウセンゴヨウとリギダマツの巣植による成長の違い．日林北支論集，no.38：29-31.
野鳥編集部，1962. 野鳥と木の実の一覧表．野鳥，vol.27：367-375.
山田・前川・江上・八杉編著，1960. 岩波・生物学辞典．1278pp.，岩波書店，東京．
アップルゲイト，R. D.ほか原著，1979・こうやすすむ訳，1986. ハイイログマによるオオハナウドの散布．新ひぐま通信，no.12: 1.
アクセルロッド，D. I.原著，1966・斎藤新一郎訳，1986. 温帯広葉樹林の落葉性の起源．26pp.，北海道立林業試験場．
グティエレツ，R. J.ほか原著，1978・斎藤新一郎抄訳，1979. ドングリゲラと貯蔵木．北海道野鳥だより，no.36: 7.
ハーリイ，T. A.ほか原著，1987・斎藤新一郎訳，1996. リスが切り取ったマツ球果の種子の成熟度と発芽能力．16pp.，専修大学北海道短期大学造園林学科
ケンダール，K. C.原著，1984・こうやすすむ訳，1993. クマ類によるアカリスが貯蔵したマツ種子の盗掘．ワイルドライフ・レポート，no.15: 80-89.
クリュスマン，G.原著，1972・斎藤新一郎抄訳編，1991. 針葉樹の分類．81pp.，北海道立林業試験場
ランナー，R. M.原著，1981・斎藤新一郎抄訳，1984. 翼もつ栽培家――マツカケスとピンヨンマツ，ひがし大雪だより，no.12: 4-6.
LANNER, R. M., 1996. Made for each other- A symbiosis of birds and pines. 160pp., Oxford Univ. Press, New York. ［鳥類とマツ類の相互扶助］
ランナー，R. M.ほか原著，1980・斎藤新一郎抄訳，1982. カナダホシガラスによるフレキシリスマツの種子の散布．ひがし大雪だより，no.7: 8-9.
ランナー，R. M.ほか原著，1984・斎藤新一郎訳，1996. カナダホシガラスによるアリスタータゴヨウの種子の散布．16pp.，専修大学北海道短期大学造園林学科
マッテス，H.原著，1982・斎藤新一郎抄訳，1983.. ヨーロッパホシガラスによるセンブラマツの種子の散布．ひがし大雪だより，no.8: 8-9.
PIJL, L. van der, 1982. Principles of dispersal in higher plants. 215pp., Springer-verlag, Berlin.
ロジャース，L. L.ほか原著，1983・こうやすすむ訳，1986. アメリカクロクマによる多肉果の種子の散布．新ひぐま通信，no.12: 2-3.
U. S. Forest Service, 1974. Seeds of woody plants in the United States. 883pp., Washington, D. C.
VANDER WALL, S. B., 1990. What is food hoarding? In "Food hoarding in animals", p.1-7, The University of Chicago Press, Chicago.
ヴァンダーウォール，S. B.ほか原著，1977・菊沢喜八郎抄訳，1977. ホシガラスにおけるマツ類種子の採取とマツ類における種子分散との相互適応．日林誌，vol.59: 286.

参考文献(2)

（筆者分；☆＝斎藤新一郎，○＝こうやすすむ＝斎藤新一郎）

☆・伊藤重右衛門・今　純一，1974．ハリギリの種子および根ざしによる育苗．北林技研論集，昭47：121-124．

豊田倫明・原口聡志・☆・小原義昭，1976．広葉樹種子の処理方法と発芽の関係．北林技研論集，昭49：107-110．

☆，1976．苗木育成からみた樹木種子の運搬者としての鳥類の役割について．鳥，vol.25：41-46．

☆，1979．広葉樹のたね．北林試光珠内季報，no.42：17-24．

☆・水井憲雄・斎藤　満，1979．豊富町温泉裏山におけるトドマツの天然更新――地表処理と散布距離．北林技研論集，昭53：108-110．

☆，1981．ミズナラの播種の深さ別試験．日林北支講集，no.30：108-110．

☆，1982a．ハイマツの球果および種子の形態について．知床博物館研報，no.4：19-28．

☆，1982b．はないかだ・まつぶさ．北海道林務部監修＜林＞，no.363：49-54．

☆，1982c．ハイマツの種子散布者としてのホシガラスの行動の痕跡について．日林北支講集，no.31：155-157．

☆，1982d．ハイマツの播種のサイズ別および深さ別試験．日林北支講集，no.31：224-226．

☆，1982e．針葉樹のたね．北林試光珠内季報，no.54：29-35．

☆，1982-83．果実と種子の形態用語図説――①クリ，②ミズナラ・ブナ，③エゾマツ・トドマツ，④カツラ・ホオノキ・トチノキ，⑤シナノキ・ヤチダモ・オニグルミ，⑥ウダイカンバ，⑦総論．北方林業，vol.34：232-234，259-262，285-288，314-318，＆ 344-346，vol.35：26-27，＆ 58-62．

☆，1983a．つばき．北海道林務部監修＜林＞，no.370：20-23．

☆，1983b．動物による種子散布からみたチョウセンゴヨウとハイマツ．北方林業，vol.35：147-150．

☆，1983c．トドマツ種子の風散布と鳥散布．北海道野鳥だより，no.51：7-8．

☆，1983d．知床半島におけるホシガラスのハイマツ種子隠し場の観察．鳥，vol.32：13-20．

☆，1983e．ホシガラスによるミネカエデの翼果の散布．北海道野鳥だより，no.54：8-10．

☆，1983f．ハイマツ種子の発芽と動物による隠匿貯蔵との関係について．知床博物館研報，no.5：23-40．

○，1983a．どんぐり．28pp.，福音館書店，東京．

○，1983b．どんぐり――ミズナラの堅果の動物散布．かがくのとも，no.175：折り込みふろく，p.1-3，福音館書店，東京．

☆・宮木雅美，1983．オニグルミの播種の深さ別試験．日林北支講集，no.32：219-222．

☆，1984．エゾヤマザクラとカラス．北海道野鳥だより，no.58：8-9．

☆，1985a．リスの忘れ物――ミズナラのたね散布におけるリスの役割．アニマ，no.152：92-94．

☆，1985b．遠音別岳から知西別岳におけるハイマツを中心とした高山植生について．「遠音別岳原生自然環境保全地域調査報告書」，p.223-295，環境庁自然保護局／日本自然保護協会

☆，1986a．孤立林における動物(鳥)による木本種子の散布について．日生態自由集会・森林の更新過程(7)，昭61：1-2．

☆，1986b．オンコ．237pp.，北海道新聞社，札幌．

☆，1986c．北海道焼尻島におけるミズナラ・イチイ天然生林の群落学的研究．北林試研報，no.24：39-63．

☆・嶋田雅一・川道武男・川道美枝子・宝川範久・宮木雅美・中村浩志・山岸　哲，1986．ドングリ

ころころどこへ行く．アニマ，no.166：23-35 & 37-38.
○，1986．動物による種子散布からみた北海道の針葉樹．新ひぐま通信，no.12：4-7.
☆，1987．ハシブトガラスのペリットにみられたシウリザクラとツタウルシの核果．北海道野鳥だより，no.70：6-7.
☆，1988a．クルミの殻果の食痕(1)――エゾリス．ひがし大雪だより，no.21：6-11.
☆，1988b．クルミの殻果の食痕(2)――エゾアカネズミ．ひがし大雪だより，no.22：10-14.
☆，1988c．ツルウメモドキの果実と種子の形態および種子散布．市立旭川郷土博物館研報，no.18：59-67.
☆，1988d．ヤチダモ防風林へ鳥散布された樹種．北海道野鳥だより，no.72：3-4.
☆，1990．ハリブキの葉および果実について．ワイルドライフ・レポート，no.11：14-21.
☆，1992．動物による樹木種子の貯食型散布と樹木の貯食への対応．生物科学，vol.44：89-97.
○文・片山　健絵，1993．どんぐりかいぎ．28pp.，福音館書店，東京.
○，1993．なり年，不なり年の不思議．かがくのとも，no.295：折り込みふろく，福音館書店，東京.
○・山中正実・ほか，1994．動物たちの森づくり(1)――食べ忘れ型(貯食型)の森づくり．4折り8pp.，知床自然センター，斜里町.
☆，1994．札内川沿いの樹林下のトカチスグリ．ひがし大雪だより，no.26：13-15.
☆，1996．松前小島のイタヤカエデ林の現況について．専大北短大紀要，no.29：101-112.
○文・片山　健絵，1996．ひみつはウンチ．28pp.，福音館書店，東京.
○，1996．フルーツの誕生．かがくのとも，no.331：折り込みふろく，福音館書店，東京.
☆，1998．木の実の秘密――果実と種子の形態．林業技術，no.667：7-10.
☆，1999．エゾノウワミズザクラの伏条繁殖について．専大北短大紀要，no.32：57-78.

挿図一覧（　）内は掲載ページを示す。